清华大学土木工程系列教材

  普通高等教育"十一五"国家级规划教材

普通高等教育土建学科专业"十一五"规划教材

Building Materials

建筑材料

张　君　阎培渝　覃维祖　编著

Zhang Jun　Yan Peiyu　Qin Weizu

清华大学出版社

北　京

内 容 简 介

建筑材料是人类建造活动所用一切材料的总称。熟悉建筑材料的基本知识、掌握各种新材料的特性,是进行结构设计、研究和工程管理的必要条件。本书以材料科学理论为基础,以材料的基本性质为主线,主要介绍常用建筑材料的基本性能(强度与破坏、变形性能、耐久性能)。全书分为6章,第1章建筑材料科学基础,第2章金属材料,第3章混凝土,第4章沥青混凝土,第5章砌体材料,第6章高分子建筑材料。

本书可作为大学本科土木建筑类各专业学生学习建筑材料的教科书,也可作为土木建筑类有关设计、科研及施工人员的参考书。

版权所有,侵权必究。举报: 010-62782989,beiqinquan@tup.tsinghua.edu.cn。

图书在版编目(CIP)数据

建筑材料/张君,阎培渝,覃维祖编著. —北京: 清华大学出版社,2008.5(2024.2重印)
(清华大学土木工程系列教材)
ISBN 978-7-302-16684-9

Ⅰ. 建… Ⅱ. ①张… ②阎… ③覃… Ⅲ. 建筑材料－高等学校－教材 Ⅳ. TU5

中国版本图书馆 CIP 数据核字(2007)第 201904 号

责任编辑: 徐晓飞　李　嫚
责任校对: 赵丽敏
责任印制: 宋　林

出版发行: 清华大学出版社
网　　址: https://www.tup.com.cn, https://www.wqxuetang.com
地　　址: 北京清华大学学研大厦 A 座　　邮　编: 100084
社 总 机: 010-83470000　　邮　购: 010-62786544
投稿与读者服务: 010-62776969, c-service@tup.tsinghua.edu.cn
质 量 反 馈: 010-62772015, zhiliang@tup.tsinghua.edu.cn
印 装 者: 北京建宏印刷有限公司
经　　销: 全国新华书店
开　　本: 203mm×253mm　　印　张: 13.5　　字　数: 354 千字
版　　次: 2008 年 5 月第 1 版　　印　次: 2024 年 2 月第 10 次印刷
定　　价: 50.00 元

产品编号: 027264-03

前　言

　　建筑材料是人类建造活动所用一切材料的总称。熟悉建筑材料的基本知识，掌握各种新材料的特性，是进行结构设计与研究和工程管理必要的基本条件。反之，轻则影响结构物的外观和使用功能，重则危害结构的安全性，造成重大事故。

　　建筑材料课是一门专业基础课，教学目的有两个方面：一是在土木建筑工程的基本理论学习和专业课程学习之间架起一座了解建筑材料科学知识的桥梁；二是为以后工作中运用建筑材料提供必要的基本知识。本课程只讲述建筑材料学科的基础知识，涉及主要的建筑材料，着重让学生掌握运用基础理论知识去分析和认识这些材料的主要性能，以及结构、组成与性能之间的关系，并且能够"举一反三"，推及其他建筑材料。建筑材料的种类非常多，如根据功能划分，包括结构材料、围护材料、隔热材料、防水材料、吸声与隔声材料、装饰材料六大类。但限于课程学时及教材篇幅，本书以材料科学理论为基础，以材料的基本性质为主线，主要介绍常用建筑材料的基本性能（强度与破坏、变形性能、耐久性能）。全书分为 6 章，第 1 章建筑材料科学基础，第 2 章金属材料，第 3 章混凝土，第 4 章沥青混凝土，第 5 章砌体材料，第 6 章高分子建筑材料。

　　本教材可以作为大学本科土木建筑类各个专业，包括结构工程、工程管理、水工结构、工业与民用建筑、地下建筑工程、建筑学、环境工程以及其他专业的学生学习建筑材料专业基础课程的教科书；也可作为土木建筑类有关设计、科研及施工人员的参考书。

　　本教材是在 2003 版《结构工程材料》（覃维祖主编）的基础上，由清华大学土木工程系建筑材料研究所几位教师集体改编、修编而成。并新增高分子建筑材料一章。全书由张君统编。各章修编如下：绪论——覃维祖；第 1、2 章——阎培渝，张君；第 3 章——张君，阎培渝，李克非，覃维祖；第 4 章——阎培渝；第 5 章——张君；第 6 章——孔祥明。实验部分由韩建国、郭自力做了修订。

编　者

2007 年 6 月

目 录

绪论 ··· 1
  0.1 建筑材料-人类-环境的关系 ······································· 1
  0.2 建筑材料与工程结构的关系 ······································· 2
  0.3 建筑材料的组成、结构与性能 ···································· 3
  0.4 建筑材料课程的特点与学习内容 ································ 6

第 1 章 建筑材料科学基础 ································· 7
  1.1 物质的存在状态与结合力 ·· 7
      1.1.1 固体物质 ·· 7
      1.1.2 胶体物质 ·· 8
  1.2 物体受力时的变形性能 ··· 9
      1.2.1 弹性恢复能——储存能 ································ 11
      1.2.2 粘弹性 ·· 11
      1.2.3 塑性 ·· 12
  1.3 固体界面行为 ·· 13
      1.3.1 表面能与表面张力 ······································ 13
      1.3.2 吸附、粘附与润湿 ······································ 14
  1.4 材料的断裂与强度 ·· 15
      1.4.1 材料的实际强度与理论强度 ······················ 15
      1.4.2 Griffith 微裂纹理论 ···································· 17
  思考题 ·· 18

第 2 章 金属材料 ··· 20
  2.1 金属的结构 ··· 20
  2.2 金属的技术性质 ·· 22
      2.2.1 抗拉性能 ·· 22
      2.2.2 冲击韧性 ·· 24
      2.2.3 耐疲劳性 ·· 25
      2.2.4 钢材的工艺性能 ··· 25
  2.3 金属的强化 ··· 26
      2.3.1 金属冷加工强化 ··· 26
      2.3.2 其他强化方法 ·· 27

2.4 金属的腐蚀与防护 ··· 28
　　2.4.1 金属的腐蚀 ·· 28
　　2.4.2 电化学腐蚀的预防 ·· 29
2.5 金属在土木工程中的应用 ·· 30
　　2.5.1 钢铁 ·· 30
　　2.5.2 铝和铝合金材料 ·· 33
思考题 ·· 34

第3章 混凝土 ·· 36

3.1 概述 ·· 36
3.2 混凝土组成材料 ·· 37
　　3.2.1 硅酸盐水泥 ·· 37
　　3.2.2 矿物掺和料和混合硅酸盐水泥 ······································ 42
　　3.2.3 骨料 ·· 46
　　3.2.4 外加剂 ·· 50
3.3 混凝土的结构 ··· 52
　　3.3.1 骨料 ·· 53
　　3.3.2 硬化水泥浆体 ·· 53
　　3.3.3 过渡区 ·· 55
3.4 混凝土的强度与破坏 ·· 56
　　3.4.1 强度-孔隙率关系 ··· 56
　　3.4.2 混凝土的破坏模式 ·· 56
　　3.4.3 抗压强度及其影响因素 ·· 57
　　3.4.4 混凝土在不同应力状态下的力学行为 ···························· 59
3.5 混凝土拌和物的配合比设计 ··· 63
　　3.5.1 配合比设计的目的 ·· 63
　　3.5.2 配合比设计的基本内容 ·· 64
　　3.5.3 配合比设计步骤 ·· 64
3.6 新拌及早期混凝土的性能 ·· 67
　　3.6.1 新拌混凝土的性能 ·· 67
　　3.6.2 拌和物浇筑后的性能 ··· 70
　　3.6.3 强度增长与温度的影响 ·· 72
3.7 混凝土的体积稳定性 ·· 74
　　3.7.1 变形的意义和类型 ·· 74
　　3.7.2 弹性行为 ··· 75
　　3.7.3 温度收缩与热膨胀 ·· 77
　　3.7.4 干燥收缩与徐变 ·· 78
　　3.7.5 化学减缩与自身收缩 ··· 83

3.7.6　碳化收缩 …………………………………………………………………… 83
　　　3.7.7　延伸性与开裂 ………………………………………………………………… 84
　3.8　混凝土耐久性 ……………………………………………………………………………… 84
　　　3.8.1　混凝土中的传输过程 ………………………………………………………… 85
　　　3.8.2　混凝土的劣化 ………………………………………………………………… 88
　　　3.8.3　混凝土中钢材的锈蚀 ………………………………………………………… 92
　　　3.8.4　混凝土耐久性设计 …………………………………………………………… 95
　思考题 …………………………………………………………………………………………… 97

第 4 章　沥青混凝土 …………………………………………………………………………… 99

　4.1　沥青混凝土的结构与性能 ………………………………………………………………… 99
　　　4.1.1　沥青混凝土的定义与分类 …………………………………………………… 99
　　　4.1.2　沥青混凝土的组成与结构 …………………………………………………… 100
　　　4.1.3　沥青混凝土的强度理论及受力变形特征 …………………………………… 102
　　　4.1.4　沥青混凝土的技术性质 ……………………………………………………… 104
　4.2　沥青混凝土的组成材料与配比设计 ……………………………………………………… 106
　　　4.2.1　石油沥青及其性质 …………………………………………………………… 106
　　　4.2.2　矿质材料 ……………………………………………………………………… 109
　　　4.2.3　沥青混凝土配合比设计 ……………………………………………………… 111
　4.3　沥青混凝土的应用 ………………………………………………………………………… 112
　　　4.3.1　道路工程中的应用 …………………………………………………………… 112
　　　4.3.2　水工工程中的应用 …………………………………………………………… 117
　思考题 …………………………………………………………………………………………… 119

第 5 章　砌体材料 ……………………………………………………………………………… 120

　5.1　概述 ………………………………………………………………………………………… 120
　　　5.1.1　砖 ……………………………………………………………………………… 120
　　　5.1.2　砌块 …………………………………………………………………………… 122
　　　5.1.3　石材 …………………………………………………………………………… 122
　　　5.1.4　砌筑砂浆 ……………………………………………………………………… 123
　　　5.1.5　灌注混凝土或稀砂浆 ………………………………………………………… 123
　5.2　砌体与砌体材料的结构 …………………………………………………………………… 124
　　　5.2.1　砌体的整体结构 ……………………………………………………………… 124
　　　5.2.2　砖的孔结构 …………………………………………………………………… 126
　5.3　砌体及砌体材料的力学性能 ……………………………………………………………… 126
　　　5.3.1　砌体轴心受压应力状态 ……………………………………………………… 127
　　　5.3.2　砌体轴心受拉应力状态 ……………………………………………………… 127
　　　5.3.3　砌体弯曲受拉应力状态 ……………………………………………………… 128

5.3.4 块体和砂浆强度对砌体强度的影响 ························ 128
5.3.5 砌体材料对砌体弹性模量的影响 ························ 129
5.4 砌体材料的耐久性 ························ 129
5.4.1 体积变化 ························ 129
5.4.2 冻害 ························ 130
5.4.3 化学侵蚀 ························ 131
5.4.4 粉化和可溶性盐含量 ························ 131
5.5 砌体材料的其他物理性能 ························ 131
5.5.1 热工性能 ························ 131
5.5.2 耐火性 ························ 131
思考题 ························ 132

第6章 高分子建筑材料 ························ 133
6.1 高分子材料概述 ························ 133
6.2 高分子材料化学合成 ························ 133
6.3 聚合物的结构及物理状态 ························ 134
6.3.1 高分子的分子链结构 ························ 134
6.3.2 高分子的凝聚态结构 ························ 135
6.3.3 高分子溶液 ························ 136
6.3.4 高分子乳液 ························ 136
6.4 高分子的物理化学性能 ························ 138
6.4.1 力学性能 ························ 138
6.4.2 热性能 ························ 138
6.4.3 高聚物的化学稳定性 ························ 139
6.4.4 高聚物的电性能和光学性能 ························ 140
6.5 高分子的加工成型 ························ 140
6.6 高分子在建筑材料中的应用 ························ 140
6.6.1 建筑塑料 ························ 140
6.6.2 建筑涂料 ························ 145
6.6.3 建筑胶粘剂 ························ 146
6.6.4 建筑防水材料 ························ 148
6.6.5 聚合物改型砂浆混凝土 ························ 151
思考题 ························ 153

附录 实验部分 ························ 154
实验Ⅰ 建筑材料的基本性质实验 ························ 155
实验Ⅱ 水泥与外加剂实验 ························ 162
实验Ⅲ 混凝土用砂、石实验 ························ 171

实验Ⅳ 混凝土配合比设计和新拌混凝土性能实验 …………………………………… 179
实验Ⅴ 硬化混凝土力学性能实验 …………………………………………………… 184
实验Ⅵ 混凝土的耐久性实验 ………………………………………………………… 191
实验Ⅶ 石油沥青实验 ………………………………………………………………… 199

参考文献 ……………………………………………………………………………… 205

绪　　论

0.1　建筑材料-人类-环境的关系

建筑材料是人类建造活动所用一切材料的总称。人类社会的基本活动——衣食住行，无一不是直接或间接地和建筑材料密切相关的。早在远古，人类就直接使用天然资源作为建筑材料，如块石、泥土、树枝和树叶，以及经过简单加工的材料，如夯土、草泥、巢穴等；而将天然资源进行不同程度深加工，生产出来的建筑材料，也就成为古代与现代人类建造各种类型建筑物的基础。

我国古代悠久的历史和劳动人民的智慧，巧妙地运用和加工天然的建筑材料，建造出当时最高水平并且流传至今的建筑结构，是不乏其例的。其中最为雄伟和壮观的建筑工程当属万里长城。根据历史记载，有二十多个诸侯国家和封建王朝修筑过长城，其中秦、汉、明三个朝代所修长城的长度都超过一万里，总长度大约有十万里以上，所用的砖石土方量巨大，如果修一道宽 1m、高 5m 的大墙，可绕地球十几周！修长城的建筑材料，在没有大量用砖之前，主要是土、石和木料、瓦件等。需用的土、石量很大，一般都就地取材。在高山峻岭就地开山取石，用石块砌筑；在平原黄土地带则就地取土，用土夯筑；在沙漠地区还采用芦苇或红柳枝条层层铺砂的办法来修筑。明朝的长城在许多重要地段采用了砖石垒砌城墙，除土、石、木料外，还需用大量砖和石灰。不但修得坚固，而且关外有关、城外有城，长城沿线修建了许多城堡和烽火台，把它和首都以及重要州、县形成一个有机的军事防御工程体系。其材料运输量之浩大、工程之艰巨世所罕见，充分体现了我国古代建筑工程的高度成就，表现出了我国古代劳动人民的聪明才智。

河北赵州石桥建于 1 300 多年前的隋代，桥长约 51m，净跨 37m，拱圈的宽度在拱顶为 9m，在拱脚处为 9.6m。建造该桥的石材为青白色石灰岩，石质的抗压强度非常高（约 100MPa）。它虽然比最早建设石拱桥的意大利人（在公元 138 年建造了三孔跨度为 18m 的 Saint Ange 桥）晚了 400 多年（据北魏地理学家郦道元所著书记载：早在西晋太康三年——公元 282 年，在洛阳附近曾建造一座石拱桥，工程浩大，但可惜今已无存），但该桥在主拱肋与桥面之间设计了并列的四个小孔，挖去部分填肩材料，从而开创了"敞肩拱"的桥型。拱肩结构的改革是石拱建筑史上富有意义的创造，因为挖空拱肩不仅减轻桥的自重、节省材料、减轻桥基负担，使桥台可造得轻巧，并直接建在天然地基上，亦可使桥台位移很小，地基下沉甚微，且使拱圈内部应力很小，这是该桥使用千年却仅有极微小的位移和沉陷，至今不坠的重要原因之一。经计算发现由于在拱肩上加了四个小拱并采用 16～30cm 厚的拱顶薄填石，使拱轴线（一般即工圈的中心线）和恒载压力线甚为接近，拱圈各横截面上均只受压力或极小拉力。赵州桥结构体现的二线要重合的道理，直到现代才被认识。自 1883 年起,法国人和卢森堡人才开始建造敞肩石拱桥,比我国的赵州桥晚了 1 200 多年。

自 18 世纪以来,西方工业国发明出种种现代建筑材料,从钢材、水泥混凝土、钢筋与预应力混凝土,到近三四十年以来出现的纤维增强水泥基材料和纤维增强塑料、彩板轻钢、建筑膜等。新建筑材料的涌现为基础设施建设,包括道路、桥梁、铁路、机场和港口等交通设施和水利灌溉、给排水及居住建筑、通信等的迅速发展奠定了基础,从而也为人类社会自 20 世纪,尤其是二次世界大战后的半个世纪以来,世界人口的膨胀与工业化、城市化的高速度发展,起了重要的促进作用。至 1995 年,全世界的钢产量达到 7.7 亿 t,水泥 11.5 亿 t,混凝土使用量约 70 亿 t。

但是,建筑材料的生产消耗了大量自然资源,例如冶炼钢铁要采掘铁矿石;生产水泥要消耗石灰石和粘土类原材料,占混凝土体积大约 70% 的砂石骨料要开山与挖掘河床,严重破坏了自然景观与生态环境;木材取自森林资源,森林面积的减少加剧了水土流失和土地的沙漠化,目前我国每年约有 2 100 km² 的土地沦为沙漠;烧制粘土砖要取土毁掉大片农田,我国每年烧砖毁田达 8 000 km²,是人均占有耕地逐年下降的重要原因之一。与此同时,建筑材料的生产还要消耗大量能源,并产生废气、废渣,对环境构成污染。如冶炼 1t 钢折合标准煤 1.66t、耗水 48.6m³;烧制 1t 水泥熟料耗标准煤 178kg,同时放出约 1t 二氧化碳;建筑材料的运输和使用过程,也要消耗能源并污染环境。目前我国每平方米建筑面积的材料运输重量为 1.2~1.3t。

然而,建筑材料的生产同时又是可以利用和消纳许多工、农业废料的大宗产业。例如热电厂排放的粉煤灰(目前我国年排量超过 1.5 亿 t)、高炉炼铁排放的矿渣(目前我国年排量约 1 亿 t)以及冶炼铝、铜、生产黄磷(磷肥工业原料)和农产品的秸秆、谷壳等。

综上所述,建筑材料是人类与自然环境之间的重要媒介,直接影响人类的生活与社会环境。在今天,人类大量建造的基础设施对生存环境发挥着巨大的积极作用,同时也带来不容忽视的消极作用,即大量地消耗地球的资源和能源,在相当程度上污染了自然环境和破坏了生态平衡。因此,从人类社会可持续发展的前景出发,建筑材料也要注意可持续发展的方向。近年来提出的发展"绿色建筑材料"或"生态建筑材料"正是上述出发点的集中体现。它不仅与生产建筑材料的人们相关,而且要贯穿从生产到使用的全过程,还包括材料的再循环使用问题等。

0.2 建筑材料与工程结构的关系

1. 新型建筑材料与工程结构的发展

建筑材料的更新是新型结构出现与发展的基础。在古代,建筑材料主要是砖石,公元 125 年古罗马建造的万神殿,直径为 44m 的半球形屋顶,用了 12 000t 材料;水泥的发明,推出钢筋混凝土,1912 年波兰的布雷劳斯市建造了一直径为 65m 的世纪大厅,采用钢筋混凝土肋形拱顶,重量只有 1 500t;随着建筑技术的发展,钢筋混凝土薄壁构件出现,墨西哥洛斯马南什斯饭店采用了双曲抛物面薄壳屋盖,直径 32m,厚度 4cm,重量只有 100t;随着材料科学技术的发展,1977 年德国斯图加特市联邦园艺展览厅,采用玻璃纤维增强水泥的双曲抛物面屋盖,厚 1cm、直径 31m,重量只有 25t;近些年出现采用厚为 1mm 的薄钢板,在现场加工成大跨度的彩板轻钢屋面,重量进一步减轻;而用厚度仅为 0.2mm 的建筑膜搭建起新型的膜结构,每平方米重量仅 20kg。新的轻质高强材料不断地涌现,为结构向大跨度、轻型化和新型结构形式发展提供了前提条件。

2. 结构设计与材料实验

结构设计与材料实验在传统上两者是互相分离的,前者的工作看上去主要是分析计算,近些年来集中体现在运用计算机技术上;而后者则似乎只是反复地加工大量试件,再用实验机把它们破坏。两者之间的关系好像仅仅是后者为前者提供设计必要的数据而已。有些结构工程师认为:只要有各种规范、手册在手,就能够做好设计工作。

事实上,任何建筑材料的使用效果,都与它所应用的结构形式、部位、施工时的环境等许多因素息息相关。因而在设计一座新型的结构物或者对工程环境不熟悉的情况下,靠查阅规范、手册来选用建筑材料是远远不够的。况且从规范、手册上能查到的数据,都是已经在工程中广泛应用,积累了丰富实践经验的材料,至于新材料,在工程中尚未广泛应用的材料,是没有现成数据可供参考的。这就要靠设计者依据所掌握的建筑材料基本知识,加上收集有关新材料的信息,才能够使设计上的新构思、施工上的新工艺、新技术与新材料很好地结合,获得预期的效果。

3. 施工是结构设计与建筑材料之间的桥梁

施工是运用建筑材料实现设计意图的中间环节,同时也是建筑材料生产过程的最终环节(也就是说:建筑材料运抵现场,经过施工和再加工过程,例如混凝土的浇筑、振捣密实和养护,钢筋的绑扎、连接等,才成为结构的一部分)。因此,施工既是结构设计得到充分体现的必要保证,也是建筑材料使用性能能够正常发挥的重要保证。换句话说,施工对结构工程质量的影响重大,同样是合格的建筑材料,因为操作不当常常造成不符合使用要求的结果。由此看来,不仅结构设计与建筑材料之间的关系密切,从事工程管理的工程师不仅要熟悉结构设计,也需要十分熟悉建筑材料,才能做好管理工作。

0.3 建筑材料的组成、结构与性能

为了对不同材料的结构与性能特点进行比较,以加深理解,本书对每种材料的叙述都尽量按照相同的顺序:组成—结构—性能—生产与加工。

要合理地选用材料,就必须对不同材料进行比较,了解各种材料的特性,包括强度与破坏特性、变形性能、耐久性能等多方面。

首先,材料必须具备足够的强度,不仅要安全地承受设计荷载,而且由于强度提高可减轻其自重,减小下部结构和基础的负荷,从而使整个结构断面的尺寸减小,这说明:发展高强、轻质和高效能的新型材料,有重大技术和经济意义。

不同建筑材料变形性能大小的影响因素差异很大,例如:沥青主要受温度变化影响;而导致混凝土变形的主要因素则是水分的迁移。变形性能不仅影响材料的承载能力,而且因为变形受约束导致的开裂,对材料的耐久性也带来明显的影响。

耐久性是指建筑材料应用于结构物时,维持正常使用性能的能力。由于在严酷环境里各种基础设施建设的发展,例如沙漠、海洋中开采石油相关的设施,海洋与近海结构物等的建设和使用,对于材料在结构及其使用环境中的耐久性要求日益提高。

还有一些其他性能,例如:在需要尽快交付使用的时候,加快施工速度就成为决定性因素;经济性也常起决定作用,很多材料性能良好,但价格不能被广泛接受,因此长期得不到推广。在更高一个层次上,经济性要体现在延长工程结构物的使用寿命并尽量减少维修费用,从而降低年平均投资。

1. 分析材料的尺度

需要从不同的尺度去分析材料,从小到大分为分子尺度、材料结构尺度和工程尺度。

1) 分子尺度

从原子、分子尺度来分析材料,基本上属于材料科学的领域,这个范围粒子的大小约为 $10^{-7} \sim 10^{-3}$ mm,例如硬化水泥浆体中的硅酸钙水化物、氢氧化钙结晶等。

从本教材的第一章可以看到:利用已建立的原子模型可以描述材料的物理结构(无论是规则的还是紊乱的)以及材料的聚集方式,通过这些理论分析来认识材料的特性。

材料的化学成分起决定物理结构的重要作用。当化学反应不断地进行时,材料的物理结构也随时间不断发生变化。例如,水泥水化是一个缓慢的过程,随着时间的推移,水泥的结构和性能都相应发生变化;有些材料,例如金属,由于周围环境的影响,外界的氧和酸性介质与其发生反应的速度,决定了它们的耐久性。

材料的孔隙率大小,由化学和物理方面的很多因素所决定。砖、混凝土等多孔材料许多重要的性质,如强度、刚度等都与其孔隙率成反比($S = S_0 e^{-kp}$);其渗透性和孔隙率也有直接联系。

在这个尺度上,测定材料结构的实验技术已经相当先进,使用扫描电子显微镜、X射线衍射仪、热重分析等复杂的仪器,对金属的位错、水泥浆硬化时的收缩与开裂等很多现象,可以通过直接观测的结果进行分析,但是大多数情况下还需要通过建立数学、几何模型来推测材料的结构和可能呈现的特性。

在这个尺度上,只有断裂力学可以直接通过分子的行为分析材料的工程性质,多数情况下从这个尺度得到的信息还只能提供一些思路,用于分析和预测不同条件下材料的特性。

材料学家们对材料化学、物理结构的认识,则是开发新材料的重要途径之一。

2) 材料结构尺度

这个大一级的研究尺度把材料看作不同相的组合,相与相之间的相互作用使整体呈现出一定的特性。相可以是材料结构内许多可分的个体,如木材的细胞、金属的晶粒,或者由性质完全不同的几个相随机混合形成的混凝土、沥青、纤维复合材料,以及砌体中有规则的情况。这些材料通常是由大量颗粒,如骨料分散在基体(如水泥或沥青材料)中组成。单元大小从厚度只有 5×10^{-3} mm 的木材细胞壁,到一块砖长达 240mm。

该尺度之所以重要,在于它比对材料整体进行测试得到的结果更具普遍性。通过建立多相组合模型,就可以预测常规实验范围以外的多相材料特性。模型的提出要注意:

(1) 几何形态。模型必须以颗粒(即分散相)分散在基体(也就是连续相)中的形式建立,要考虑颗粒的形状和大小分布,以及它们占总体积的比例。

(2) 状态与性质。各相的化学与物理状态和性质影响整体的结构和性能。例如材料的刚度取决于各个相的弹性模量,材料随时间发生的变形取决于各个相的粘度。

(3) 界面的影响。上述两方面得到的信息还不够充分。相与相之间存在界面,因此有可能会呈现与组成相的特性差异显著的结果,例如强度,材料的破坏常取决于界面粘结力的强弱。

从材料结构尺度进行研究,对以上三方面要有充分的了解,首先要对各个相进行实验,其次对界面进行实验。多相模型通常只用于加深了解,有时可经过简化用于实际,例如预测混凝土的弹性模量或纤维复合材料的强度等。

3) 工程尺度

这一尺度的研究对象是整个材料,所以前提是将材料看作均匀而连续的,通过研究获得材料整体的平均特性。人们对各种建筑材料的认识通常是基于工程尺度,本书讲述的内容也要归结到材料在工程尺度上呈现的特性。

从工程尺度去分析材料,其最小尺寸要由能代表其特性,即结构无序性的最小单元决定。单元的尺度从金属的 10^{-3} mm 到混凝土的 100mm,乃至砌体结构的 1 000mm 不等。只要是体积大于单元体,所测得的数据对于该材料就认为可以普遍适用。

在实际应用中对有关材料性能的了解,通常来源于用其制备的试件放在和工程结构同等环境条件下进行实验得到的结果。实验有多种方式,根据得到的一系列图表或经验公式来表征其特性值随关键参数,如钢材含碳量、混凝土含水量以及沥青温度的变化而变化。在实验范围内推测,结果较为可靠,而利用外推法进行推测时可能会得出错误的结论。

2. 材料的变异性

上面提到,工程师要根据现行的标准选用材料。在比较各种材料的过程中,一个很重要的问题是材料本身的变异性。当然这取决于结构物所用材料的匀质性,而材料的均匀程度又取决于制造加工过程的工艺。钢材的生产已经比较完善,能够精确控制其过程,因此工程上所需的各种钢材可以迅速地、重现性良好地再生产,其强度等性能的变异性很小。反之,未经加工的木材存在很多缺陷,例如节疤,其性能的波动就很大。

材料很多特性的变异符合图 0-1 所示的正态分布曲线或高斯分布曲线。如果对大量相同的试件进行实验,例如强度,结果可以画成直方图。直方图可用哑铃形曲线方程表示

$$y = \frac{1}{\sigma_c \sqrt{2\pi}} \exp\left[-\frac{(x-\bar{x})^2}{2\sigma_c^2}\right] \quad (0.1)$$

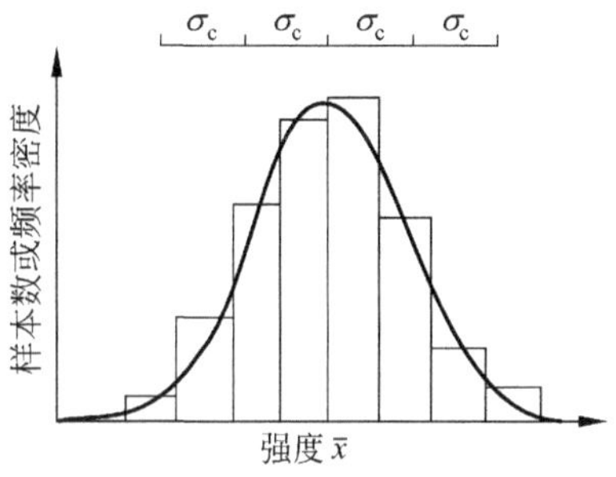

式中,y 为概率密度;x 为变量,如表示强度。这样强度就可以用两个数值表示:

(1) 平均强度 $\bar{x}$,对 n 个试件

$$\bar{x} = \sum x/n$$

图 0-1 材料强度正态分布曲线

(2) 变化范围用标准差 σ_c 表示

$$\sigma_c = \sum \sqrt{\frac{(x-\bar{x})^2}{n-1}}$$

标准差的单位和变量相同,表示变量的变异性。在比较不同材料或者同种材料的不同品种时,常用无量纲的变异系数 C_v。

$$C_v = \sigma_c / \bar{x}$$

对于可比性能,原木的变异性要比钢材高得多,因此它的变异系数就大。表 0-1 列出了一些典型材料的平均强度和变异系数,是通过同批材料的大量样品进行实验所得到的。

表 0-1　一些建筑材料的强度及其变异系数的比较

材　　料	平均强度/MPa	变异系数/%	备　　注
钢材	460(t)	2	结构低碳素钢
混凝土	40(c)	15	普通混凝土 28 天立方体强度
木材	30(t)	35	针叶木原材
	120(t)	18	无节疤、直纹针叶木
	11(t)	10	结构用木屑板
纤维水泥复合材料	18(t)	10	受力方向掺 6% 连续聚丙烯纤维
砖砌体	20(c)	10	低矮的墙壁,砖直接码放

注：c 表示抗压强度,t 表示抗拉强度。

0.4　建筑材料课程的特点与学习内容

人们对于建筑材料的认识来源于三方面：第一,通过对材料的试件进行力学实验,获得有关材料性质的数据,例如强度、弹性模量,为结构设计或结构分析提供依据；第二,材料加工、运输和现场施工的实践是非常重要的另一来源；第三,由于材料科学和检测技术的发展,对材料物理和化学结构进行深入研究得到的认识。三个来源：经验、实验技术和科学,目前依然没有在土木工程领域里很好地相互联系起来,这既有碍于对材料的认识,也不利于材料的应用。建筑材料课就在于把几方面的知识贯穿及统一起来,对它们的认识系统化,让使用建筑材料的工程技术人员具备一定的材料科学理论基础和材料的应用技术与经验。

建筑材料课程是一门技术基础课,教学目的主要有两方面：在学习土木建筑工程的基本理论和专业课程之间,架起一座有关材料科学知识的桥梁；为以后工作中选用建筑材料提供必要的基本知识。对于学完了大学物理、化学的学生来说,这门课的知识有一定连贯性,但由于一直是面对基础理论课程,这门课与工程实践联系紧密,学习时又有一定难度。

与基础理论课比较,建筑材料课程突出的特点是学习定性的,而不是定量的分析事物的能力；学习根据广泛的理论知识和实践知识综合解释问题的能力,而不是仅根据基础理论知识深入地分析问题的能力。因为它更接近工程实际,不像基础理论课程那样,对具体的现象和结构进行简化、抽象,反映出建筑材料的多样性、复杂性,使初学者感到它的不确定性、模糊性。一位同学在学习这门课程时谈到他的体会：学习建筑材料,有一个很深的印象,就是要懂得事物的模糊性,不确定的一面。以往的学习,我们总想得到一个确定的(精确的)解。但实际工程远不是这样,我们必须面对不确定性、模糊性问题。希望从上建材课开始培养这方面的能力——认识和解决不确定性的问题。

本课程只讲述建筑材料学科的基础知识,涉及主要的结构工程材料,着重让学生掌握运用基础理论知识去分析和认识这些材料的主要性能,以及结构、组成与性能之间的关系,并且能够"举一反三",推及其他建筑材料。建筑材料的种类非常多,如根据功能划分,包括结构材料、围护材料、隔热材料、防水材料、吸声与隔声材料、装饰材料六大类。实际应用中,许多建筑材料具有两种或多种功能。

结合建筑材料课程上述特点,本课程在教学方法上,采取以下一些做法：

(1) 注重与材料科学等基础理论相结合进行教学,加强与工程实践紧密结合。

(2) 鼓励学生发挥主动性：多看参考书、多思考、多提问题和多进行讨论。

(3) 根据教学要求,不断更新实验课内容,逐步开设供学生选修、选做的高水平实验,包括综合型、设计型或科研型实验,实验课上同学动手动脑的时间要尽量多。

(4) 强调作业与实验报告要自己动手、动脑独立完成。

第1章 建筑材料科学基础

作为一名土木工程师,对于在建筑工程中所使用的材料,至少需要了解以下三个方面:
(1) 材料在建筑工程中使用时呈现哪些性能?
(2) 为什么材料具有这样的性能?
(3) 材料的性能是否已经充分利用?现有的材料能否改进?

为了回答上述问题,必须深入到材料结构内部,研究材料的微观结构与宏观性能间的关系。我们将要探讨组成物质的基本单元,把它们结合在一起的作用力,以及材料在外界作用下的反应,即材料的性能。由于本书主要讨论建筑结构材料,即用于制造承受建筑荷载的构件的材料,所以材料的性能主要涉及材料的力学性能、变形性能和耐久性能。而那些在建筑中使用的具有电、光、声、热和装饰功能和效果的材料为功能材料,不在本书中讨论。

1.1 物质的存在状态与结合力

世界上的一切物质都是由一百多种元素组成的。在物理学中把物质的聚集状态分为气、液、固三态。其中气、液两态又称为流态。建筑材料主要是固态物质,即使是液态的材料(如粘接剂、油漆、涂料等),也是在凝固以后才有实用价值。另有一大类物质是由气、液、固三种状态中的两种构成的高分散体系,称为胶体物质。

1.1.1 固体物质

按粒子排列的特点,固体可分为无定形体和晶体两大类。无定形体又称为非晶体,实际上是一种过冷液体,例如玻璃和塑料等。组成此类物质的粒子仅在局部有序排列,即短程有序,没有固定的熔点。大多数固体物质是晶体,组成它们的粒子(离子、原子或分子)在三维空间有规律地周期性重复排列,贯穿整个体积,形成空间格子构造,即长程有序。构成空间格子的粒子之间存在一定的结合作用力,以保证它们在晶体内固定在一定的位置上有序地排列。当离子或原子间通过化学结合力产生了结合时,称为形成了化学键。而分子间的结合一般形成分子间键或范德华键。

晶体中的原子能够规则排列,是原子间相互作用力平衡的结果。当两个原子接近并产生相互作用时,原子中的外层电子将重新排布。这种相互作用包括静电吸引与排斥作用。吸引力为异性电荷之间的库仑引力,是一种长程力,从比原子间距大得多的距离处即开始起作用。这种引力随原子间距的减小成指数关系增大(吸引力为负值),如

图 1-1(a)中 f_a 曲线所示；相应地吸引能量也随原子间距的减小而增大,如图 1-1(b)中 U_a 曲线所示。排斥力产生于同性电荷之间的库仑斥力和原子相互接近时电子云相互重叠所引起的斥力等,它们都是短程力,即只有原子之间的距离接近原子大小时才有显著作用。随着原子间距离进一步减小,斥力迅速增大(斥力为正值)。斥力增大的速度大于引力增大的速度,如图 1-1(a)中 f_r 曲线所示。原子间的排斥能量也随原子间距的减小而迅速增大,如图 1-1(b)中 U_r 曲线所示。原子间总的相互作用力 f_t 随距离的变化如图 1-1(a)中 f_t 曲线所示,原子间总的相互作用能 U_t 随距离的变化如图 1-1(b)中 U_t 曲线所示。

f_t 曲线交横轴于 A。A 点的合力为零,即原子间距离为 r_0 时吸引力和排斥力平衡,原子间相互作用的势能最低(见图 1-1(b))。距离小于 r_0 时斥力大于引力,总的作用力为斥力；距离大于 r_0 时引力大于斥力,总的作用力为引力。所以欲将相距为 r_0 的原子压近或拉远,都要相应地对斥力或引力做功,导致体系能量的升高。凝聚体只有当其原子间距离为平衡距离,作规则排列,形成晶体,对应于最低能量分布时,才处于稳定状态。图 1-1(b)中平衡位置 A 所对应的最低势能 U_0 为晶体原子的结合能,相当于把原子完全拆散所需要做的功。U_0 是影响物质状态,决定晶体结构和性能的最本质因素。

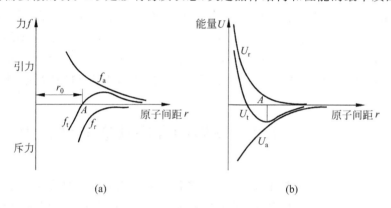

图 1-1 物质内部质点相互作用的力、能量与质点间距的关系
(a) 作用力 f 与原子间距 r 的关系；(b) 能量 U 与原子间距 r 的关系

从晶体结构中粒子结合能与间距,作用力与间距的关系,可以得到一些与实际应用有关的结论：

(1) 当材料受拉伸或压缩时,力和材料长度变化成正比,这就是著名的胡克定律。F-r 曲线在 $r=r_0$ 时的斜率就是弹性模量(或者称刚度)。

(2) F-r 曲线在平衡位置两侧是对称的,所以材料的刚度在拉伸和压缩时应该是相同的,事实正是如此。

(3) 原子间的引力存在最大值,因此拉伸强度有极限值。

(4) 原子间的斥力可以无限增大,所以材料不会受压破坏,在压应力的作用下,破坏仍由拉力或剪力引起。

(5) 如果原子在其平衡位置周围振动,其间隔会随振动加剧而增大,这可以从 U-r 曲线波谷的不对称性看出。在绝对零度以上的任何温度,材料原子的振动都与温度成正比,因而材料受热时向各向膨胀。

(6) 任何振动都能削弱原子间的结合强度,即温度升高时材料的拉伸强度降低。如果持续受热升温,原子的振动会达到使原子间的化学键断裂的程度,此时固体发生熔融。

1.1.2 胶体物质

除了典型的固、液、气三种物质状态之外,还有一些材料是由两种状态的物质组成的,例如胶体,常见的如果冻、泥浆等。胶体是由具有物质三态(固、液、气)中某种状态的高分散度的粒子作为分散相,分散于另一相(分散介质)中所形成的系统。显然,高度分散性和多相性是胶体物质系统的特点,从而导致胶体具有聚结不稳定性和流变性等特性。胶体的表面能很大,因此在热力学上是不稳定的体系。

常见的由液固两相组成的胶体可分为溶胶和凝胶两种。溶胶是指平均尺寸约小于100nm的极细固体微粒分散于液体中的胶态悬浮体。如果溶胶中的胶态微粒连接在一起,形成固体网络,而液体包含在微粒之间的极细毛细管内,或包含在骨架中的极小空洞内,则得到凝胶。如果凝胶内微粒间的连接键很少或很弱,单个颗粒有很大自由度在其接触点附近运动,凝胶就很容易变形,表现出类似于液体的性质。如果微粒间的键合程度很高,尽管凝胶是多孔的,仍可形成十分坚硬而结实的结构,表现出类似于固体的性质。沥青是一种组分非常复杂的胶体材料,由于制备过程和存在条件的不同,沥青可以是溶胶,也可以是凝胶,其性能也相应变化。工程中用到的最重要的凝胶无疑是能形成坚固骨架的水泥凝胶。将水泥与水拌和,水泥颗粒发生水化反应,生成水化硅酸钙凝胶。这些凝胶相互连接,形成强度高、有渗透性的坚硬石状物。这是整个混凝土技术的基础。

如果一种凝胶中的微粒只以很弱的键力连接,就可以通过剧烈地搅拌使之破坏,使凝胶重新恢复成液态;而搅拌停止后,微粒重新键合,凝胶再次变稠,最后恢复到原始的凝聚状态,这种在外力增大时材料呈流动性的性质称为触变性。新拌混凝土在早期表现出明显的触变性,在用滑模摊铺机摊铺水泥混凝土路面时,就充分利用了新拌混凝土的触变性能。把新拌混凝土倒在摊铺机前面,摊铺机通过时,它前面的振动器插入混凝土,进行高频率的强力振动。在其作用下,混凝土产生液化,流动并填充摊铺机两边侧模之间的空间。然后利用机器的自重将混凝土压实。当摊铺机通过后,振动作用停止,重新变稠的混凝土虽然两侧已没有侧模的限制,但仍然不会坍塌或变形。经过一段时间后,混凝土才硬化并产生足够强度,成为固体物质。

粘土泥浆也可表现出触变性(与粘土的结构和含水量有关)。在石油钻井工程中,这种特性得到了应用。这种有触变性的粘土泥浆在井壁形成不透水层,中心部分则靠钻杆转动时力的作用保持流动性,作为载体将钻下来的岩屑携带出来。但是若在土木工程结构物基础下面遇到有触变性的粘土时,则可能产生很大的危害。例如英国的北海油田就曾发生过钻井平台因这种效应而移位失踪的事故(海洋里的粘土含水量非常高,而钻井平台有些是悬浮的,不与海底的岩石基础相连,在这种特殊条件下产生了上述现象)。

1.2 物体受力时的变形性能

物质的存在状态不同,其受力时的变形性能也不同。流体(气体和液体)在外力作用下将立即发生持续变形,即发生流动。固体则能抵抗外力的作用,保持自身的形状。定义物体在单位面积上所受的力为物体的应力 σ,即

$$\sigma = \frac{F}{A} \tag{1.1}$$

式中,F 为外力,A 为受力面积。当物体受剪切作用时,则受到剪切应力 τ,应力的单位为 N/m^2,符号为 Pa。由于实际物体都不是理想刚体,在受力时物体内部各质点之间会发生相对位移。在单轴拉力或压力作用下,物体伸长或缩短。单位长度上的长度变化称为应变,$\varepsilon = \Delta L/L$;在剪切应力作用下则发生剪切应变 γ,定义为物体内部一体积元上的两个面元之间的夹角的变化。应变是一个比值,没有量纲。

如果应力与应变之间存在着一一对应的关系,在应力消除以后,形变亦随之消失(见图 1-2(b)),这种形变称为弹性形变。只发生弹性形变的物体称为弹性体,又称胡克固体。如果弹性体的应力和应变成正比关系,服从著名的胡克定律

$$\sigma = E\varepsilon \tag{1.2}$$

式中,比例常数 E 称为杨氏弹性模量,具有应力的量纲,即 Pa,则这种物体称为线弹性体。线弹性体是材料力学和弹性理论的研究对象。对于许多常用材料(如建筑钢材)来说,在一定的范围内,应力与应变的关系基本满足胡克定律,可以按线弹性体对待。

如果线弹性体受到剪切作用,剪切应力 τ 与剪切应变 γ 的关系为

$$\tau = G\gamma \tag{1.3}$$

式中,比例常数 G 称为剪切模量,同样具有应力的量纲,即 Pa。

在各向相同的压力(等静压)P 作用下,固体的体积 V 发生变化为 ΔV,且

$$P = -K\frac{\Delta V}{V} \tag{1.4}$$

式中,K 称为体积模量,负号表示压力增大时体积减小。

物体受力时,其组成粒子要偏离正常位置,因此,弹性体受拉应力时,在作用方向(轴向)引起伸长 ε_a 的同时,在与之垂直的方向上(侧向)引起收缩 ε_s,即

$$\varepsilon_s = -\nu\varepsilon_a$$

式中,ν 称为泊松比。

固体材料的 G、E、K 和 ν 四个常数中,只有两个是独立的。对于各向同性材料,存在如下关系

$$G = \frac{E}{2(1+\nu)} \tag{1.5}$$

$$K = \frac{E}{3(1-2\nu)} \tag{1.6}$$

大多数晶体材料虽然微观上各晶粒具有方向性,但因晶粒数量很大,且随机排列,故宏观上可以作为各向同性材料处理。

由于组成流体的微粒可以自由运动,所以即使很小的外力也可以引起不可逆的流动。对于理想流体(牛顿流体),剪切应力 τ 与应变速率 $\frac{d\gamma}{dt}$ 成正比(牛顿定律)

$$\tau = \eta\frac{d\gamma}{dt} \tag{1.7}$$

式中,比例常数 η 称为粘性系数或粘度,是材料的性能参数。液体在剪切应力作用下,剪切应变将随时间不断增加,这种形变称为粘性流动。牛顿流体是流体力学研究的对象之一。

很明显,液体具有体积模量,但没有剪切模量,不能抵抗剪力,而固体则同时具有体积模量和剪切模量。能否具有剪切模量,从而抵抗剪力,是固体和液体的区别所在。因为

$$\frac{G}{K} = \frac{3(1-2\nu)}{2(1+\nu)}$$

为了在变形过程中使物体体积保持不变,应有 $\nu=0.5$,这种情况代表理想流体。只有软橡胶的泊松比为 0.49,非常接近理想流体。对于弹性变形,一般金属材料的泊松比为 0.29~0.33,而大多数无机材料的泊松比为 0.2~0.25。也就是说,拉应力作用方向上原子间距的增加会促使侧向收缩,但原子之间的排斥力又会限制这种收缩,使其达不到维持体积不变所必需的收缩量。

另外还有一类理想物体,当剪切应力小于某一极限值(屈服应力)时不发生剪切应变;当剪切应力达

到该极限值时,就立即发生极大的剪切应变。这种在一瞬间发生的极大的形变,称为塑性流动。具有这种性质的理想体,称为塑性体(或圣维南体)。圣维南体是塑性力学研究的对象之一。

物体发生粘性流动或塑性流动所产生的形变,在外力除去以后将仍然保留。这种形变在工程上通常称为塑性形变,以区别于可恢复的弹性形变。在这种意义下的塑性形变,不但与塑性流动有关,也和粘性流动有关。

真实的物体或多或少同时具有弹性、粘性和塑性。它们在外力作用下所发生的应力与形变,特别是与时间有关的形变,是流变学研究的内容。

1.2.1 弹性恢复能——储存能

线弹性材料的变形是可逆的,即卸载后还能恢复原来的长度。应力和应变的乘积为能量的量纲,称应变能,单位体积材料的应变能 u 为应力-应变曲线下包围的面积,即

$$u = \frac{1}{2}\varepsilon\sigma = \frac{\sigma^2}{2E} = \frac{1}{2}\varepsilon^2 E \tag{1.8}$$

材料承载时储存,卸载时又可以释放的能量称为材料的弹性恢复能。当 σ 等于破坏应力时,弹性恢复能达到其最大值。

1.2.2 粘弹性

一些非晶体,有时甚至多晶体在比较小的应力时可以同时表现出弹性和粘性,称为粘弹性。所有的聚合物差不多都表现出这种粘弹性,它们具有部分固体的性质和部分液体的性质,可以用理想胡克固体和理想牛顿液体的复合来表征。粘弹性材料受力后的变形情况表示于图 1-2(c)。混凝土通常被认为是一种粘弹性材料。

在流变学中可以用力学模型来表示物体在外力作用下的变形行为。例如用弹簧表示符合胡克定律的弹性元件,用在粘性液体中运动的活塞表示符合牛顿定律的粘性元件,用固结于杆 A 上的滑块在杆 B 上的滑动表示塑性元件(见图 1-3)。

用这三种元件进行各种组合可得到各种模型,来表示不同的力学性能。图 1-4 就是通常用来表示粘弹性的力学模型(Maxwell 模型)及相应的加载和形变曲线。根据此模型可以写出

$$\begin{cases} \sigma = \sigma_s = \sigma_F \\ \varepsilon = \dfrac{\sigma}{E} + \displaystyle\int_0^\gamma \dfrac{\sigma}{\eta}\mathrm{d}t \end{cases} \tag{1.9}$$

对于恒定荷载

$$\sigma = \sigma_0$$

受初应力时

$$\varepsilon = \sigma_0\left(\frac{1}{E} + \frac{t}{\eta}\right)$$

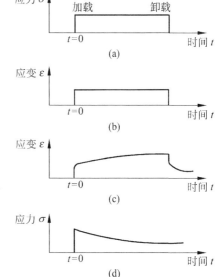

图 1-2 固体材料的应力-应变与
时间的关系曲线
(a) 加载曲线;(b) 符合胡克定律固体的应变曲线;
(c) 粘弹性固体应变(徐变)曲线;
(d) 粘弹性固体应力松弛曲线

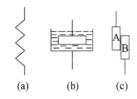

图 1-3　弹性、粘性及塑性元件力学模型
(a) 弹性元件,$\sigma=E\varepsilon,\tau=G\gamma$; (b) 粘性元件,$\sigma=\eta\dfrac{d\varepsilon}{dt},\tau=\eta\dfrac{d\gamma}{dt}$;
(c) 塑性元件,$\sigma=f$(f 为两滑块间的最大摩擦力)

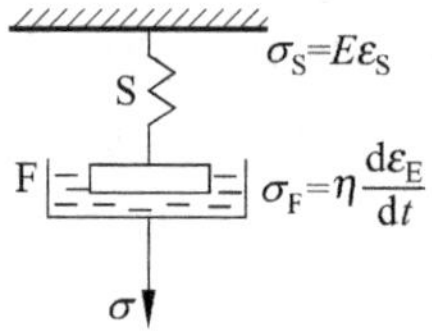

图 1-4　表示材料粘弹性的 Maxwell 模型

式中,$\varepsilon_0=\dfrac{\sigma_0}{E}$ 为加载的瞬时 $t=0$ 时的应变。应变 ε 将随时间 t 而逐渐增加。当应力不变时应变逐渐增加的现象称为徐变。如果在时刻 t_1 卸载,则 $\dfrac{\sigma_0}{E}$ 这部分应变立即消失,而应变 $\dfrac{\sigma_0}{\eta}t_1$ 则保存下来。因此前者是弹性形变,而后者是由于粘性流动而发生的塑性形变(见图 1-2(c))。

在恒定应变 $\varepsilon=\varepsilon_0$ 时,令 $\theta=\eta/E$ 为松弛时间,是该模型的特征值。对式(1.9)求微分得

$$\dfrac{d\sigma}{dt}=-\dfrac{E\sigma}{\eta} \tag{1.10}$$

解得

$$\sigma=\sigma_0\exp\left(-\dfrac{Et}{\eta}\right)=\sigma_0\exp\left(-\dfrac{t}{\theta}\right) \tag{1.11}$$

即产生恒定应变所需的应力是按照指数规律递减的,如图 1-2(d)所示,这就是应力松弛。松弛时间 θ 的物理意义是,如应变 ε 维持不变,当时间 t 等于松弛时间时,应力 σ 将降低为初始应力 σ_0 的 $1/e$。在考察 Maxwell 模型的徐变时,松弛时间的物理意义是,如保持应力一定,当 t 等于松弛时间时,弹性应变和粘性应变的数值相等。

Maxwell 模型同时具有弹性和粘性。但由于存在串联的粘性元件,在任何微小的外力作用下,变形总将无限增加,因此,Maxwell 模型在本质上是液体。它的松弛时间有两点重要含义:①有助于区分固体和液体。理想固体能够无限期承受应力作用,即 $\theta=\infty$;而液体的松弛现象与加载同时完成,或者说在一瞬间就完成了(对于水,$\theta=10^{-11}$s),在两个极端情况之间是大量的实际固体材料。材料的松弛时间越长,弹性越显著,越接近理想固体,反之接近理想液体。②对于某种材料,松弛时间已定,如果加载速率很快,松弛现象来不及发生($t<\theta$),材料显示弹性。如果加载速率很慢($t>\theta$),材料会表现出流动性。很多聚合物材料(如沥青)的变形对加载速度很敏感,沥青的松弛时间比水高几个数量级,所以在夏天,只要汽车开得很快,沥青路面呈弹性;但如果行进得很慢或在路口停车,就要引起持久变形,形成车辙。

1.2.3　塑性

很多材料都具有塑性,即在一定的应力作用下,会产生不可恢复的变形。塑性变形有两种最主要的类型:晶体的塑性流动(即晶格滑移)和非晶态物质的粘性流动。这里主要讨论的是后一种,例如粘土和新拌混凝土的塑性。

水泥浆和粘土泥浆实际是塑性固体而不是粘性流体。它们的变形多少呈现一些弹性,有一定的屈

服应力,在重力的作用下仍然能保持原有的形状;当外力超过其屈服应力时,它们就表现出液体的特性而且很快发生变形。这种特性可以近似地用流变学中由粘性元件和塑性元件并联的宾汉姆模型表示,其流变方程为

$$\frac{d\varepsilon}{dt} = \frac{\sigma - \sigma_Y}{\eta} \tag{1.12}$$

式中,σ_Y 为屈服应力,图 1-5 表示牛顿型和宾汉姆型流体的流变曲线。

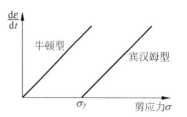

图 1-5　牛顿型和宾汉姆型流体的流变曲线

1.3　固体界面行为

任何材料都是以各种性质的界面相邻接的,固体与固体之间的界面可以是材料中两个不同的固相(例如混凝土中的水泥浆体和骨料)或者两个相似但方向不同的晶体(例如金属中的晶界)的分界面。固体与气体的界面常称为固体的表面。表面对于材料的性质起着决定性的作用,因为与材料内部相比,表面的结构是不正常的。另外只有材料的表面是容易受化学变化影响的部分,材料的化学反应总是从表面开始。表面对材料性质的影响程度,决定于材料表面积与材料质量的比率,称为比表面积,它与构成材料的微粒的大小和形状都有关。同一物质只要通过机械的或化学的方法处理使其微细化,增加其表面积和表面晶格畸变程度,就可能大大地提高其反应活性。

1.3.1　表面能与表面张力

晶体的每个质点周围都存在着一个力场,由于晶体内部质点排列是有序和周期重复的,故每个质点的力场是对称的。但在固体表面,质点排列的周期重复性中断,使处于表面的质点力场对称性破坏,表现出剩余的键力。如果要把一个原子从内部移到表面,增大表面积,就必须克服体系内部原子之间的吸引力,而对体系做功。在温度、压力和组成恒定时,可逆地使表面积增加 ΔA,对体系所需要做的功叫做表面功。环境对体系所做的表面功转变为表面层分子比内部分子多余的自由能,即为体系的表面能。

在考察表面现象时,特别是考察液气界面时,经常可以看到表面上存在着一种力图缩小表面积的张力,称为表面张力。它作用在固体或液体的边界线上,垂直于边界线,方向向着表面的内部;或者是作用在固体或液体表面上的任一条线的两侧,垂直于边界线,沿着液面表面方向指向线两侧。如果是一个曲面,则表面张力的方向通过作用点与表面相切。正因为这种张力的存在,液体总有缩小表面积的倾向,往往呈现球形。表面张力和表面能的量纲一致,均为能量的量纲。

在液体状态下,表面能与表面张力的大小是相等的。让我们来考察液膜的扩展过程,如图 1-6 所示。在一边可动的框架上铺上一肥皂液膜 $ABCD$,如果不考虑重力的作用,在可移动的 CD 线上施加一外力 F,使 CD 移动到 EG 的位置,这时它们将达到一个新的平衡状态。因为表面张力 γ 是指垂直地作用于单位长度的边沿,指向表面内部的力,而液膜有两个表面,所以作用在 CD 上的力 $F = 2\gamma L$(L 为 CD 长)。由此得从 CD 边移动到 EG 时外力所做的功为

$$W = F \cdot x = 2\gamma L x = \gamma \cdot \Delta A$$

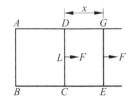

图 1-6　表面张力示意图

式中，ΔA 是液膜由 CD 移动到 EG 时，表面积的增加。由此可得

$$\gamma = \frac{W}{\Delta A}$$

根据定义，在温度、压力及组分不变时，每增加一个单位面积的新表面时所需要做的功为表面能。所以上式中的 γ 也就是表面能。对于液体，因为液体不能承受剪应力，外力所做的功表现为表面积的扩展，表面能与表面张力是相同的。而对于固体，因为能承受剪切应力，外力的作用除了表现为表面积的增加外，有一部分变成塑性变形。因此固体的表面能与表面张力是不等的。固体的表面张力是通过向表面上增加附加原子，以建立新表面时所做的可逆功来定义的。

在液体溶剂中加入溶质可以显著地降低表面张力。在互不相溶的液体所形成的混合溶液中，加入某种物质（乳化剂），如果它能同时溶于这两相中，并能降低两相间的界面张力，就能使其中一种液体很细地分散于另一种液体中，从而形成乳浊液。乳化沥青即是一个很好的例子。

1.3.2 吸附、粘附与润湿

固体或液体表面存在着大量的具有不饱和键的原子或离子，它们都能吸引外来的原子、离子或分子，而产生吸附。当表面质点的相邻质点数增加时，表面能总是下降的。因此吸附是一个自发的过程。除非晶体是处在理想的真空中，否则在干净表面上总是覆盖着一层很薄的气体或蒸汽分子。

吸附膜的形成改变了固体表面原来的结构和性质。首先，吸附膜降低了固体的表面能，使之较难被润湿，从而改变了界面的化学特性。所以在涂层、镀膜、材料封接等工艺中必须对加工面进行严格的表面处理。其次，吸附膜会显著地降低材料的力学强度。这是因为吸附膜使固体表面微裂纹内壁的表面能下降（参见 1.4 节）。此外，吸附膜可用来调节固体间的摩擦和润滑作用。因为摩擦起因于粘附，而接触面间的局部变形加剧了粘附作用。然而吸附膜可以通过降低接触界面的表面能而使粘附作用减弱。从此意义上说，润滑作用的本质是基于吸附膜效应的。例如石墨是一种固体润滑剂，其摩擦系数约为 0.18。如在真空中用预先严格表面处理而去除了吸附膜的石墨与高速转盘进行摩擦实验，发现此时石墨不再起润滑作用，其摩擦系数激增到 0.80。由此可见气体吸附膜对摩擦和润滑作用的重要影响。

当液体与固体表面相接触时，也能使固体的表面能降低。这种现象称为润湿。润湿的程度与两相的表面张力有关。

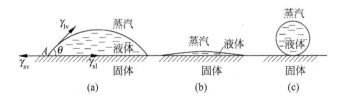

图 1-7　液滴在平滑表面上的接触角

当把一液体滴在固体表面上时，就形成固-液-气系统。平衡时可能有三种不同的情况，如图 1-7 所示。润湿程度通常用接触角 θ 表示，润湿角是指液体表面张力（液-气界面）γ_{lv} 和固-液界面张力 γ_{sl} 之间的夹角。固-气界面张力 γ_{sv} 是力图把液体拉开，掩盖固体表面，使表面能得以降低；而液体的表面张力 γ_{lv} 和固-液界面张力 γ_{sl} 是力图使液体成为球形。当平衡时，在三个相的交点 A 处，作用力应达到平衡

$$\gamma_{sv} = \gamma_{sl} + \gamma_{lv}\cos\theta$$

得
$$\cos\theta = \frac{\gamma_{sv} - \gamma_{sl}}{\gamma_{lv}}$$

由上式可知：

(1) 当 $0 < \gamma_{sv} - \gamma_{sl} < \gamma_{lv}$，则 $1 > \cos\theta > 0$，$\theta < 90°$，固体能被液体润湿（见图 1-7(a)）。

(2) 如果 $\gamma_{sv} - \gamma_{sl} = \gamma_{lv}$，则 $\cos\theta = 1$，$\theta = 0°$，是完全润湿状态，液体在固体表面上自由铺展开来（见图 1-7(b)）。

(3) 如果 $\gamma_{sv} < \gamma_{sl}$ 时，则 $\cos\theta < 0$，$\theta > 90°$，固体不被液体润湿（见图 1-7(c)）。当铺展一旦发生，固体表面减小，液固界面增大，这时保持铺展继续进行的条件为：$\gamma_{sv} > \gamma_{sl} + \gamma_{lv}$。

大多数建筑材料是能被水润湿的多孔物质。若材料中的毛细孔半径为 r，水受大小为 $2\pi r \gamma_{lv} \cos\theta$ 的力的作用而上升，与水的重量相等时达到平衡。因此
$$2\pi r \gamma_{lv} \cos\theta = \pi r^2 h \rho$$
水的密度 $\rho = 1$，所以
$$h = \frac{2\gamma_{lv} \cos\theta}{r}$$

材料中的毛细孔半径 r 越小，水在材料中上升的高度 h 就越高。如果砖或混凝土中的孔隙是连通的，理论上水可以上升近 10m 高，砖砌体和混凝土就会变得十分潮湿。当然孔隙是不连续的，而且蒸发也会使实际含水量明显减小。

粘附也是表面能的一个重要作用。粘附是指两个发生接触的表面之间的吸引。粘附可以用粘附功来表示。粘附功是指分开单位面积粘附表面所需要的功或能（见图 1-8）。如果 A 和 B 两种物质发生粘附，粘附功 W_{AB} 可由下式表示
$$W_{AB} = U_A + U_B - U_{AB}$$

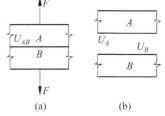

图 1-8 以表面能表示的粘附功
(a) 状态与；(b) 状态之间的能量增量就是粘附功，由 $W_{AB} = U_A + U_B - U_{AB}$ 表示

式中，U_A 和 U_B 为 A 和 B 的表面能；U_{AB} 为 A 与 B 之间的界面能。当两个相似的表面相接触时，由于 U_{AB} 不大，这时 W_{AB} 就比较大。两个完全不相似的表面（通常是两个互不形成化合物或固溶体的物质的表面）相接触时，其 U_{AB} 值较大，而 W_{AB} 就比较小。因此相似材料的粘附比不相似材料的粘附更牢固。例如在真空中将云母剥离，然后重新合到一起，其粘附的牢固程度几乎与剥离前一样。金属加工中的冷焊，也是粘附的结果。例如金与金、铝与铝这样一些延性金属之间，如果在连接时有足够的塑性变形，排除两层间的吸附气体或可能存在的氧化膜，就会得到牢固的粘附连接而实现冷焊。

1.4 材料的断裂与强度

1.4.1 材料的实际强度与理论强度

材料在外力作用下抵抗破坏的能力称为材料的强度。材料的强度是通过实验实际测定的，故称为实际强度。材料的实际强度远低于其理论强度。材料的理论强度是克服固体内部质点间的结合力，形成两个新表面时所需的应力。原则上固体的强度能够根据其化学组成、晶体结构与强度之间的关系来

计算,但不同的材料有不同的组成、不同的结构及不同的键合方式,因此这种理论计算是十分复杂的,而且对各种材料均不相同。

为了能简单、粗略地估计各种情况都适用的理论强度,Orowan 提出了以正弦曲线来近似原子间约束力随原子间距 x 的变化曲线(见图 1-9),得到原子间的应力为

$$\sigma = \sigma_{th} \cdot \sin\frac{2\pi x}{\lambda} \tag{1.13}$$

式中,σ_{th} 为理论结合强度,λ 为正弦曲线的波长。

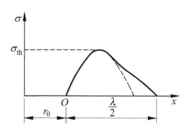

图 1-9 原子间约束力和距离的关系

将材料拉断时,产生两个新表面能。因此使单位面积的原子平面分开所做的功大于产生两个单位面积的新表面所需的表面能时,材料才能断裂。设分开单位面积原子平面所做的功为 W,则

$$W = \int_0^{\frac{\lambda}{2}} \sigma_{th} \sin\frac{2\pi x}{\lambda} dx = \frac{\lambda \sigma_{th}}{2\pi}\left[-\cos\frac{2\pi x}{\lambda}\right]_0^{\frac{\lambda}{2}} = \frac{\lambda \sigma_{th}}{\pi}$$

设材料形成新表面的表面能为 U(这里是断裂表面能,不是自由表面能),则 $W = 2U$,即

$$\frac{\lambda \sigma_{th}}{\pi} = 2U$$

$$\sigma_{th} = \frac{2\pi U}{\lambda}$$

接近平衡位置 O 的区域,曲线可以用直线代替,服从胡克定律

$$\sigma = E\varepsilon = E\frac{x}{\gamma_0}$$

γ_0 为原子间距,x 很小时,$\sin\frac{2\pi x}{\lambda} \approx \frac{2\pi x}{\lambda}$,得

$$\sigma_{th} = \sqrt{\frac{EU}{r_0}} \tag{1.14}$$

式中,r_0 随材料而异。可见理论结合强度只与弹性模量、表面能和晶格距离等材料常数有关。通常 U 约为 $r_0 E/100$,这样上式可写成

$$\sigma_{th} = \frac{E}{10} \tag{1.15}$$

实际材料中只有一些极细的纤维和晶须,其强度接近理论强度。例如熔融石英玻璃纤维的强度可达 24.1GPa,约为 $E/4$。碳化硅晶须的强度为 6.47GPa,约为 $E/23$。尺寸较大的材料的实际强度比理论强度低得多,约为 $E/1\,000 \sim E/100$。

为什么材料的理论强度与实际强度差别这么大?主要是由于材料内局部地方存在应力集中。因此,尽管所施加的外力较小,但在应力集中的局部区域已达到理论强度了。Griffith 通过实验发现,当玻璃纤维从坩埚中拉出来后,在几秒钟内立刻进行测量,其强度接近理论值;但它随时间延长而下降,数小时后趋向平衡值。据此他提出了微裂纹理论,认为玻璃纤维拉出后自动形成一些微裂纹,而这些微裂纹的端部正是应力集中的地方,降温过程中其邻近所储存的应变能逐步变成断裂表面能而使微裂纹进一步扩展,造成强度逐步下降。

1.4.2　Griffith 微裂纹理论

Griffith 认为实际材料中总是存在许多细小的裂纹或缺陷。这些裂纹对于任何脆性的，即永久变形能力很小的材料，都有损于强度。特别是长度方向与作用拉应力垂直的裂纹，会在裂纹端部产生应力集中现象。从而使实际局部应力达到材料的理论强度，裂纹开始扩展而导致断裂。所以断裂并不是两部分晶体同时沿整个界面拉断，而是裂纹扩展的结果。物体内部储存的弹性应变能的降低（或释放）是裂纹扩展的驱动力。

Inglis 研究了微裂纹端部应力集中的问题。他发现，不论裂纹是圆、椭圆或其他形状，其端部的应力是由裂纹的长度 $2a$ 和端部曲率半径 ρ 决定，即

$$\sigma_{\max} = \sigma\left[1 + 2\left(\frac{a}{\rho}\right)^{\frac{1}{2}}\right] \tag{1.16}$$

式中，$\sigma_{\max}$ 是裂纹尖端处的最大应力，σ 是外加应力。$\sigma_{\max}/\sigma$ 称为应力集中系数，它的大小表明外力施加于材料时，裂纹端部应力增加的倍数，它由 a 和 ρ 决定。若裂纹是一个圆孔，即 $a=\rho$，则该系数等于 3，裂纹端部应力增大 3 倍。因此，当外力还不大时，裂纹端部受力就可能已超过其理论强度，使裂纹扩展。a 增大，相应系数也进一步增大，如此相互作用导致材料断裂。此外，椭圆形状的裂纹端部应力集中系数大于圆形裂纹，因为前者的曲率半径 ρ 远小于后者。

下面从能量释放角度求解含裂纹物体的实际强度。设有一块无限大板，受均匀外力 σ，其内存在一长度为 $2a$ 的钱币状原生微裂纹（见图 1-10），假设该裂纹的影响区域为以 $2a$ 为直径的圆球，由于微裂纹的存在，其周围材料弹性应变能减少量为

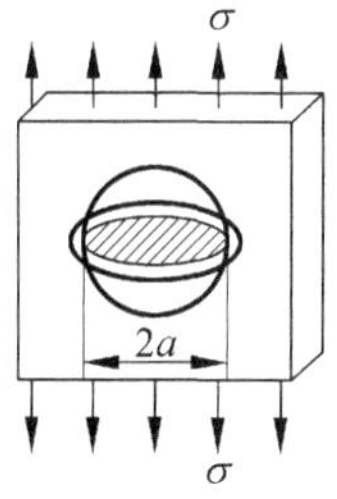

$$u = \frac{1}{2}\sigma\varepsilon V = \frac{1}{2}\frac{\sigma^2}{E}\left(\frac{4}{3}\pi a^3\right)$$

图 1-10　含裂纹物体裂纹扩展示意图

设裂纹扩展长度 da，扩展面积为 $2\pi a da$，则单位面积裂纹扩展所能释放的弹性应变能（能量释放率 G）为

$$G = \left|\frac{\partial u}{\partial A}\right| = \frac{1}{2\pi a}\left|\frac{\partial u}{\partial a}\right| = \frac{a\sigma^2}{E}$$

可见能量释放率是材料内原生裂纹尺寸、应力水平、弹性模量的函数。裂纹扩展所释放的能量将用来补偿形成裂纹所需的能量。设形成单位面积裂纹所需的表面能为 U，当试件中裂纹扩展所释放的弹性能足够用来补偿形成裂纹所需的能量时（$G=2U$），材料内裂纹将扩展而引起断裂，相应的应力即为材料的强度 σ_c，即：

$$\frac{a\sigma_c^2}{E} = 2U \Rightarrow \sigma_c = \sqrt{\frac{2EU}{a}} \tag{1.17}$$

这就是著名的 Griffith 含裂纹固体强度计算公式。上式与理论强度的计算公式是类似的。Griffith 微裂纹理论表明材料的断裂强度不取决微裂纹的数量，而取决它的长度。材料强度随原始裂纹尺寸增大而降低；弹性模量增加，强度增高；材料强度随断裂能增大而增高。

Griffith 微裂纹理论应用于玻璃等脆性材料上取得了很大的成功，但用于金属等塑性材料时遇到了困难，实验得出的 σ_c 值比计算值大得多。Orowan 指出延性材料受力时产生的塑性变形大，要消耗大量

能量,因此 σ_c 提高。他认为可以在 Griffith 方程中引入扩展单位面积裂纹所需的塑性功 U_p 来描述延性材料的断裂,即

$$\sigma_c = \sqrt{\frac{2E(U+U_p)}{a}} \tag{1.18}$$

通常 U_p 远大于 U,例如高强度钢 $U_p \approx 10^3 U$,普通强度钢 $U_p = (10^4 - 10^6)U$。因此对具有延性的材料,U_p 控制断裂过程。脆性材料存在微观尺寸裂纹时,便会导致在低于理论强度的应力下发生断裂,而金属材料则要有宏观尺寸裂纹,才会在低应力下断裂。塑性是阻止裂纹扩展的一个重要因素。

实验表明,断裂表面能比自由表面能大。这是因为储存的弹性应变能除消耗于形成新表面外,还有一部分要消耗在塑性变形、声能、热能等方面。

此外,在针对金属材料构件发生一系列脆性破坏等重大事件研究的基础上,从裂纹尖端应力集中的角度,提出了一个新的材料断裂参数叫断裂韧性 K_{IC},作为对材料发生脆性断裂判断的依据,以克服过去设计中没有考虑分布在材料内部的微裂纹在低应力作用下的扩展,导致材料脆性断裂的问题。断裂韧性的一般表达式为

$$K_{IC} = Y\sigma_c\sqrt{a} \tag{1.19}$$

式中,Y 为几何因子,与裂纹和试样的几何尺寸有关,a 为裂纹半长。对无限大薄平板中含有长度为 $2a$ 的贯穿型裂纹,$Y = \sqrt{\pi}$;若该裂纹处在板的边缘,成为开口裂纹时,$Y = 1.1\sqrt{\pi}$。Y 可以根据理论计算得出,也可以由实验测定。若已知材料的断裂韧性,则材料强度可表达为

$$\sigma_c = \frac{K_{IC}}{Y\sqrt{a}}$$

断裂韧性 K_{IC} 是反映材料内微裂纹尖端附近区域局部应力集中程度在临界状态的大小。断裂韧性是与材料的弹性模量和表面能有关的物理参数,在平面应力条件下,其相关关系为 $K_{IC} = \sqrt{2EU}$。

思 考 题

1. 晶体与胶体在结构上有何差别?
2. 固体与液体在抵抗外力作用时有何差别?
3. 橡胶的泊松比如何影响其用于桥梁支座材料的技术性能?
4. 三种典型的流变学模型:弹性元件、粘性元件和塑性元件在受力时的变形行为如何?
5. 什么是材料的粘弹性?描述粘弹性材料受力后的变形情况。
6. 列出你所知道的建筑材料,并将它们划分为弹性、粘弹性和塑性材料。
7. 液体能够浸润固体表面的条件是什么?
8. 为什么材料的实际强度远小于理论强度?决定脆性材料强度的主要因素是什么?
9. 讨论宾汉姆体的徐变(在 $\sigma = \sigma_0 > f$ 时)和松弛(在 $\varepsilon = \varepsilon_0$ 时)现象,分析其与 Maxwell 体的徐变与松弛现象的异同。
10. 某大厅直径 $d = 1\,000$ mm、长度 $l = 6\,000$ mm 的 C40 混凝土圆柱,承受轴向荷载后,横截面上的正应力为 20.0 MPa。假定其性态可用 Maxwell 模型模拟,且已知弹性模量 $E = 35.0$ GPa,取粘度系数

$\eta = 8.00 \times 10^{14}$ Pa·s。试求：

（1）刚加载时的轴向变形 l；

（2）若应力保持不变，求 1 天和 1 年之后的总轴向变形量 l_1。

所得计算结果说明什么问题？

11. 熔融石英玻璃的性能参数为：弹性模量 $E = 73$ GPa，表面能 $U = 1.75$ J/m^2，理论强度 $\sigma_{th} = 28$ GPa。如果材料中存在最大长度为 0.002mm 的钱币型微裂纹，且此裂纹垂直于作用力的方向，计算由此导致的强度折减系数。

第 2 章 金属材料

金属及其合金是现代建筑工程中所用的主要材料之一。金属材料在土木工程中的应用是多种多样的,可以用作主要的结构材料,也可以用作连接材料、围护材料和饰面材料等。

金属材料在建筑工程中得到广泛应用,是因为它具有高的抗拉和抗压强度,并可通过冷加工或热处理方法大幅度改变或控制产品的性能;易于加工成板材、型材和线材,可焊接、螺栓连接和铆接。普通金属尤其是钢铁的缺点是易锈蚀、维护费用高、耐火性差、生产能耗大。

纯金属是比较软而强度又不够高的材料,不能满足实际工程的需要。通常需要加入一种或多种其他元素形成合金,以提高强度或改变性能。广泛使用的钢材就是一种铁碳合金。钢材及其与混凝土复合的钢筋混凝土和预应力混凝土,已成为现代建筑结构的主体材料。金属材料也从单一的结构材料向着围护、装饰等多功能材料方向发展,并存在与有机或无机材料复合的形式,其品种也由单一品种发展到多品种、多系列。其中,铝及铝合金是另一种重要的金属建筑材料。近年来铝合金在建筑装饰领域中,已成为制造门窗的主要材料之一,同时也是重要的室内外装饰材料。

2.1 金属的结构

在常温下金属一般是晶体物质。组成金属的原子按一定规律在三维空间紧密排列,相互之间以金属键连接。按照金属键的理论,金属原子的外层电子容易失去,成为正离子。正离子排列成一个空间点阵,自由电子在正离子点阵间运动。正离子与自由电子间的静电引力为金属提供结合力。这种静电引力没有方向性与饱和性,即金属键不局限于某一原子对,或某一组原子,因此金属离子(原子)趋于作高度对称的、紧密的和简单的排列。而一旦超过某一应力水平时,金属原子又可以产生相对运动而不发生断裂。金属的强度、延性和韧性都是由金属键的特性而形成的。金属键也使金属成为电与热的良导体。

金属晶体中原子(离子)在空间规则排列,形成晶体结构,晶体结构的最小几何组成单元称为晶胞。绝大多数金属皆为体心立方(bcc)、面心立方(fcc)和密排六方(hcp)等三种结构(见图 2-1)。其中面心立方结构和密排六方结构是最紧密排列方式,体心立方结构是近似紧密排列方式。

在体心立方晶格中,金属原子分布在立方晶胞的八个角上和立方体的中心;在面心

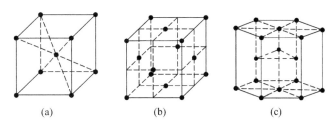

图 2-1 金属的三种典型晶体结构(晶胞)示意图
(a) 体心立方；(b) 面心立方；(c) 密排六方

立方晶格中,金属原子分布在立方晶胞的八个角上和立方体的六个面的中心；在密排六方晶格中,金属原子分布在六方晶胞的十二个角上、上下底面的中心和两底面的三个均匀分布的间隙里。

某些金属的晶体结构在不同的温度下具有不同的形式,称为同素异构体。例如在常温下延性和塑性很好的白锡在大约 -18 ℃时就会改变其晶体结构,成为高脆性的、粉末状的灰锡。这种转变曾使拿破仑侵略俄罗斯时,在严冬中他的军队所穿制服的锡制扣子都掉了。最常见的具有同素异构体的金属材料是铁-碳合金,也就是钢。当它从熔融的液态冷却时,晶体结构要发生两次转变：温度在 1 390 ℃以上时为体心立方结构,称为 δ-Fe；从 910~1 390 ℃之间为面心立方结构,称 γ-Fe；在 910 ℃以下又成为体心立方结构,但与 δ-Fe 的晶胞参数不同,称 α-Fe。钢的不同同素异构体具有不同性能,我们可以利用不同的热处理工艺过程,获得具有不同的同素异构体结构,从而具有性能不同的钢材,以满足不同的需要。

当金属内部晶体结构的有序排列受某种因素的影响受到破坏时,在晶格内部将产生缺陷。这对金属的性能有很大影响。按照几何特征,晶体缺陷主要可分为点缺陷、线缺陷和面缺陷(见图 2-2)。

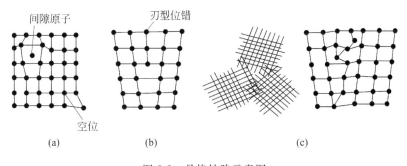

图 2-2 晶格缺陷示意图
(a) 点缺陷；(b) 线缺陷；(c) 面缺陷

点缺陷是指在三维尺度上都很小的,不超过几个原子直径的缺陷。主要包括空位、填隙原子和置换杂质原子。空位是因为某些晶格结点上的原子失去了。空位的存在为金属中原子的迁移创造了方便条件。填隙原子是位于晶格间隙之中的原子。当晶格结点上的原子被另一种类型的原子取代时就形成置换缺陷。点缺陷扰乱了周围原子的完整排列。当晶格中存在空位或较小的置换原子时,周围的原子就向着点缺陷靠拢,将周围原子之间的键拉长,因而产生一个拉应力场。间隙原子或较大的置换原子则将周围原子向外推开,因而产生一个压应力场。上述情况均对金属的性能有很大影响。有意地将间隙原子或置换原子加入到金属材料的晶体结构中,是金属材料固溶强化的基本方法。

线缺陷是两维尺度很小而第三维尺度很大的缺陷,这就是位错。在金属的结晶、塑性变形和相变等过程中,晶体受到杂质、温度变化或振动等产生的应力作用,或由于晶体受到打击、切削和研磨等机械应力作用,使晶体内部质点排列变形,原子行列间相互滑移,偏离晶格的有序排列,形成线状缺陷。位错能与其他位错或其他晶体缺陷发生相互作用。位错是影响金属机械性能的最重要的晶体缺陷。金属晶体中位错的存在,在金属受力变形过程中使晶格沿某个平面发生滑移,可使金属的强度降低2～3个数量级。这种滑移还赋予了金属的延性。如果没有位错,材料就会是脆性的,就不可能采用各种塑性加工工艺,如锻造,将金属加工成需要的形状。通过干预位错的运动,可以控制金属的力学性能。

面缺陷是指二维尺度很大而第三维尺度很小的缺陷,即小角晶界。小角晶界指金属内部的小晶粒间,位相稍有差别的晶界。在晶界上原子排列偏离平衡位置,晶格畸变较大,位错密度较高,原子处于较高的能量状态,活性较大。所以对于金属中许多过程的进行,晶界具有极为重要的作用。

2.2 金属的技术性质

金属能否作为结构材料,与其受拉或受压时的承载能力,及其抵抗有限变形而不破坏的能力有关。通常可用直拉实验来评定这些性能。通过这种实验,可确定其弹性模量、屈服应力、抗拉强度及延伸率。金属的技术性能还包括其他力学性能,如冲击韧性、抗疲劳性能及工艺性能(冷弯性和可焊性)。

低碳钢是建筑工程中广泛使用的结构材料,其性能具有典型性。以下讨论金属的性质均以低碳钢为代表。

2.2.1 抗拉性能

1. 低碳钢 σ-ε 图的阶段划分

抗拉性能是建筑钢材最重要的技术性质。建筑钢材的抗拉性能可用低碳钢受拉时的应力-应变(σ-ε)图来阐明(见图 2-3),图中明显地分为以下四个阶段:

1) 弹性阶段(OA 段)

在 OA 段,如卸去荷载,试件将恢复原状,表现为弹性变形,与 A 点相对应的应力为弹性极限,用 σ_p 表示。此阶段应力 σ 与应变 ε 成正比,其比值为常数,即弹性模量,用 E 表示,$E=\sigma/\varepsilon$。弹性模量反映了钢材抵抗变形的能力。它是钢材在受力条件下计算结构变形的重要指标。常用低碳钢的弹性模量 $E=2.0\times 10^5 \sim 2.1\times 10^5$ MPa, $\sigma_p=180\sim 200$ MPa。

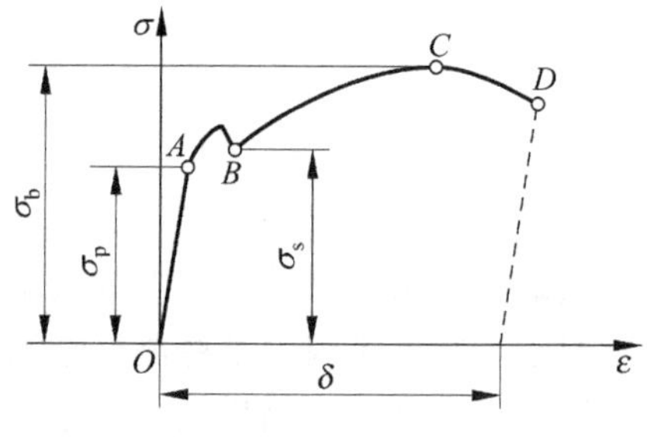

图 2-3 低碳钢受拉时 σ-ε 曲线

2) 屈服阶段(AB 段)

应力超过 σ_p 后,应变增加很快,而应力基本保持不变。此时应力与应变不再成比例,这种现象称为屈服。在屈服阶段,若卸去外力,试件的变形已不能完全恢复,开始产生塑性变形。σ-ε 曲线上开始发生屈服的点 A,称为屈服点,这时的应力称为屈服极限,用 σ_s 表示。σ_s 是衡量材料强度的重要指标。常用

低碳钢的 σ_s 为 185～235MPa。

钢材受力达到屈服点后，变形即迅速发展，尽管尚未破坏但已不能满足使用要求。故设计中一般以屈服点作为钢材强度取值的依据。

3）强化阶段（BC 段）

屈服阶段之后，因塑性变形使钢材内部发生晶体结构扭曲、晶粒破碎等，钢材抵抗变形的能力有所增强，$\sigma\text{-}\varepsilon$ 曲线又开始上升，称为强化阶段。曲线最高点 C 所对应的应力称为抗拉强度，用 σ_b 表示。常用低碳钢的 σ_b 为 375～500MPa。

工程上使用的钢材不仅希望具有高的 σ_s，还希望具有一定的屈强比（σ_s/σ_b）。屈强比越小，钢材在受力超过屈服点时的可靠性越大，结构越安全。但如果屈强比过小，则钢材有效利用率太低，造成浪费。常用低碳钢的屈强比为 0.58～0.63，合金钢为 0.65～0.75。

4）颈缩阶段（CD 段）

强化阶段之后，试件的变形开始集中于某一小段内，使该段的横截面面积显著减小，出现图 2-4 所示的颈缩现象，$\sigma\text{-}\varepsilon$ 曲线开始下降，直至 D 点，试件被拉断。

2．材料延伸率和截面收缩率

试件拉断后，其弹性变形消失，塑性变形则残留下来。将拉断的试件对接在一起（见图 2-5），测量拉断后的标距长度 l_1 和断口处的最小横截面面积 A_1，若试件受力前的标距为 l_0，横截面面积为 A_0，则钢材的延伸率 δ 的计算公式为

$$\delta = \frac{l_1 - l_0}{l_0} \times 100\% \tag{2.1}$$

钢材的截面收缩率 Ψ 的计算公式为

$$\Psi = \frac{A_0 - A_1}{A_0} \times 100\% \tag{2.2}$$

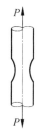

图 2-4　金属棒受拉产生的颈缩现象

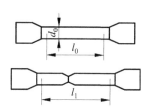

图 2-5　拉断前后的试件

钢材拉伸时塑性变形在试件标距内的分布是不均匀的，颈缩处的伸长较大。所以原始标距 l_0 与直径 d_0 之比越大，颈缩处的伸长值在总伸长值中所占比例就越小，则计算所得伸长率 δ 也越小。通常钢材拉伸试件取 $l_0 = 5d_0$ 或 $l_0 = 10d_0$，其伸长率分别以 δ_5 和 δ_{10} 表示。对同一钢材，δ_5 大于 δ_{10}。

传统伸长率只反映颈缩断口区域的残余变形，不反映颈缩发生前全长的平均变形，也未反映已回缩的弹性变形，与钢筋拉断时的应变状态相去甚远。且各类钢筋对颈缩的反应不同，加上断口拼接量测误差，难以真实地反映钢筋的延性。为此，以钢筋在最大力下的总伸长率（简称均匀伸长率）δ_{gt}，作为钢筋延性的指标更为科学。我国目前实行的规范已规定，除断后伸长率外，均匀伸长率也可作为钢材延性的

指标。在一般实验室条件下,可以量测实验后非颈缩断口区域标距内的残余应变(见图2-6),加上已回复的弹性应变,得到钢材的均匀伸长率 δ_{gt}

$$\delta_{gt} = \left(\frac{L_1 - L_0}{L_0} + \frac{F_b}{A_s E_s}\right) \times 100\%$$

式中,L_0 为实验前两标志间的距离;L_1 为实验后两标志间的实际距离;F_b 为最大作用力;A_s 为钢材截面积;E_s 为钢材弹性模量。

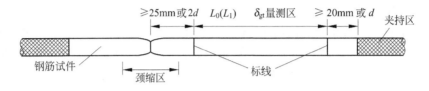

图 2-6 钢材均匀伸长率的测定

伸长率 δ 与收缩率 Ψ 是衡量材料塑性的两个重要指标。δ 与 Ψ 值越大,说明材料的塑性越好。尽管结构是在钢的弹性范围内使用,但在应力集中处,其应力可能超过屈服点,此时产生一定的塑性变形,可使结构中的应力重新分布,从而避免结构破坏。常用低碳钢的延伸率 $\delta=20\% \sim 30\%$,截面收缩率 $\Psi=60\% \sim 70\%$。钢筋混凝土用热轧带肋钢筋在最大力下的总伸长率 δ_{gt} 应不小于 2.5%。

预应力钢筋混凝土用的高强度钢筋和钢丝具有硬钢的特点:抗拉强度高,无明显的屈服阶段,伸长率小。这类钢材由于没有明显的屈服阶段,不能测定屈服点,故常用残余变形达到原标距长度的 0.2% 时的应力作为该钢材的屈服极限,用 $\sigma_{0.2}$ 表示(见图 2-7)。

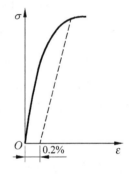

图 2-7 硬钢的屈服点 $\sigma_{0.2}$

2.2.2 冲击韧性

冲击韧性指钢材抵抗冲击荷载的能力。钢材的冲击韧性用冲断试样所需能量的多少来表示。钢材的冲击韧性实验是采用中间开有 V 形缺口的标准弯曲试样,置于冲击机的支架上,并使切槽位于受拉的一侧(见图 2-8)。当实验机的重摆从一定高度自由落下,将试样冲断时,试样吸收的能量等于重摆所做的功 W。若试件在缺口处的最小横截面积为 A,则冲击韧性 α_K

$$\alpha_K = \frac{W}{A}$$

式中,α_K 的单位为 J/cm^2。α_K 越大表示钢材抗冲击的能力越强。钢材的冲击韧性对钢的化学成分、组织状态,以及冶炼、轧制质量都比较敏感。例如,钢中磷、硫含量较高,存在偏析、非金属夹杂物和焊接中形成的微裂纹等都会使冲击韧性显著降低。

α_K 值与温度有关。有些材料在常温时冲击韧性并不低,破坏时呈现韧性破坏特征。但当温度低于某值时,α_K 突然大幅度下降,材料无明显塑性变形而发生脆性断裂,这种性质称为钢材的冷脆性。α_K 剧烈改变的温度区间称为脆性转变温度,图 2-9 所示为钢材由塑性状态转变为脆性状态的规律。钢材的脆性转变温度与钢的品种、化学成分及微观结构有关。北方寒冷地区需要检验钢材的冷脆性。

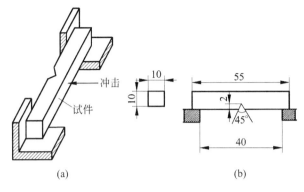

图 2-8 冲击韧性实验
（a）试件装置；（b）V 形缺口试件

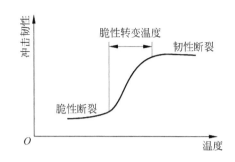

图 2-9 钢材的冲击韧性与温度的关系

2.2.3 耐疲劳性

钢材在交变荷载的反复作用下，往往在应力水平远小于其抗拉强度时就发生破坏，这种现象称为钢材的疲劳。实验证明，钢材承受的交变应力 σ 越大，则钢材至断裂时经受的交变应力循环次数 N 越少，反之越多。当交变应力降低至一定值时，钢材可经受无限次交变应力循环而不发生疲劳破坏。通常取交变应力循环次数 $N=10^7$ 时，试件不发生破坏的最大应力 σ_n 作为其疲劳极限。疲劳应力与循环次数之间的关系曲线称为疲劳曲线。图 2-10 为钢材的疲劳曲线。

钢材的疲劳破坏一般是由拉应力引起的，首先在局部开始形成细小裂纹，随后由于微裂纹尖端的应力集中而使其逐渐扩大，直至突然发生瞬时疲劳断裂。从断口可以明显地区分出疲劳裂纹扩展区和瞬时断裂区。

一般来说，钢材的抗拉强度高，其疲劳极限也较高。钢材内部的组织结构、成分偏析及其他缺陷，是决定其疲劳性能的主要因素。同时，由于疲劳裂纹是在应力集中处形成和发展的，故钢材的截面变化、

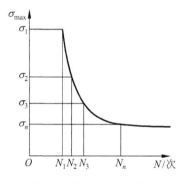

图 2-10 钢材的疲劳曲线

表面质量及内应力大小等可能造成应力集中的因素，都与其疲劳极限有关。例如钢筋焊接接头的卷边和表面微小的腐蚀缺陷，都可使疲劳极限显著降低。当疲劳条件与腐蚀环境同时出现时，可促使局部应力集中的出现，大大增加了疲劳破坏的危险性。

由于大多数建筑物在设计时留有很大的强度富余（安全系数），设计者很少担心结构会因疲劳而破坏。但是例如 1980 年挪威北海 Keilland 石油钻井平台发生倒塌的事故，就是由于它的一根支架出现了疲劳破坏，说明这个问题仍然不可忽视。如果不注意，焊接构件会由于非焊接区偶然发生的应力集中而发生破坏。有些部件，例如作为连接零件的螺栓，在长期动荷载作用下，可能处于危险状态。疲劳在桥梁设计中是一个重要的问题。

2.2.4 钢材的工艺性能

工艺性能是指钢材是否易于加工成型的性能。冷弯性能和可焊性是建筑钢材重要的工艺性能。

1. 冷弯性能

冷弯性能是指钢材在常温下承受弯曲变形的能力,以实验时的弯曲角度 α 和弯心直径 d 为指标表示(见图 2-11)。钢材的冷弯实验是采用直径(或厚度)为 a 的试件,以标准规定的弯心直径 $d(d=na)$,弯曲到规定的角度时(180°或 90°),检查弯曲处有无裂纹、断裂及起层等现象。若无则认为冷弯性能合格。钢材冷弯时的弯曲角度越大,弯心直径越小,则表示其冷弯性能越好。

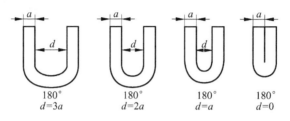

图 2-11 钢材的冷弯实验

钢材的冷弯性能和其伸长率一样,也是表示钢材在静荷载条件下的塑性。但冷弯是钢材处于不利变形条件下的塑性,而伸长率是反映钢材在均匀变形下的塑性。故冷弯实验是一种比较严格的检验,它能揭示钢材内部结构的均匀性,以及是否存在内应力或夹杂物等缺陷。在拉力实验中,这些缺陷常因材料的塑性变形导致内部应力重分布而反映不出来。在工程实践中,冷弯实验还被用作检验钢材焊接质量的一种手段,能揭示焊件在受弯表面存在的未熔合、微裂纹和夹杂物等缺陷。

2. 焊接性能

在建筑工程中,各种钢结构、钢筋及预埋件等均需焊接加工,因此要求钢材具有良好的可焊性。在焊接中,由于高温作用和焊接后急剧冷却作用,焊缝及附近的过热区发生晶体组织及结构变化,产生局部变形及内应力,使焊缝周围的钢材产生硬脆倾向,降低了焊接质量。如果采用较为简单的工艺就能获得良好的焊接效果,并对母体钢材的性质没有副作用,则此种钢材的可焊性良好。

低碳钢的可焊性很好,随着碳含量和合金含量的增加,钢材的可焊性减弱。钢中含硫也会使钢材在焊接时产生热脆性。采用焊前预热和焊后热处理的方法,能提高可焊性差的钢材焊接质量。

2.3 金属的强化

2.3.1 金属冷加工强化

将金属材料于常温下进行冷拉、冷拔或冷轧,使之产生一定的塑性变形,其强度可明显提高,塑性和韧性有所降低,这个过程称为金属材料的冷加工强化。

冷拉加工就是将钢筋拉至其 σ-ε 曲线的强化阶段内的任一点 K 处,然后缓慢卸去荷载,则此时的 σ-ε 曲线将沿着与 OB 近于平行的直线 KO_1 回落到 O_1 点(见图 2-12)。OO_1 表示残留下来的塑性应变 ε_p,O_1O_2 表示在卸载后消失的弹性应变 ε_e。若卸荷后重新加载张拉,应力与应变又重新按正比关系增加,并且 σ-ε 曲线仍沿着 O_1K 直线上升到 K 点,然后由 K 点开始按原来的 σ-ε 曲线变化。若卸荷后经过一定时间(时效)后重新加载，σ-ε 曲线将沿 $O_1K_1C_1D_1$ 变化。由此可见，若使材料受拉进入强化阶段后卸载，则当再度加载时，其屈服极限将有所提高，而其塑性变形能力却有所降低，即冷加工强化。

冷拔加工是强力拉拔钢筋通过截面小于钢筋截面积的拔丝模(见图 2-13)。冷拔作用比纯拉伸的作用强烈，钢筋不仅受拉，而且同时受到挤压作用。经过一次或多次冷拔后得到的冷拔低碳钢丝，其屈服点可提高 40%～60%，但失去软钢的塑性和韧性，而具有硬质钢材的特点。

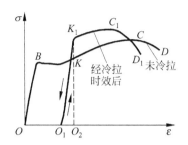

图 2-12 钢筋冷拉后的 σ-ε 性能变化

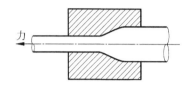

图 2-13 冷拔加工示意图

冷轧是将圆钢在轧钢机上轧成断面形状规则的钢筋，可提高其强度及与混凝土的粘接力。钢筋在冷轧时，纵向与横向同时产生变形，因而能较好地保持其塑性和内部结构的均匀性。

金属的塑性变形是通过位错运动来实现的。如果位错运动受阻，则塑性变形困难，即变形抗力增大，因而强度提高。在塑性变形过程中，位错运动的阻力主要来自位错本身。因为随着塑性变形的进行，位错在晶体中运动时可通过各种机制发生增殖，使位错密度不断增加，位错之间的距离越来越小并发生交叉，位错间的交互作用增强，使位错运动的阻力增大，导致塑性变形抗力提高。另一方面，由于变形抗力的提高，位错运动阻力的增大，位错更容易在晶体中发生塞积，反过来使位错的密度加速增长。这相当于汽车通过一个十分拥挤，又没有交通指挥的十字路口。由于相互争抢，汽车行进十分困难，甚至完全堵塞。所以，在冷加工时，依靠塑性变形时位错密度提高和变形抗力增大这两方面的相互促进，很快导致金属强度和硬度的提高。

建筑工程中大量使用的钢筋采用冷加工强化具有明显的经济效益。钢筋经冷拉后，一般屈服点可提高 20%～25%，冷拔钢丝的屈服点可提高 40%～60%。由此可适当减小钢筋混凝土结构设计截面，或减少混凝土中配筋数量，从而达到节约钢材的目的。钢筋冷拉还有利于简化施工工序。冷拉盘条钢筋可省去开盘和调直工序；冷拉直条钢筋则可与矫直、除锈等工序一并完成。但冷拔钢丝的屈强比较大，相应的安全储备较小。因此在强调安全性的重要建筑物的施工现场，已越来越难见到钢筋的冷加工车间。

2.3.2 其他强化方法

所有可以阻碍金属晶体中位错运动的方法都会使金属的强度提高，造成强化。

1. 固溶强化

向金属中加入少量合金元素，形成固溶体。由于溶质原子与溶剂金属原子大小不同，溶剂金属晶格发生畸变，并在周围形成一个应力场。这个应力场与运动位错的应力场发生交互作用，使位错的运动受阻。置换式溶质原子(如钢中的 Cr、Ni、Mn、Si 等)使金属晶格发生扭曲的程度较小，其强化效果小于间隙式溶质原子(如钢中的C、N等)的强化效果。所以随着钢材含碳量的增加,其强度迅速增加,但脆性也随之增加了。

2. 弥散强化

当加入的合金元素的量超过在溶剂金属中的溶解度后,将会产生分相,导致第二相析出。若第二相硬度很高,颗粒十分细小,均匀分散在连续相基体中时,位错在遇见这些坚硬的微粒时,只能绕道而行,位错运动的阻力大幅度增加,使金属材料的强度大大提高。想象一条布满礁石的小河,河水必须绕过这些礁石才能流向远方,就可以体会弥散强化的原因。钢中碳质量分数大于0.8%时,其基本组织由珠光体(碳质量分数小于0.8%)和渗碳体(铁和碳的化合物Fe_3C,碳质量分数等于6.67%)组成。作为第二相的坚硬的渗碳体微粒均匀分布在较柔软的基体中,使高碳钢的强度大为增加。

3. 时效

时效硬化现象也称为淀析硬化作用,在很多合金体系中都会发生,实质上仍是一种弥散强化效应。由于淬火产生的过饱和固溶体在室温下存放,或重新加热至温度不高的情况下,会沉淀出第二相淀析物。对于大多数时效硬化合金,淀析物都是硬脆的金属间化合物。这种硬脆的淀析物微粒均匀分布在较软而有延性的基相中,其强度和硬度提高,而塑性降低。含有约4%金属铜的铝基合金是典型的时效硬化合金,并且是高强铝合金的一个重要类别。在548℃时,铜在铝中的溶解度最大为5.7%,而在室温时却降至0.1%左右。在此组成范围内的铝铜合金缓慢冷却时,生成富铝固溶体和以第二相微粒存在的坚硬的$CuAl_2$化合物。为了使含铜铝基合金产生时效硬化,通常首先将其在约500℃加热相当长时间,接着淬火,然后在室温放置15~20天,或重新加热到约200℃,保温6h以上,以获得时效硬化效应。对于钢筋,同样可在室温放置15~20天,或加热到100~200℃,并保持2~3h,以获得时效硬化效应。此时固溶于α-Fe晶格中的碳、氮原子将向晶格内部缺陷处移动、集中,甚至以碳化物、氮化物的形式析出,阻碍位错的运动,使钢材的强度和硬度得到提高,塑性降低。

2.4 金属的腐蚀与防护

2.4.1 金属的腐蚀

金属的腐蚀是指其表面与周围介质发生化学反应而遭到的破坏。

金属材料若遭到腐蚀,将使受力面积减小,而且因局部锈坑的产生,可能造成应力集中,促使结构提前破坏。尤其是在有反复荷载作用的情况下,将产生锈蚀疲劳现象,使疲劳强度大为降低,出现脆性断裂。在钢筋混凝土中的钢筋发生锈蚀时,由于锈蚀产物的体积增大,在混凝土内部产生膨胀应力,严重时可导致混凝土保护层开裂,降低钢筋混凝土构件的承载能力。

根据腐蚀作用的机理,金属的腐蚀可分为化学腐蚀和电化学腐蚀两种。

1. 化学腐蚀

化学腐蚀是指金属直接与周围介质发生化学反应而产生的腐蚀。这种腐蚀多数是由于氧化作用所导致的。在金属的氧化过程中,首先生成的氧化物薄膜的性质将控制进一步氧化的速率。当氧化物膜很致密时,则只能依靠离子穿过氧化物膜来产生进一步的氧化,由此只能生成很薄的氧化物薄膜。反之,若首先生成的氧化物层是疏松多孔的,则不能阻止进一步的氧化。几乎没有什么金属能在较大的温度范围内具有明显的抗氧化能力,但铬和铝却是个例外。铬在开始阶段很容易被氧化,但氧化生成的非常薄的铬氧化物层具有极慢的增长速率,并能阻止进一步的氧化。铬对氧的亲和能力很大,在含铬约12%(质量分数)以上的合金中优先发生铬的氧化,生成富铬氧化物层,并阻止合金内部的进一步氧化。因此铬是不锈钢不可缺少的组分。铝与铬相似,在开始阶段易于氧化,生成很薄的氧化铝保护层,阻止金属内部的进一步氧化。

2. 电化学腐蚀

电化学腐蚀是指电极电位不同的金属与电解质溶液接触形成微电池,产生电流而引起的腐蚀。要形成微电池,必须有电极电位较低的金属作为阳极,电极电位较高的金属作为阴极,以及液体电解质作为导电介质。如钢材处于潮湿环境中时,由于吸附作用,钢材表面形成一薄层水膜,当水中溶入 SO_3、Cl_2、灰尘等即成为电解质溶液。钢材中的铁素体和渗碳体在电解质溶液中变成了电池的两个电极:铁素体活泼,易失去电子,成为阳极;渗碳体则成为阴极。在电化学腐蚀反应中,阳极金属被腐蚀,以离子形式进入溶液;在阴极则生成氢氧根离子或放出氢气。腐蚀电池的形成具有多种形式。不同种类的金属相接触,合金中不同的相,同一金属中结构的差异,电解质溶液条件的改变,都可能形成腐蚀电池。腐蚀的效果总是有害的。特别是当发生点状腐蚀而集中于局部面积时,或者是由弱电解质通过蒸发而集中于裂缝中时,情况更为有害。

钢筋混凝土中的钢筋,由于混凝土的强碱性环境(pH 值大于 13),在其表面形成一层钝化膜,可长期不锈蚀。潮湿、混凝土碳化等外部条件会劣化环境,使钢筋生锈。特别是氯离子促进锈蚀的作用强烈,导致点蚀的发展,对钢筋混凝土的使用寿命影响很大。

2.4.2 电化学腐蚀的预防

金属电化学腐蚀的问题是严重的,但可采取适当的技术措施来避免和解决。

1. 正确设计金属构件

正确地设计金属结构,可以减缓甚至避免腐蚀。某些必须考虑的问题如下:

(1) 防止形成电化学微电池。例如,钢管与黄铜紧固件连接会形成腐蚀电池,使钢管被腐蚀。通过中间放置塑料配件使钢管与黄铜绝缘,就可以把问题减小到最小程度。在电气化铁路用的钢筋混凝土构件中,在所有两根钢筋搭接的地方,都要采取绝缘措施,使钢筋网不能形成整个导通的导电网络,以防止杂散电流引起的钢筋电化学腐蚀。

(2) 使阳极的面积远大于阴极的面积。例如,可以使用铜铆钉来紧固钢板。由于铜铆钉的面积很小,只能产生有限的阴极反应,相应限制了钢板的阳极腐蚀反应速度。反之,如果用钢铆钉来连接铜板,小面积的钢阳极输出的大量电子能及时被大面积的铜阴极所吸收,此时钢铆钉以很快的速度被腐蚀。

(3) 在装配的或连接的材料之间要避免出现缝隙。零件连接处应避免形成水的通道。焊接是比机械紧固更好的连接方式。

2. 使金属与环境隔绝

最常用的方法是在金属表面涂刷保护层。油漆、搪瓷、镀锌或铬都是常用的方法。油漆的耐久性不好,每隔数年就要重新涂刷一遍。金属镀层在钢铁表面的保护效能,取决于金属与铁之间的电极电位的相对值及其抗腐蚀的能力。由于锌可在表面形成一层不溶的碱式碳酸盐,而具有良好的抗大气腐蚀能力。锌对铁为阳极,当镀锌钢板(马口铁)表面的镀锌层被划伤,露出下面的钢时,因为钢阴极的面积很小,锌镀层以极慢的速率被腐蚀,而钢仍然受到保护;铬对铁为阴极,当镀铬钢板(克罗米)表面的镀铬层被划伤时,会促进钢的腐蚀。近年来出现一种在薄钢板面上涂覆一层有机高分子涂层的彩色涂层钢板,具有较好的抗大气腐蚀能力。

3. 缓蚀剂

某些化学物质加入到电解质溶液中,会优先移向阳极或阴极表面,阻碍电化学腐蚀反应的进行。亚硝酸钠就是一种常用的缓蚀剂。当它加入到钢筋混凝土中时,可大大延缓钢筋的锈蚀。一些有机缓蚀剂可以涂刷在钢筋混凝土结构表面,通过混凝土的毛细孔隙渗透进入混凝土内部,达到防止钢筋锈蚀的作用。

4. 阴极保护

将起阳极作用的金属电极与金属结构连接起来,让阳极受腐蚀,而金属结构就得到保护。如锌和镁作为阳极可保护钢铁。将直流电源连接于附加阳极和要保护的金属结构之间,使金属结构成为阴极而被保护,而附加阳极,如一块废铁,则被腐蚀。

一般混凝土中钢筋的防锈措施是:提高混凝土的密实度、保证钢筋外混凝土保护层的厚度、限制混凝土中氯盐外加剂的掺入量和使用阻锈剂等。预应力混凝土用钢筋由于含碳量较高,又多经过冷加工处理,因而对锈蚀破坏较为敏感,特别是高强度热处理钢筋,容易产生应力锈蚀现象。故预应力混凝土结构需要严格限制混凝土中氯离子的含量,对各种原材料的品质都有严格的规定。

2.5 金属在土木工程中的应用

在土木工程中使用的金属材料主要是钢铁和铝合金。

2.5.1 钢铁

决定钢材机械和加工工艺等性能的主要因素是钢材的化学成分及其微观结构,与钢材的冶炼、浇注、轧制和热处理等生产工艺过程也有密切的关系。

1. 化学成分对钢材性能的影响

钢的主要化学成分是铁和碳。此外有锰、硅等有利元素,以及熔炼过程中很难除尽或混入的硫、磷、氧、氮等有害杂质元素。为改善钢材性能,在合金钢中还特意加入某些合金元素,如钒、钛等。

碳含量对钢的强度、塑性、韧性和焊接性有决定性的影响。随着含碳量增加，钢的抗拉强度和屈服强度上升，但其塑性、冷弯性能和冲击韧性降低，焊接性也变差。

锰能细化晶粒，提高钢材的屈服强度和抗拉强度，而又不过多地降低塑性和冲击韧性。此外，锰能显著改善钢材的冷脆性能，并能消减硫和氧导致的热脆性，改善钢材的热加工性能。锰是低合金结构钢的主要添加元素，含量一般在1%～2%（质量分数）范围内。

硅是钢的主要合金元素。在含量较低（质量分数小于1%）时，可使铁素体结晶均匀，晶粒细化，提高钢材的强度，对塑性和韧性影响不明显；含量过高时，则会使钢材变脆，降低可焊性和抗锈蚀性能。

硫和磷是钢中两种十分有害的元素。硫化物所造成的低熔点使钢在焊接时易于产生热裂纹，显著降低可焊性。硫还将降低钢材的塑性与冲击韧性。磷将使钢在低温时韧性降低并容易产生脆性破坏。磷也降低钢材的可焊性。

钛、钒、铌等低合金钢中常用的合金元素可细化晶粒，有效地提高强度。

2. 冶炼、浇注、轧制与热处理过程对钢材性能的影响

我国目前建筑钢材主要是由平炉和氧气转炉冶炼而成，这两种冶炼方法炼制的钢的质量大体相当。电炉钢的质量高，但成本高、电耗大，很少用于建筑工程。

钢冶炼后因浇注方法不同而分为沸腾钢、半镇静钢、镇静钢和特殊镇静钢。

沸腾钢生产工艺简单，价格便宜，质量能满足一般承重钢结构和普通钢筋混凝土用钢的要求，因而用得较多。

镇静钢的内部组织结构致密，杂质少，质量高于沸腾钢。但生产工艺复杂，生产率较低，价格较高。

半镇静钢的质量和价格介于沸腾钢与镇静钢之间；特殊镇静钢的质量和价格则高于镇静钢。

钢锭浇注后再经轧制，内部的小气孔和质地较疏松部分可被锻焊密实起来，消除铸造显微缺陷，并细化钢的晶粒。因此轧制钢材比铸钢质量高。

钢材经轧制后如再经适当的热处理，则可显著提高其强度，并保持良好的塑性和韧性。我国目前仅规定对一些强度较高的低合金钢应进行热处理。这些钢材常用于建造大跨桥梁或制造高强螺栓。

3. 土木工程用钢

土木工程用钢分为钢结构用钢和钢筋混凝土结构用钢，以及建筑装饰用钢。钢结构用钢主要采用型钢和钢板；钢筋混凝土结构用钢主要采用钢筋和钢丝；建筑装饰用钢主要有不锈钢装饰制品、彩色涂层钢板和轻钢龙骨等。

（1）钢结构用钢

钢结构用钢主要有碳素结构钢和低合金结构钢两种。

国家标准《碳素结构钢》(GB 700—1999)规定，我国碳素结构钢由氧气转炉、平炉或电炉冶炼，一般以热轧状态供应。我国碳素结构钢分为 Q195、Q215、Q235、Q255 和 Q275 五个牌号。随着牌号的增大，其含碳量增加，强度提高，塑性和韧性降低，冷弯性能逐渐变差。同一钢号内质量等级越高，钢材的质量越好，如 Q235C、D 级优于 A、B 级。

钢结构用普通碳素钢的选用大致根据结构的工作条件，承受荷载的类型（动、静荷载），受荷方式（直接、间接受荷），结构的连接方式（焊接、非焊接）和使用温度等因素综合考虑，对各种不同情况下使用的钢结构用钢都有一定的要求。

建筑工程中常用的碳素结构钢牌号为 Q235。这种钢冶炼方便,成本较低,具有较高的强度和较好的塑性与韧性,可焊性也好,满足一般钢结构和钢筋混凝土结构的用钢要求。Q195 和 Q215 号钢常用作生产一般使用的钢钉、铆钉、螺栓及铁丝等;Q255 和 Q275 号钢多用于生产机械零件和工具等。

低合金高强度结构钢是在普通碳素结构钢的基础上加入总量小于 5% 的合金元素而形成的钢种。常用的合金元素有 V、Nb、Ti、Al。国家标准《低合金高强度结构钢》(GB 1591—1988)规定,我国低合金高强度结构钢由氧气转炉、平炉或电炉冶炼,一般以热轧、控轧、正火及正火加回火状态交货。低合金高强度结构钢按屈服点数值大小分为 5 个强度等级 Q295、Q345、Q390、Q420、Q460;按不同强度等级、用途和对钢材韧性的要求,分为 5 个质量等级:A、B、C、D、E。A 级不做冲击实验,后 4 个等级分别做 20℃、0℃、-20℃、-40℃冲击实验。

低合金高强度结构钢与碳素结构钢相比,具有较高的强度,综合性能好,所以在相同使用条件下,可比碳素结构钢节省用钢 20%~30%,这对减轻结构自重十分有利。低合金高强度结构钢具有良好的塑性、韧性、可焊性、耐低温性及抗腐蚀等性能,有利于延长结构使用寿命。低合金高强度结构钢特别适用于高层建筑、大柱网结构和大跨度结构。

(2) 钢筋混凝土用钢

根据国家标准《钢筋混凝土用热轧光圆钢筋》(GB 13013—1991)和《钢筋混凝土用热轧带肋钢筋》(GB 1499—1998)的规定,热轧钢筋按其力学性能分为四个牌号,根据其表面状态特征分为光圆钢筋和带肋钢筋。用普通碳素钢 Q235 经热轧而成的光圆钢筋,牌号为 HPB235。其公称直径 8~20mm、屈服点大于 235MPa、抗拉强度大于 370MPa、伸长率大于 25%。采用普通低合金钢经热轧而成的带肋钢筋(见图 2-14),牌号为 HRB335、HRB400 和 HRB500。各牌号中的数字代表屈服点最小值。其公称直径为 6~50mm、伸长率为 12%~16%。

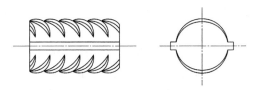

图 2-14 带肋钢筋

HRB335 热轧带肋钢筋现占主导地位,约占钢筋混凝土用钢筋产量和消费量的 70%~80%。由于生产工艺和成分设计相对简单,30 年来其成分没有发生多大变化,生产工艺成熟,应用广泛。HRB400 级钢筋是目前国家重点推广的建筑用钢更新换代产品。HRB400 具有优良的性能:强度高、延性好、设计强度为 360MPa,比 HRB335 可省用钢 10%~18%;性能稳定,应变时效敏感性低,安全储备量比 HRB335 大,焊接性能良好,适应各种焊接方法;抗震性能好,屈强比大于 1.25;韧脆性转变温度低,通常在-40℃下断裂仍为塑性断口,冷弯性能合格;具有较高的高应变低周疲劳性能,有利于提高工程结构的抗破坏能力。HRB500 级是中国目前最高等级的热轧钢筋,可满足高层、超高层建筑和大型框架结构等对高强度、大规格钢筋的需求。HRB500 既有较高的强度($\sigma_s \geq 500$MPa,$\sigma_b \geq 630$MPa),又有良好的塑性($\delta_5 \geq 12\%$)和抗震性能。HRB500 钢筋具有良好的经济效益和社会效益,用它取代 HRB335 钢筋可节约用钢量 28% 以上,取代 HRB400 可节约 14% 的用钢量。

根据国家标准《冷轧带肋钢筋》(GB 13788—2000)的规定,冷轧带肋钢筋是采用由普通低碳钢或低合金钢热轧的圆盘条为母材,经冷轧减小直径后,在其表面冷轧成二面或三面有肋的钢筋。根据其抗拉强度的高低,分为 CRB550、CRB650、CRB800、CRB970 和 CRB1170 五个牌号。冷轧带肋钢筋是一种新型高效建筑钢材,将逐步取代冷拔低碳钢丝。冷轧带肋钢筋的强度高、塑性也好,具有优良的综合力学性能。它代替普通钢筋,用于一般的钢筋混凝土结构,可节约钢材 30% 以上。

根据国家标准《冷轧扭钢筋》(JG 3046—1998)的规定,冷轧扭钢筋是采用普通低碳钢热轧圆盘条为母材,经专用钢筋冷轧机调直、冷轧并冷扭一次成型,具有规定截面形状和节距的连续螺旋状钢筋。要求抗拉强度大于580MPa,伸长率大于4.5%。冷轧扭钢筋按其截面形状不同分为Ⅰ型(矩形)和Ⅱ型(菱形)两类(见图2-15)。冷轧扭钢筋是一种具有强度高、加工制作简单,并且产品商品化、施工方便等优点的新的结构材料。该钢筋可按工程需要定尺寸供应,刚性好,绑扎后不易变形和位移。应用于允许出现裂缝的现浇板类构件时,可考虑不超过15%的塑性内力重分布。该钢筋在保持了足够塑性的前提下提高了母材的强度,其螺旋状外形提高了与混凝土的握裹力,改善了构件的受力性能,使形成的混凝土结构具有承载力高、刚度好、裂缝小、破坏前存在明显预兆等特点。冷轧扭钢筋混凝土构件达到破坏荷载时,构件不是立即"折断",受弯构件破坏前有相当的延续时间,属延性破坏。

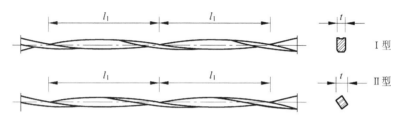

图 2-15　冷轧扭钢筋外形

大型预应力混凝土结构,由于受力很大,常采用高强度优质钢丝或钢绞线作为主要受力钢筋。其抗拉强度可达1 500MPa以上,屈服强度达1 100MPa以上。预应力混凝土用钢丝可用于大跨度屋架及薄壁梁、吊车梁、桥梁、电杆和轨枕等的预应力钢筋。预应力混凝土用钢绞线是由七根直径为2.5~5.0mm的高强钢丝绞捻成。钢绞线主要用作大跨度、大负荷的后张法预应力屋架、桥梁和薄壁梁等结构的预应力钢筋。现在还有一种主要用于预应力钢筋混凝土的刻痕钢丝,是由碳素钢经压痕轧制而成。其强度高,与混凝土握裹力大,可减少混凝土裂缝。

(3) 建筑装饰用钢

建筑装饰用钢材主要有不锈钢制品、彩色涂层钢板和轻钢龙骨等。

不锈钢具有较强的抗锈蚀能力和很好的光泽。在建筑工程中以薄钢板形式用作包柱装饰材料。此外,还可加工成型材、管材和各种异型材,制作屋面、幕墙、门窗、栏杆和扶手等。

彩色涂层钢板是以经过表面处理的冷轧钢板为基材,两面涂覆聚合物涂层,并辊压成一定形状。这种复层钢板兼有钢板和塑料的优点,具有良好的加工成形性、耐腐蚀性和装饰性。可用作建筑外墙板、屋面板和护壁板等。用彩色涂层压型钢板与H型钢、冷弯型材等各种经济端面型材配合建造的钢结构房屋,已发展成为一种完整而成熟的建筑体系,使结构的重量大大减轻。某些以彩色涂层钢板为围护结构的全钢结构的用钢量,已接近或低于钢筋混凝土结构的用钢量。

轻钢龙骨是以镀锌钢带或薄钢板轧制而成。它的强度高、通用性强、耐火性好,安装简单。轻钢龙骨可装配各种类型的石膏板、钙塑板和吸声板等饰面板,是室内吊顶装饰和轻质板材隔断的龙骨支架。

2.5.2　铝和铝合金材料

铝属于有色金属中的轻金属,密度为2.7g/cm³,是钢的三分之一。铝的熔点低,为660℃。铝的导电性和导热性均很好。铝的化学性质很活泼,它和氧的亲和力很强,在空气中表面容易生成一层氧化铝薄膜,起保护作用,使铝具有一定的耐腐蚀性。纯铝的强度和硬度很低,不能满足使用要求,故工程中不用纯铝制品。纯铝的塑性好,可以压延成很薄的铝箔(0.006~0.025mm)。铝箔具有极高的反射率(87%~97%),是理想的绝热、装饰、隔蒸气材料。目前铝箔大量用于生产铝塑复合板,用作室内外装饰材料。

在铝的冶炼过程中加入适量的某些合金元素制成铝合金,再经冷加工或热处理,可以大幅度提高其强度,甚至极限抗拉强度可高达400~500MPa,接近低合金钢的强度。铝合金克服了纯铝强度和硬度过低的缺点,又保持铝的轻质、耐腐蚀、易加工等优良性能,在建筑工程中尤其在装饰领域中应用越来越广。

在建筑工程中均使用铝合金型材。为了提高铝合金型材的抗蚀性,常用阳极氧化的方法对其进行表面处理,增加其氧化膜厚度。在氧化处理的同时,还可进行表面着色处理,以增加铝合金制品的外观美。

大量的铝合金型材用于门窗的制造。部分铝合金制成压型板和花纹板,用于屋面和墙面的建造,也广泛用于公共建筑的墙面装饰和楼梯、扶手等。

思 考 题

1. 画出低碳钢拉伸时的应力-应变(σ-ε)曲线,并在图中标出弹性极限、屈服点和抗拉强度。解释低碳钢受拉过程中出现屈服阶段和强化阶段的原因。

2. 什么是钢材的冷加工强化和时效处理?钢材经过冷加工强化后,微观结构与机械性能有何变化?对钢材进行冷加工强化的利弊如何?

3. 在工程中可采取一些什么措施来防止金属材料腐蚀?

4. 用于修建南极长城站房屋的金属材料需要满足何种要求?据此应选择何种金属材料?

5. 轻钢结构所用钢材有何特点?

6. 热轧带肋钢筋、冷轧带肋钢筋和冷轧扭钢筋是现在常用的受力钢筋。请查阅相关标准和规范,了解它们性能上的差异及应用技术。

7. 为提高冷轧扭钢筋的延伸率,采取了许多技术措施,其中之一是提高钢筋的轧制速度。不同轧制速度下冷轧扭钢筋延伸率的变化见下表:

圆钢直径/mm	轧制速度/(m/min)	延伸率 d_{10}/%
6.5	25	5.6~7.0
6.5	50	6.0~8.0

根据上述实验结果,分析轧制速度对延伸率的影响,试解释其原因。

8. 低碳钢的组成对其强度、硬度、延性和韧性的影响实验结果分别见图2-16和图2-17。试分析这些实验结果,并以此说明不同低碳钢的实际工程性能及其适用场合。

9. 目前有哪些常用的外装饰金属材料?它们各自的性能特点是什么?

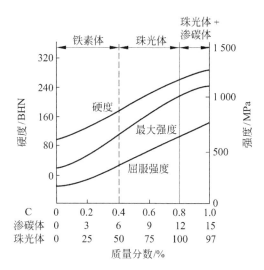

图 2-16 低碳钢的组成对其强度和硬度的影响

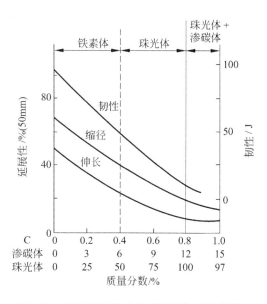

图 2-17 低碳钢的组成对其延性和韧性的影响

第3章 混凝土

3.1 概　述

混凝土,广义上泛指将一种具有胶结性质的材料和石、砂(统称骨料或集料)以及粉细颗粒(填料)混合并成型后,经凝固硬化而粘结成为整体的一系列建筑材料。所用胶结材的范围很广泛,例如水泥、石灰、石膏、沥青以及聚合物、硫黄等。本章内容只涉及以水泥为胶结材,在现代土木建筑工程中最为广泛应用的一类建筑材料,简称混凝土(以其他胶结材制备的混凝土,通常冠有胶结材的名称,如硫磺混凝土、聚合物混凝土等)。

混凝土是当今世界上用量最大的建筑材料,年用量接近90亿t。混凝土的用量如此之大,是由它所具有的以下特点所决定,即:

(1) 耐水性能好,用途广泛;
(2) 生产主要组成材料——骨料和水泥的原料来源丰富,可就地取材,经济;
(3) 易成型为形状与尺寸变化范围很大的构件;
(4) 生产耗能比钢材低,可大量利用工业废料;
(5) 可以与钢材复合,制成钢筋混凝土、预应力混凝土。

应用混凝土已有数千年历史。在公元前5 000年,现今的东欧一带就有使用石灰、砂和卵石制成砂浆和混凝土的记载;三四千年后,类似的材料在古埃及和古希腊得到使用,但所用的"水泥",实际上是只能在空气中硬化,并且不耐水的胶结材(称"气硬性胶凝材料"),即今天所说的石灰。而最早采用具有水硬性胶凝材料制备混凝土的是中国人,而不是多少年来一直误认为的古罗马人。

据甘肃省考古研究所于1980年和1983年考察,在该省秦安县的大地湾(黄河支流渭水之畔,西安以西约600km处)先后发掘出两个大型住宅遗址,面积分别为$131m^2$和$150m^2$,该遗址的地坪系用混凝土建造,经测算距今已有5 000年,相当于"新石器时代"。从大地湾发掘出的混凝土是用水硬性的水泥所制成。这种水泥以礓石(一种富含碳酸钙的粘土)为原料煅烧而成,与现代水泥相比,它在化学成分上还有很大的差别,主要是没有发现硅酸钙水化物存在,因其是在低于900℃的温度下烧成的。该混凝土中所用的骨料,与现代的人工轻骨料成分基本相同。用挖掘出来的混凝土制备的试件抗压强度为11MPa。

古罗马人用石灰和凝灰岩或火山灰混合作为胶结材,这种胶结材所含活性硅、铝与石灰在有水存在时发生了化学反应,可以在水下硬化生成不溶物。用其与骨料制备的混凝土在许多大型结构,例如沟渠的基础和柱子得到应用;还与沸石(天然轻骨料)一起用于建造罗马圆形剧场的拱和万神殿的穹顶。

罗马水泥和一些其他时期出现的水泥，主要是用天然含粘土及钙质矿物为原材料生产的，因此，有人想到探索用单纯的粘土质原料和石灰质原料来生产水泥的方法，这就是1824年由Joseph Aspdin申报的波特兰水泥专利：把粘土和焙烧过的石灰石混合，经煅烧至二氧化碳释放，将所得到的产物磨细成粉末。这种粉末在与水拌和时，具有水硬胶凝性。由于它硬化后外观类似波特兰（英国一港口城市）的石头，就起名为波特兰水泥。1828年，Brunel发现用这种水泥制备的砂浆强度要比用罗马水泥的强度高3倍，因此用它修补了Thames隧道。然而由于这种水泥比较昂贵，长时间不能得到推广应用。直到大规模的生产线形成，尤其是1890年开始采用回转窑连续生产，代替了立窑的生产方法，使这种水泥得以实用化，大规模生产出水泥，为20世纪全世界混凝土工程的建设提供了一种基本的结构材料。

如前所述，普通混凝土以骨料、水泥和水为主要组分。其中，水泥是一种灰色粉末，颗粒尺寸约在 $1\sim 50\mu m$，通常以硅酸钙为主要矿物成分，与水化合（简称"水化"）后形成水化硅酸钙（以CSH表示）。骨料包括粗骨料（粒径大于5mm，即石子）和细骨料（粒径小于5mm，即砂子），又可分为天然骨料（如卵石、河砂）和加工骨料（如碎石、人工砂）。没有粗骨料的混凝土，称为砂浆；完全没有骨料时，则称为水泥浆，或凝固后的硬化水泥浆体。水在混凝土中起着双重作用：使水泥水化硬化，并且使与水刚拌和时形成的新拌混凝土（也称"拌和物"）能够根据工程的要求成型为不同形状、不同尺寸的构件，如梁、柱、板等。但是，现今的混凝土常掺有不止一种化学外加剂和矿物掺和料，详细内容将在3.6节叙述。

混凝土的类型通常可以根据混凝土的表观密度，分成普通混凝土（约为2 400kg/m³）、轻混凝土（小于1 950kg/m³）和重混凝土（大于2 600kg/m³），它们以不同的骨料制备，满足不同的工程要求。也可根据混凝土的组成材料、生产与施工方法、用途分类，如泵送混凝土、自密实混凝土、碾压混凝土、喷射混凝土、水下不分散混凝土以及纤维增强混凝土等。

3.2 混凝土组成材料

混凝土的组成材料对于其结构的形成和各种性能有重要的影响。传统混凝土仅由水泥、砂、石和水所组成，随着混凝土科学技术的发展，混凝土组成逐渐变得复杂。现代混凝土除水泥、砂、石和水之外，还广泛使用化学外加剂、矿物掺和料和纤维等。本节着重叙述各组成材料的性质以及它们的变化对混凝土结构和性能的影响。

3.2.1 硅酸盐水泥

凡是细磨成粉状，加入适量水后成为塑性浆体，既能在空气中、也能在水中硬化，并能将砂、石等散粒或纤维状材料胶结在一起的水硬性胶凝材料，通称为水泥。以硅酸盐水泥熟料和适量的石膏、或和混合材料制成的水硬性胶凝材料称为通用硅酸盐水泥，是最广泛使用的水泥品种，是本节主要的叙述对象。

1. 硅酸盐水泥的生产

硅酸盐水泥熟料的基本化学成分是钙、硅、铝、铁的氧化物，还含少量其他组分，如镁、钠和钾的氧化物。水泥的生产过程可以归纳为"两磨一烧"。以硅质原料(粘土或页岩)和钙质原料(通常是石灰石)为主要组分,同时添加少量铁质原料,经过原料破碎、配料、粉磨和均化等工艺流程,成为满足一定成分和粒度要求的生料,即可喂入窑内煅烧。

煅烧水泥熟料的窑型主要有两类:回转窑和立窑。技术落后,产品质量差的立窑逐渐被淘汰。在回转窑中,技术先进的窑外分解窑具有产品质量高、生产规模大(可达 10 000t/d)、热耗低等优点,因而迅速发展,逐渐成为目前主要的窑型。生料在窑内的煅烧过程由于窑型不同而有所不同,但基本反应是相同的。水泥熟料的形成是指生料在窑内,由常温加热到 1 400～1 500℃ 的过程中,发生复杂的物理化学和热化学反应,形成各种矿物的过程。表 3-1 为硅酸盐水泥熟料形成的基本过程。

表 3-1 水泥熟料形成的大致过程

过 程	温度范围/℃	反 应 产 物
粘土脱水	25～600	H_2O 释出,生成偏高岭石 $2SiO_2 \cdot Al_2O_3$
碳酸盐分解	500～1 000	CaO 由小于 2% 增至 17%
铝硅酸盐分解	660～950	形成 $SiO_2 + Al_2O_3$
固相反应	550～1 280	形成 $C_2S + C_{12}A_7 + C_3A + C_2(A,F) + C_4AF$
液相烧结	1 280～1 450	形成 $C_3S + C_2S +$ 熔体
冷却结晶	1 300～1 000	形成 $C_3S + C_2S + C_3A + C_4AF +$ 玻璃体

硅酸盐水泥熟料由下列几种矿物组成:

(1) 硅酸三钙 $3CaO \cdot SiO_2$ (缩写为 C_3S,含量范围在 45%～60%);
(2) 硅酸二钙 $2CaO \cdot SiO_2$ (缩写为 C_2S,含量范围在 15%～30%);
(3) 铝酸三钙 $3CaO \cdot Al_2O_3$ (缩写为 C_3A,含量范围在 6%～12%);
(4) 铁铝酸四钙 $4CaO \cdot Al_2O_3 \cdot Fe_2O_3$ (缩写为 C_4AF,含量范围在 6%～8%)。

除上述 4 种矿物外,还有少量在煅烧过程中未反应的氧化钙、氧化镁(称为游离氧化钙、游离氧化镁)以及含碱矿物等。很显然,硅酸盐水泥中的主要矿物为硅酸钙(C_3S 与 C_2S),二者之和大约占 3/4。由于水泥生产过程要消耗大量能源和资源,而且排放出大量二氧化碳(生产 1t 水泥,要排放大约 1t 形成温室效应的 CO_2 气体)。因此,从混凝土作为可持续使用的大宗结构工程材料的角度出发,应致力于减少水泥熟料的生产。

水泥熟料出窑冷却后,掺加少量石膏(二水硫酸钙 $CaSO_4 \cdot 2H_2O$)磨细,成为水泥产品。在水泥磨细时,还可加入一定量的混合材,如矿渣、粉煤灰和火山灰等,成为混合硅酸盐水泥。我国通用的硅酸盐水泥的组成和代号应符合表 3-2 的规定。

水泥粉磨细度在很大程度上决定其产品品质。一般条件下,水泥颗粒大小与水化的关系是:小于 $10\mu m$,水化速率很快,3～30μm,是提供水泥活性的主要粒径区域;大于 $60\mu m$,水化缓慢;大于 $90\mu m$,表面微弱水化,基本上只起微集料的作用。一般来说,水泥强度高低与其比表面积大小之间存在规律性。有资料介绍,在比表面积 300～400m^2/kg 范围内,比表面积增加或减少 10m^2/kg,水泥的抗压强度相应增减 0.5～1.0MPa。另外,在相同比表面积时,颗粒分布范围越窄,粒度大小越均匀时,水泥的强度越高。

表 3-2　通用硅酸盐水泥产品的组分和代号　　　　　　　　　　　　%

品　种	代号	组　分				
		熟料＋石膏	粒化高炉矿渣	火山灰质混合材料	粉煤灰	石灰石
硅酸盐水泥	P·Ⅰ	100	—	—	—	—
	P·Ⅱ	≥95	≤5	—	—	—
		≥95	—	—	—	≤5
普通硅酸盐水泥	P·O	≥80且＜95	>5且≤20			—
矿渣硅酸盐水泥	P·S·A	≥50且＜80	>20且≤50	—	—	—
	P·S·B	≥30且＜50	>50且≤70	—	—	—
火山灰质硅酸盐水泥	P·P	≥60且＜80	—	>20且≤40	—	—
粉煤灰硅酸盐水泥	P·F	≥60且＜80	—	—	>20且≤40	—
复合硅酸盐水泥	P·C	≥50且＜80	>20且≤50			—

2. 水泥的水化

由于水泥熟料所含的各种矿物是在高温并且不平衡的条件下形成的,它的晶体结构发育不完善,对称性低。结构不对称并有大量缺陷的水泥熟料矿物是水泥具有水化活性,能迅速与水产生化合反应的原因。处于不稳的高能态的各种矿物与水反应,生成具有较稳定的低能态的水化产物。该过程总是伴随着放热,即水泥的水化是放热反应。

硅酸盐水泥与水拌和后,石膏和上述几种矿物迅速溶解,液相很快就为各种离子所饱和,几分钟后首先出现称为钙矾石的三硫型水化硫铝酸盐($C_3A \cdot 3C\bar{s} \cdot H_{32}$,其中$C\bar{s}$代表$CaSO_4$,H代表$H_2O$)针状晶体。几小时后氢氧化钙六方片状晶体和微小的纤维状水化硅酸钙开始出现,并填充原先水泥颗粒和水占据的空间。当石膏消耗完,但仍有未水化的铝酸盐矿物存在时,钙矾石将转化为六方片状的单硫型水化硫铝酸钙($C_3A \cdot C\bar{s} \cdot H_{12}$)。刚拌和好的水泥浆体既有可塑性,又有流动性,但随水化时间延长而逐渐减小。在常温下通常加水拌和2～4h后水泥浆体的塑性基本丧失,称为初凝。此时水泥浆体加速变硬,但这时还没有或者只有很低的强度。水泥浆体完全硬化并产生强度要经过几小时达到终凝后才开始,随后的1～2d内水泥石的强度迅速发展,随后强度发展速率逐渐减缓,但仍将持续至少几个月、几年。

在凝结和硬化初期,水泥浆体的温度升高,在一定温度下的硅酸盐水泥的水化放热速率曲线如图3-1所示。加水拌和后马上出现一个短暂的高放热峰(A),只延续几分钟；随后放热速率下降,形成水化速度缓慢的潜伏期,大约延续1～2h,然后放热速率又开始上升,此时水泥浆体达到初凝；然后形成一较宽的放热峰(B),水泥的终凝发生在这个放热峰的上升段中。在加水拌和后10～12h,达到最大放热速率,然后逐渐降低。约24h后,转入缓慢水化的阶段,放热速率

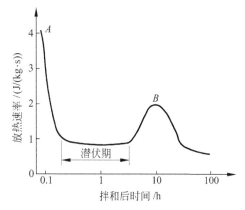

图 3-1　硅酸盐水泥在一定温度下水化时的放热速率曲线

很低,但持续很长时间。

以上所述水泥的水化放热特性是 4 种硅酸盐水泥熟料矿物共同水化产生的结果,而水化产物相互间还会发生进一步的反应,过程十分复杂,至今未完全认识。下面简述各种矿物的反应。

第 1 放热峰(A)主要由以下几个反应引起:

$$2CaSO_4 \cdot 0.5H_2O + 3H_2O \longrightarrow 2CaSO_4 \cdot 2H_2O$$

即水泥粉磨时受热脱水生成的半水石膏水化,再次生成二水石膏。此外,水泥颗粒被水润湿,放出湿润热。石膏与铝酸盐反应生成水化硫铝酸钙(钙矾石):

$$C_3A + 3CaSO_4 \cdot 2H_2O + 26H_2O \longrightarrow C_3A \cdot 3C\bar{s} \cdot H_{32}$$

钙矾石不溶于水并形成结晶,因为它形成较缓慢,沉积在水泥颗粒表面,阻碍其快速水化,达到调整控制水泥的凝结时间的目的。如果水泥中不含有石膏,则加水后铝酸盐迅速开始水化,主要生成含 10 个结晶水的片状水化物:

$$C_3A + 10H_2O \longrightarrow C_4AH_{10}$$

该反应很迅速,并形成松散的网状结构,足以使水泥浆体或混凝土在几分钟里凝固(称闪凝)。

C_4AF 相在这段时间里发生和铝酸盐类似的水化反应,但该反应对水泥性能影响不大。

硅酸盐矿物是形成水泥水化产物的主要组分,决定水泥的主要特性。C_3S 水化速度快,放热曲线的主峰(B)是该反应的结果:

$$3CaO \cdot SiO_2 + nH_2O \longrightarrow xCaO \cdot SiO_2 \cdot yH_2O + (3-x)Ca(OH)_2$$

可简写为:$C_3S + nH \longrightarrow CSH + (3-x)CH$

C_2S 的水化要缓慢得多,放热量少,但水化产物与 C_3S 的相同:

$$2CaO \cdot SiO_2 + mH_2O \longrightarrow xCaO \cdot SiO_2 \cdot yH_2O + (2-x)Ca(OH)_2$$

可简写为:$C_2S + mH \longrightarrow CSH + (2-x)CH$

C_3S 和 C_2S 水化生成的 CSH 的组成和形貌相差不大,均为组成可变、结晶情况很差的凝胶状物质,可统称为水化硅酸钙凝胶(CSH 凝胶)。

在加水拌和以后的几天里,各种水化产物的含量变化如图 3-2 所示。它表明:自 1 天以后,CSH 就成为主要产物,同时 CH 的量也随之增多。

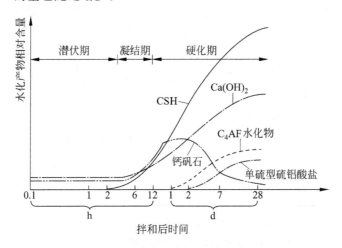

图 3-2 硅酸盐水泥水化产物随时间的演变

水泥矿物组成(尤其是两种硅酸盐矿物)相对含量的变化,可以在很大范围内改变水泥的水化特性,从而影响硬化水泥浆体,影响混凝土的许多性能。除了水泥的矿物组成外,影响水泥水化的因素还很多,例如温度和水灰比等。

1) 温度

和其他化学反应一样,温度升高,反应加速,反之则减慢。但即使在0℃以下水泥的水化反应仍将继续,到约-10℃时才停止。关于温度对混凝土强度发展的影响将在3.6节讨论。

2) 水灰比

水与水泥之比(简称水灰比,W/C)是影响水泥水化特性的另一重要因素。W/C较大,水泥水化时有充足的水分供应,可促进水泥水化,提高水化程度。经计算得知:当W/C为0.38时,水泥全部水化所生成的水化产物正好填满全部空隙;W/C继续增大,即使水泥全部水化,仍然不能填满全部空隙,会在硬化水泥石内部留下毛细孔;W/C越大,毛细孔占据的体积越大。

如果W/C很低,可填充的空间太小,而水化产物生长需要空间,这样水化反应就会中途停止,也就是说水泥不可能完全水化。水化产物包裹在未水化的坚硬熟料内芯外面,将其粘结成整体,这对水泥石的强度无害而可能有益。当硬化水泥浆体或混凝土暴露在环境中并开裂时,在周围有水分存在的条件下,未水化的熟料内芯可继续水化,新生成的水化物会封闭裂缝,恢复结构的整体性。没有任何其他结构材料具有这种自愈性能。

3. 硬化水泥浆体的组成与结构

硬化水泥浆体是一非匀质的多相体系,由各种水化产物、残存的未水化熟料以及存在于孔隙中的液体和空气所组成,形成固-液-气三相多孔体。它具有一定的机械强度和孔隙率,而外观和其他性能又与天然石材相似,又称之为水泥石。在充分水化的水泥浆体中,CSH凝胶约占70%,$Ca(OH)_2$约20%,钙矾石和单硫型水化硫铝酸钙等大约为7%,未水化的残留熟料和其他微量组分约为3%。CSH凝胶作为硬化水泥浆体中的主要组分,对硬化水泥浆体的性质有着非常重要的影响。

各种尺寸的孔也是硬化水泥浆体结构中的一个主要部分。总孔隙率、孔径大小的分布和孔的形态等,都是硬化水泥浆体的重要结构特征。在水泥水化过程中,水化产物的体积大于参与反应的固相物质的体积,但小于参与反应的固相物质与水的总体积。随着水化的进行,部分原由水占据的空间变成形状不规则的毛细孔。一般情况下,这些毛细孔内部集聚着水分。毛细孔内部吸附的水分的状态变化,是影响混凝土的体积稳定性和抗冻性的重要因素。

4. 水泥的技术性质

为了控制水泥生产质量、方便用户比较与选用,国家制定了有关标准,对水泥以下技术性质进行检测和评定。

1) 密度与表观密度

硅酸盐水泥的密度为$3.0\sim3.15 g/cm^3$(存放时因吸潮会减小),表观密度在$1\,000\sim1\,600 kg/m^3$。

2) 细度

细度指水泥粉磨的粗细程度,影响水泥的水化速率、凝结时间、强度发展速率和生产能耗与成本。硅酸盐水泥和普通硅酸盐水泥细度以比表面积表示,不小于$300 m^2/kg$;矿渣硅酸盐水泥、火山灰质硅酸盐水泥、粉煤灰硅酸盐水泥和复合硅酸盐水泥细度以筛余表示,$80\mu m$方孔筛筛余不大于10%或$45\mu m$

方孔筛筛余不大于30%。

3) 标准稠度用水量

标准稠度用水量指水泥浆达到规定稠度时的用水量,只在检验其凝结时间和体积安定性时使用,一般为水泥质量的23%~30%。

4) 凝结时间

为了便于施工,水泥初凝时间不能过短,而为了混凝土浇筑成型后尽快硬化,需要水泥初凝后迅速达到终凝。现行国家标准的规定为:硅酸盐水泥的初凝时间不小于45min,终凝时间不大于390min;其他品种的混合硅酸盐水泥的初凝时间不小于45min,终凝时间不大于600min。但实际施工时,还要掺加化学外加剂调节混凝土的凝结时间以满足不同需要。

5) 体积安定性

水泥发生体积安定性不良,是由于其中含有较多游离的氧化钙和氧化镁,以及掺入了过量的石膏。这种水泥会在硬化后自身产生开裂,甚至完全破坏,严禁用于工程建设。

6) 碱含量

水泥中碱含量按 $Na_2O+0.658K_2O$ 计算值表示。若使用活性骨料,用户要求提供低碱水泥时,水泥中的碱含量应不大于0.60%或由买卖双方协商确定。

7) 强度

硬化水泥浆体的强度直接影响混凝土的强度,在规定的水灰比和灰砂比等条件下制备砂浆试件,在标准条件下养护,以不同龄期测定的试件的抗压强度和抗折强度值将水泥划分为32.5、42.5、52.5和62.5等强度等级。

3.2.2 矿物掺和料和混合硅酸盐水泥

混凝土中掺加磨细的固体材料已在现代混凝土技术中广泛应用。总体上,这类材料被称为矿物掺和料或辅助性胶凝材料。混凝土中掺加矿物掺和料有多种目的,主要包括替代水泥、改善新拌混凝土的工作性、降低大体积混凝土的内部温升以及提高硬化混凝土的耐久性等。因为矿物掺和料通常是工业副产品或天然材料经简单加工就可应用,因此大量使用矿物掺和料具有节约能源、保护资源和减小环境污染等社会与生态多重意义。

矿物掺和料的使用有两个途径:一种是在水泥生产过程中加入所谓的"混合材";另一种是在混凝土生产过程中加入所谓的"掺和料"。矿物掺和料的种类很多,在使用中通常按照它们的性质分为活性和非活性两大类。凡是天然的或人工的矿物质材料,加水后本身不硬化。但在碱或硫酸盐激发剂存在的条件下,加水拌和后能硬化并具有一定强度(具有潜在水硬活性),称为活性矿物掺和料。凡是不具有上述性质的矿物质材料,称为非活性矿物掺和料。

1. 当今使用的矿物掺和料主要包括以下几类

1) 粒化高炉矿渣(GGBS)

高炉炼铁时排出的熔渣,倒入水池或喷水迅速冷却后所得到的含有大量玻璃体的粒状渣。矿渣中除含有大量无定形的 Al_2O_3 和 SiO_2 外,还含有约30%的 CaO,因此本身具有微弱的胶凝性。按照矿渣中的碱性氧化物(CaO 和 MgO)与酸性氧化物(Al_2O_3 和 SiO_2)的比值 M_0,将矿渣分为碱性矿渣($M_0>1$)和酸性矿渣($M_0<1$)。矿渣的品质还可以用品质系数 K 来评定

$$K = \frac{CaO + MgO + Al_2O_3}{SiO_2 + MnO + TiO_2}$$

式中 CaO、MgO、Al_2O_3、SiO_2、MnO、TiO_2 为矿渣中所含相应氧化物的质量分数。按照国家标准,要求矿渣的 K 不小于 1.20。我国的矿渣已基本得到了利用,是水泥工业以及混凝土工业所用的活性矿物掺和料的主要品种。

2) 具有火山灰性质的材料

所谓火山灰性质,是指材料含有玻璃态或者无定形的 Al_2O_3 和 SiO_2,本身没有胶凝性,但是以细粉末状态存在时,能够与氢氧化钙和水在常温下起化学反应,生成有胶凝性质的产物,例如火山灰(火山爆发时喷出的岩浆迅速冷却的产物)。均匀且结晶良好的物质,例如石英,就没有火山灰活性。具有火山灰性质的材料与水泥混合使用时,与水泥水化时放出的氢氧化钙反应,生成水化硅酸钙

$$SiO_2 + Ca(OH)_2 + H_2O \longrightarrow CSH$$

这种二次反应生成的产物,与水泥水化时的产物没有什么区别,而且因为用硅酸盐水泥配制的混凝土中,氢氧化钙多以片状结晶富集在骨料和水泥浆体之间的过渡区,消耗了部分氢氧化钙并生成 CSH 凝胶的火山灰反应,能够增强过渡区的微结构,因而可以提高硬化混凝土的强度、降低其渗透性并改善其耐久性能。

具有火山灰性质的材料称为火山灰材料,按其来源,可分为天然的与人工的两类。常见的火山灰材料有:

(1) 粉煤灰(FA):是煤粉在电厂锅炉中燃烧后剩余的灰分,从烟道排出时经收集所得。粉煤灰通常含有大量的球形颗粒。粉煤灰的活性取决于其所含 Al_2O_3、SiO_2 和 CaO 的量,以及玻璃体含量和粒度。未燃尽的碳对粉煤灰的质量有害,常用粉煤灰的烧失量表示其所含未燃尽的碳含量。粉煤灰是混凝土工业常用的活性矿物掺和料。

(2) 硅粉(SF):是硅铁合金生产过程排出的烟气,遇冷凝聚所形成的微细球形玻璃质粉末。硅灰颗粒的粒径约 $0.1\mu m$,比表面积在 $20\,000 m^2/kg$ 以上,SiO_2 含量大于 90%。由于硅灰具有很细的颗粒组成和很大的比表面积,因此其水化活性很大。当用于水泥和混凝土时,能加速水泥的水化硬化过程,改善硬化水泥浆体的微观结构,可明显提高混凝土的强度和耐久性。

(3) 天然火山灰材料:火山灰、凝灰岩、浮石、硅藻土与沸石岩。

(4) 烧粘土与烧页岩:粘土或页岩经热处理所得产物,是一类人工火山灰质材料。

(5) 煤矸石:采煤时排出的炭质页岩,经自燃或人工煅烧后的产物,具有一定的活性。

(6) 稻壳灰:稻壳经控制燃烧剩余的灰烬。

在矿物掺和料中,矿渣、粉煤灰和硅灰已在水泥和混凝土生产中得到广泛应用。

2. 常用矿物掺和料的化学成分与物理性质

常用矿物掺和料的化学成分如表 3-3 所示。它们含硅量都高于水泥,而且大部分呈有活性的无定形态。硅粉几乎是纯的活性 SiO_2;粉煤灰分低钙灰和高钙灰两种;高钙灰和磨细矿渣都有大量含钙矿物,能水化并有一定的自凝性,因此不属于火山灰质材料,但其水化反应在没有水泥存在时进行得非常缓慢,在水泥水化产物的激发下会大大加速。

表 3-3　主要矿物掺和料的组成　　　　　　　　　　　　　　　　　　　　　　　%

氧化物	粉煤灰		磨细矿渣	硅粉	水泥
	低钙	高钙			
SiO_2	48	40	36	97	20
Al_2O_3	27	18	9	2	5
Fe_2O_3	9	8	1	0.1	4
MgO	2	4	11	0.1	1
CaO	3	20	40		64
Na_2O	1				0.2
K_2O		4			0.5

几种主要混合材与矿物掺和料的物理性质示于表 3-4。粉煤灰的密度比水泥小，因此用它等重量替代水泥时，形成的浆体体积明显增大。质量良好的粉煤灰由近似球形的颗粒组成，粒径与水泥接近，且有光滑的表面，掺入后可改善混凝土拌和物的流动性、粘聚性，因此广泛用于泵送混凝土施工。使用质量较差的粉煤灰时，会不同程度地增大混凝土的需水量，要视其与外加剂复合使用的效果和实际工程的要求，确定是否选用及适宜掺量。硅粉颗粒也接近球形，但粒径要比水泥小两个数量级，表面积非常大。所以用硅粉代替一部分水泥时，混凝土需水量要增大，但是当与高效减水剂一起掺入时，在强烈的剪切搅拌作用下，硅粉微细颗粒均匀分散并填充到水泥颗粒的间隙里，可以配制出比单纯使用高效减水剂时更大幅度降低水胶比，并维持所需流动性的混凝土拌和物。磨细矿渣的颗粒形状、粒径、比表面积、密度均与水泥接近，因此当其等重量代替水泥时，对拌和物需水量、流动性的影响变化不大。可以用特殊的工艺将矿渣磨得更细，但这将增加加工费用，影响广泛使用。

表 3-4　典型矿物掺和料的物理性质

	粉煤灰	磨细矿渣	硅粉	水泥
密度/g/cm^3	2.1	2.9	2.2	3.15
粒径范围/μm	1~100	3~100	0.01~0.2	0.5~100
比表面积/m^2/kg	350	450	20 000	350

3. 混合硅酸盐水泥

按照国家标准，通用硅酸盐水泥中含有混合材料的混合水泥品种有：普通硅酸盐水泥、矿渣硅酸盐水泥、火山灰质硅酸盐水泥、粉煤灰硅酸盐水泥和复合硅酸盐水泥。各品种水泥的矿物掺和料的种类和掺加比例见表 3-2。含有混合材料的混合水泥的性能不但取决于硅酸盐水泥熟料，也取决于混合材料的种类和数量。当水泥中混合材料掺量很少（如小于 5%）时，其性能和用途几乎与纯硅酸盐水泥毫无区别。但掺加量较多时，性能就会发生明显的变化。

1) 普通硅酸盐水泥

凡以硅酸盐水泥熟料、6%~20%的混合材料与适量石膏磨细制成的水硬性胶凝材料，称为普通硅酸盐水泥，简称普通水泥，代号 PO。混合材料中允许使用不超过水泥质量 8%的非活性混合材料或不超过水泥质量 5%的窑灰。活性混合材料的品种为粒化高炉矿渣、粒化高炉矿渣粉、粉煤灰、火山灰质混合材料；非活性混合材料的品种为活性指标低于国家标准要求的粒化高炉矿渣、粒化高炉矿渣粉、粉煤灰、火山灰质混合材料、石灰石和砂岩。由于熟料在普通硅酸盐水泥中占的比例很大，起着主导作用，所以普通硅酸盐水泥的各种性能与硅酸盐水泥没有明显的差别。用普通硅酸盐水泥配制的混凝土,其各种性能与硅酸盐水泥配制的混凝土相似。普通硅酸盐水泥是我国水泥的主要品种之一,产量占水泥总产量的40%以上。

2) 矿渣硅酸盐水泥

凡以硅酸盐水泥熟料、21%~70%的粒化高炉矿渣与适量石膏磨细制成的水硬性胶凝材料,称为矿渣硅酸盐水泥,简称矿渣水泥,代号PS。PSA型矿渣水泥的矿渣掺量为21%~50%;PSB型矿渣水泥的矿渣掺量为51%~70%。其中允许用不超过水泥质量8%的其他活性混合材料或非活性混合材料或窑灰中的任一种材料代替。矿渣硅酸盐水泥的早期强度较低,后期强度增进率高。水化热低,抗淡水溶蚀和硫酸盐侵蚀能力强,具有较好的耐热性,与钢筋的粘结力高,但是在大气中的稳定性、抗冻性和抗干湿循环作用的能力逊于硅酸盐水泥。矿渣硅酸盐水泥广泛用于地面和地下建筑物,特别适用于水工和海工混凝土结构,大体积混凝土结构和有耐热要求的建筑物。矿渣硅酸盐水泥也是我国水泥的主要品种之一,产量占水泥总产量的40%以上。

3) 火山灰质硅酸盐水泥和粉煤灰硅酸盐水泥

凡以硅酸盐水泥熟料、21%~40%的火山灰质混合材料与适量石膏磨细制成的水硬性胶凝材料,称为火山灰质硅酸盐水泥,简称火山灰水泥,代号PP。凡以硅酸盐水泥熟料、21%~40%的粉煤灰与适量石膏磨细制成的水硬性胶凝材料,称为粉煤灰硅酸盐水泥,简称粉煤灰水泥,代号PF。这两种水泥的水化硬化熟料较慢,早期强度较低,但后期强度增进率高,可以赶上硅酸盐水泥。这两种水泥的水化热低,抗渗性好,抗淡水溶蚀能力强。火山灰质硅酸盐水泥的需水量大,收缩大,抗冻性差。粉煤灰硅酸盐水泥的干燥收缩小,抗裂性好。这两种水泥的生产量不大。

4) 复合硅酸盐水泥

凡以硅酸盐水泥熟料、两种或两种以上规定的活性混合材料或(和)非活性混合材料与适量石膏磨细制成的水硬性胶凝材料,称为复合硅酸盐水泥,简称复合水泥,代号PC。混合材料中允许用不超过水泥质量8%的窑灰代替。近年来复合硅酸盐水泥的产量逐渐增加。

4. 火山灰反应的程度和速率

矿物掺和料所具有的水硬活性是潜在活性,必须在激发剂的作用下才能显现。硅酸盐水泥水化生成的$Ca(OH)_2$是最经济有效的激发剂。混凝土中矿物掺和料的火山灰反应均是在硅酸盐水泥熟料首先水化的基础上发生的二次反应。粉煤灰的火山灰反应的速率小,反应程度低,放热量小。如图3-3所示,以低钙粉煤灰代替20%硅酸盐水泥时,胶凝材料的水化放热峰向后推移并减小。以磨细矿渣或高钙粉煤灰代替硅酸盐水泥时,拌和物的放热速率与硅酸盐水泥的差异较小,尤其当它们的活性比较大的时候。据报道,当采用高活性的磨细矿渣时,需要掺量大于70%,混凝土温峰才明显降低。

混凝土硬化过程的温峰降低,有利于减少温度收缩导致的裂缝,这对于热天施工或者大体积混凝土浇

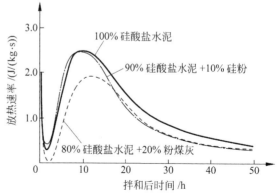

图 3-3 纯水泥及掺加矿物掺和料的
水泥浆体的水化放热

筑有十分重要的意义。矿物掺和料的来源要比低热硅酸盐水泥广泛得多,用比较经济的矿物掺和料代替低热水泥,有很重要的实用意义。

掺硅粉的情况下,温峰没有推迟,这是由于硅粉有很大的比表面积及很高的活性,除了会加速 C_3S 的水化外,还由于硅粉的微小颗粒可以作为 CSH 凝胶沉积的核心,这些作用使水化反应加速,促进了水化热的释放。

5. 矿物掺和料对混凝土强度与其他性能的影响

在相同水胶比(水/胶凝材料)的条件下,掺有矿物掺和料并减少了水泥用量的混凝土,通常早期强度发展要受影响(见图 3-4)。只有掺用硅粉时,由于其表面积巨大,各龄期的强度都会提高。但是,所有用火山灰材料代替水泥的混凝土,后期强度都会有不同程度的提高。对弹性模量、徐变、收缩等性质的影响,与对强度的影响相近。以上结论是从标准养护条件下的试件得到,在实际结构物里,由于混凝土的浇筑温度和水化放热产生温升的影响,强度发展的情况会有很大变化。

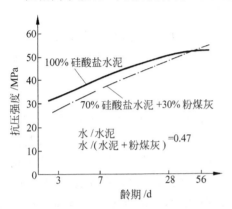

图 3-4 水泥混凝土与掺加粉煤灰混凝土的强度发展对比

由于掺用矿物掺和料可使混凝土水化热减小、温峰降低,因而延缓水泥水化,使水泥石结构密实、孔隙率减小和孔隙细化;矿物掺和料的水化产物还有填充作用,减少氢氧化钙在过渡区富集的作用等。所以说矿物掺和料在一定的条件下,能够使混凝土的耐久性不同程度地提高,这些条件包括:

(1) 矿物掺和料品质适宜,可以产生上述作用;

(2) 矿物掺和料的掺量和混凝土配合比设计方法适宜;

(3) 混凝土生产和浇注操作得当,其中很关键的是针对施工环境采取相适应的养护方法。

由于混凝土应用技术的发展,大掺量矿物掺和料混凝土,显示出优异的性能,因而有广阔的发展和应用前景。例如加拿大矿产与能源技术中心的研究表明:以水泥用量 150kg/m³、粉煤灰 200kg/m³(粉煤灰掺量达 57%),掺高效减水剂将水胶比降至 0.30 左右并保证混凝土具有良好工作性的混凝土,其 28d 强度为 54MPa,1 年龄期的强度接近 100MPa。因为孔隙率不断减小、孔径细化,这种混凝土的渗透性逐渐降低,更重要的是其早期的延伸性,要明显优于硅酸盐水泥混凝土(弹性模量小,收缩变形受约束时引起的弹性拉应力就小,且松弛作用大),也就是说,只要在浇筑后注意及时覆盖,避免表面水分蒸发,就能获得良好的抗裂性能,而这是结构混凝土获得良好耐久性的关键所在。在需要早期强度发展迅速,而施工环境温度不高的条件下,将粉煤灰、磨细矿渣与适量硅粉复合使用,即采用水泥—粉煤灰或磨细矿渣—硅粉三元胶凝体系,可以获得早强、高强、高耐久的高性能混凝土。

3.2.3 骨料

如上所述,硬化水泥浆体具有的强度等性能,使其本身就可以作为一种建筑材料,但是它有两个缺点:体积稳定性差(收缩和徐变大)和价格高,因此需要通过加入骨料生产混凝土来克服。骨料除了作为经济性的填充料外,还提高了混凝土的体积稳定性和耐磨性。骨料可影响混凝土的力学性能和物理性能。通常骨料占混凝土体积的65%～80%，因此对混凝土结构和性能有十分重要的影响。考虑到混凝土的经济性和体积稳定性，需要用少量水泥浆把尽可能多的骨料颗粒粘结在一起。这意味着骨料应具有从细砂到大石子的粒径连续分布的颗粒群，以减小混合后的空隙。骨料需要具有足够高的强度和硬度、不含有害杂质、化学稳定性好。质地柔软、多孔的岩石和易解理的岩石的强度和耐磨性较差，它们在混凝土搅拌时可能破碎成细小颗粒，影响其工作性。因此应当尽量避免使用上述岩石骨料。骨料还应避免含有淤泥、粘土和有机物等杂质。如果骨料表面覆盖了这些杂质，会影响骨料与水泥浆体的粘结效果，增加混凝土的需水量，有机物还可能影响水泥的水化过程。下面叙述常用骨料的类型、分级方法及用于混凝土的各种性能。

1. 骨料的分类

骨料有天然的，如砾石、河砂，也有经过加工的碎石、人工砂，还有为混凝土专门生产的人造骨料。按颗粒尺寸，骨料分为粗、细两类。粒径0.15～4.75mm的称为细骨料（砂）；粒径4.75mm以上直至使用的最大粒径的称为粗骨料。也可依据骨料的密度或表观密度来划分。

1) 普通骨料

可使用许多种天然岩石制造骨料，包括河砂、卵石、火成岩，如玄武岩和花岗岩，以及比较坚固的沉积岩，如石灰岩和砂岩。矿物组成对它们的密实程度与强度通常并不很重要（有些含活性氧化硅的石材可能发生碱—骨料反应除外）。上述岩石的密度在一小范围内变化，约为2.55～2.75g/cm³，因此用它们生产的混凝土表观密度也相差不大。

2) 轻骨料

天然的或人工制造的，堆积密度小于1 200kg/m³的骨料称为轻骨料。轻骨料用于生产密度小的轻混凝土，可以减小结构自重，或用于建筑物的保温隔热。骨料的密度小是由于其颗粒内部存在大量孔隙。例如浮石，是一种天然的火山岩轻骨料，自罗马时代起就一直在使用，但只有少数地方有这种资源。人造轻骨料已得到广泛应用，主要有以下几种：

（1）粉煤灰或粘土陶粒：将粉煤灰或粘土成球后烧结得到的成品。

（2）膨胀粘土或页岩陶粒：加热适宜的粘土或页岩至半熔融态，发气膨胀得到的成品。

用上述方法可以同时生产粗、细骨料，由于它们的孔隙率大，表观密度小，因而通常会影响配制的混凝土强度。但是由于现代混凝土技术的发展，已可以制备出高强度的轻混凝土用于工程，例如挪威就已制备出抗压强度达100MPa、表观密度仅1 800kg/m³的高强轻混凝土，主要用于建造漂浮式海上石油钻井平台。

轻骨料的刚度不如普通骨料，因此用其制备的混凝土的弹性模量较小、徐变与收缩较大。

3) 重骨料

在需要高密度的混凝土，如核电站防辐射的安全壳，需要用重骨料。如重晶石（含硫酸钡的矿石）可使混凝土表观密度达3 500～4 500kg/m³；用钢球为骨料，则可达7 000kg/m³。

2. 骨料的特性

除了密度对混凝土性质有影响外，对新拌与硬化混凝土有重要影响的特性，还有孔隙率与吸水率、弹性模量、压碎强度、粒形和级配，以及体积稳定性等。

如前所述，轻骨料的孔隙率大，但是普通密度的骨料也有一定孔隙率（火成岩约为体积的2%，密实

沉积岩有5%,而多孔的砂岩或石灰岩可达10%~40%),因此骨料颗粒不同程度地吸水与存水,可能呈现以下4种含水状态:

(1) 饱和面干(表干)。骨料的所有孔隙都充满水,但表面没有水膜;
(2) 潮湿。骨料的所有孔隙都充满水,同时表面还有游离水分;
(3) 绝干(烘干)。所有可蒸发水已排除;
(4) 气干。在空气中自然干燥,孔隙中部分充水。

饱和面干和绝干两种状态的含水量之差称"吸水能力",比较易于测试,可用以近似地确定骨料的孔隙率。实际的骨料都呈现气干或者潮湿状态,因此在配制混凝土时,需要大致检测骨料的含水状态,调整计算拌和用水量。当骨料含水量小于饱和面干状态的含水量时,就要增加水量;如果它过分潮湿,就需减小用水量。细骨料的含水量变化范围很大,且波动显著。已采用多种现代检测技术,如核子、中子、微波、远红外等,开发出检测骨料含水量的仪器,但由于水对探头的粘附作用和骨料对探头的磨损,测量范围和精度都尚不能令人十分满意。

骨料的压碎强度、耐磨性和弹性模量是相互关联的三项性质,都在很大程度上受孔隙率的影响。火成岩和致密石灰岩的压碎强度大约在200~300MPa;一般沉积岩由于孔隙率变化范围很大,所以压碎强度和其他指标也波动明显,如有的石灰岩可低至100MPa。使用强度比硬化水泥浆体的强度高得多的骨料时,对混凝土的强度不会有显著影响,但是在制备高强度混凝土(强度超过70~80MPa)的时候,骨料的强度及其与硬化水泥浆体之间过渡区的状态还是十分重要的。

粒形和级配在很大程度上影响骨料的空隙率。粒形越接近圆形的骨料,空隙率就越小。使用颚式破碎机加工的骨料的针片状颗粒多(针状颗粒:长度大于该颗粒所属相应粒级的平均粒径的2.4倍,片状颗粒:厚度小于平均粒径的0.4倍)、级配不良、空隙率大,这在很大程度上制约了用其配制的混凝土的质量。

在干湿交替或冻融循环作用下,因体积变化大而致使混凝土劣化的骨料,称之为稳固性或坚固性不良。通常具有某种孔隙特征的骨料呈现稳固性不良,例如使用含有某些燧石、页岩、石灰岩、砂岩的骨料易于使混凝土遭受冻融破坏和盐结晶损伤。虽然高吸水性常常被认为是骨料体积稳定性不良的特征,但不少骨料,例如浮石和轻质陶粒可以吸收大量水分,却仍然稳固。实际上骨料的体积稳定性不良,很大程度上与骨料内部的孔径分布有关:当一种骨料受潮(或者冰冻后的融化)时易被水饱和,而干燥(或者冰冻)时水却难以流出,就会在骨料内部产生很高的静水压力而膨胀,导致混凝土开裂。所以在选择用于潮湿与冻融环境的结构混凝土的骨料时,进行稳固性检验是十分必要的。

为了避免混凝土由于碱—骨料反应产生有害膨胀,在高度潮湿环境中建造结构物时,要预先对骨料的碱活性进行检验,并在必要时采取预防措施。

3. 骨料的分级与级配

通常根据标准对骨料进行筛分,按照粒径的大小分级。分级是为了满足不同混凝土的需要,优化各级别粒径颗粒的分布(称为级配)。粗骨料通常以2.36、4.75、9.50、19.0、26.5、31.5、37.5、63.0、75.0和90.0mm的筛子进行分级(粒径37.5mm以上的骨料通常只用于浇筑大坝等大体积混凝土)。细骨料的分级,用孔径为9.5、4.75、2.36、1.18mm和600、300、150μm的方孔筛进行。通过筛分可以得到粗、细骨料各自的筛分曲线或混合曲线。以通过的骨料量和筛子的孔径大小绘图,后者常用对数值表示。砂的粗细程度用通过累计筛余百分比计算而得的细度模数(M_x)表示,其计算式为

$$M_x = (A_2 + A_3 + A_4 + A_5 + A_6) - 5A_1/100 - A_1$$

式中，$A_1 \sim A_6$ 分别为 4.75、2.36、1.18mm 和 600、300、150μm 筛的累计筛余，如以各筛的筛余为 $a_1, a_2, a_3, \cdots$，则 $A_1 = a_1$，$A_2 = a_1 + a_2$，以此类推。

粗骨料分为连续级配和单粒级配两种，其颗粒级配应符合表 3-5 的规定。单粒级骨料一般用于组合成具有要求级配的连续级配骨料，也可与连续级配的骨料混合使用，以改善其级配或配制较大粒级的连续级配骨料。

表 3-5 卵石和碎石的颗粒级配

累计筛余/% \ 方孔筛/mm 公称粒径/mm		2.36	4.75	9.50	16.0	19.0	26.5	31.5	37.5	53.0	63.0	75.0	90
连续粒级	5～10	95～100	80～100	0～15	0								
	5～16	95～100	85～100	30～60	0～10	0							
	5～20	95～100	90～100	40～80		0～10	0						
	5～25	95～100	90～100		30～70		0～5	0					
	5～31.5	95～100	90～100	70～90		15～45		0～5	0				
	5～40		95～100	70～90		30～65			0～5	0			
单粒粒级	10～20		95～100	85～100		0～15	0						
	16～31.5		95～100		85～100			0～10	0				
	20～40			95～100		80～100			0～10	0			
	31.5～63				95～100			75～100	45～75		0～10	0	
	40～80					95～100			70～100		30～60	0～10	0

图 3-5 所示为一种细骨料（砂）和一种最大粒径为 10mm 的花岗岩碎石粗骨料的级配曲线，以及细骨料 45%、粗骨料 55% 的复合级配。图中还标有两种骨料各自的和复合后的空隙率。采用多种级配骨料复合的目的是使复合后的骨料获得尽量小的空隙率，并提高其传荷能力。

骨料的最大粒径和级配是选用骨料时需要考虑的重要因素。骨料的最大粒径越大，混凝土所需水泥浆量越少，有明显的经济效益。但它受以下几方面限制：

（1）构件最小断面尺寸和钢筋最小净间距。规范规定骨料的最大粒径不得大于构件最小断面尺寸的 1/4 和钢筋最小净间距的 3/4。

（2）混凝土浇筑过程中避免与砂浆分离。骨料粒径越大、级配越单一，混凝土浇筑过程中就越容易与砂浆分离（离析），会严重影响其均匀性和使用性能。

（3）提高混凝土强度和抗动载的性能。在配制高强混凝土，或者受冲击与疲劳荷载的混凝土，如高速公路和机场的路面、跑道等，骨料的最大粒径应该减小，而且要有尽量均匀的连续级配，以获得所要求的强度、抗冲击与抗疲劳荷载的能力，这对于保持道面的宏观平整度起到极为关键的作用。

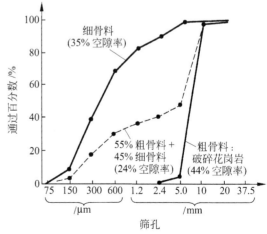

图 3-5 粗细骨料及其混合后的级配曲线

3.2.4 外加剂

外加剂是一类化学品,当它们在混凝土临拌前或搅拌时加入,能显著改变新拌和硬化混凝土的性能。外加剂掺量不大,通常不多于水泥用量的 5%。近年来,外加剂的用量显著增加。目前我国商品混凝土搅拌站生产的混凝土都掺用外加剂;在北美、欧洲、日本和澳大利亚等发达国家里,绝大多数混凝土都掺用外加剂。因此,外加剂已成为混凝土中的一个必要组分。

市场上有各种各样的外加剂商品销售,它们通常根据其作用,而不是根据其化学成分划分品种。这里主要介绍 4 种外加剂,即减水剂、早强剂、缓凝剂与引气剂,还简要地提及其他外加剂。

1. 减水剂

减水剂也称塑化剂,为有机高分子表面活性剂。表面活性剂的分子具有两极结构,其一端是易溶于油而难溶于水的非极性亲油基团,如长链烷基原子团等;另一端为易溶于水而难溶于油的极性亲水基团,如羟基、羧基、璜酸基等。它可以增大新拌水泥浆体或混凝土拌和物的流动性,或者配制出用水量减小(水灰比降低)而流动性不变的混凝土,因此获得提高强度或节约水泥的效果。

当水泥与水拌和后,水泥颗粒并没有均匀地悬浮在水中,而是聚集成一个个胶束沉积下来,称为絮凝。胶束内包裹着不少的水分,影响了浆体的流动性。为了使混凝土拌和物能够正常地浇筑和成型密实,在搅拌时不得不增加用水量,而这并非为水泥水化所必须,多余的水分显然给硬化后的混凝土带来各种不利的影响。当减水剂加入时,由于它的两极分子结构,很快吸附在水泥颗粒或早期水化产物的表面,定向排列,形成单分子吸附膜,使它们带上了相同的电荷,产生一均匀的负电位(大小为几毫伏),水泥颗粒因此彼此相互排斥离开,絮凝的胶束被打散,释放出原来包裹的水分,如图 3-6 所示。游离的水分润滑作用增大,使水泥浆或混凝土拌和物的流动性增大。

新型的聚羧酸盐减水剂分子为"梳型结构",它是在一条长的主链上连接有许多短的支链。当减水剂加入到新拌混凝土时,主链吸附在水泥颗粒表面,支链伸向溶液中,阻碍水泥颗粒发生絮凝,从而产生减水的作用。这种立体阻碍作用称为"空间位阻"效应。

另一重要影响是被吸附的减水剂分子层在水泥和水之间所起的屏蔽作用,延长了水泥水化反应的潜伏期,从而降低了 C_3S 初期的水化速率。因此减水剂也可以作为一种延缓凝结与初期强度发展的外加剂,这种作用带来的好处下面还要讨论。减水剂分为普通减水剂和高效减水剂。

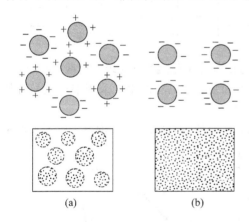

图 3-6 减水剂的分散作用图解
(a) 没有加减水剂时,水泥聚集成胶束;
(b) 加减水剂后水泥分散开来

1) 普通减水剂

普通减水剂的减水率小于 10%,主要成分为木质磺酸盐及其衍生物、羟基羧酸及其衍生物或多元醇等。

2) 高效减水剂

高效减水剂也称超塑化剂,减水率大于 12%,有的高达 30% 以上。主要品种为 β-萘磺酸甲醛高缩合物、磺化三聚氰胺甲醛缩合物和聚羧酸盐等。

高效减水剂与普通减水剂的作用机理近似,但减水作用要显著得多,这是由于其长链大分子对水泥的分散作用更为强烈。高效减水剂的应用,成为混凝土技术发展一个重要的里程碑,应用它可以配制出流动性满足施工需要、水灰比低,因此强度很高的高强混凝土;可以自行流动、密实成型的自密实混凝土;以及充分满足不同工程特定性能需要和匀质性良好的高性能混凝土等。

2. 早强剂

早强剂可以促进水泥的水化与硬化、加速混凝土早期的强度发展,因而适用于低气温条件下混凝土的浇筑,以满足及早拆模和缩短养护期的需要。

常用的早强剂有氯化钙或氯化钠、硫酸钠、三乙醇胺等。由于氯盐来源广泛且非常有效,一直很流行。它可缩短混凝土的初凝时间,也缩短其终凝时间。实验表明:掺有水泥用量2%的氯化钙,混凝土的早期强度可以大幅度地提高,但提高的幅度随时间延长而减小,其长期强度与不掺者接近。氯化钙早强作用的机理还不十分清楚,似乎氯化钙也参与C_3A和石膏的水化反应,并作为C_3S和C_2S水化反应的催化剂。已经证实:CSH凝胶由于氯化钙的存在而被改性。在一定水化程度下,含氯化钙的水泥浆体里形成的凝胶比表面积更大,这会增大收缩与徐变。由于氯离子的存在,一个重要问题是它使混凝土中的钢材易于锈蚀,因此现已不允许用于钢筋混凝土和预应力混凝土,以后开发的一系列无氯早强剂,例如甲酸钙、亚硝酸钙等,其作用与氯化钙相近。

硫酸钠也是国内常用的早强剂之一,实践证明:它对于改善掺有矿物掺和料的混凝土的早期强度发展有明显效果,但是对纯硅酸盐水泥混凝土几乎没有早强作用,而对其后期强度则有副作用。它的另一个缺点是溶解度在低温时迅速下降且易于结晶而影响使用。三乙醇胺是一种有机早强剂,添加少量的三乙醇胺可以有效地促进C_3A的水化和钙矾石生成。不过,它同时会延缓C_3S的水化,所以通常将它与其他早强剂复合使用。

早强剂和减水剂复合使用的效果,要明显优于其单一使用的效果,这是现在市场上常见有早强减水剂的原因。

3. 缓凝剂

缓凝剂能延缓水泥水化,因此延长混凝土拌和物的凝结时间并降低其早期强度发展速率,其作用在于:

(1)抵消热天由于高温的促凝作用,以便混凝土拌和物保持较长的可浇筑时间,尤其是需要长距离运输的情况下更有必要。

(2)大体积混凝土的浇筑可能要持续很长时间,需要让先浇筑的混凝土不会过快凝固,造成冷缝与断层,使混凝土构件的整体性良好、强度发展均匀。

图3-7表明三种缓凝剂随剂量变化时的缓凝作用。蔗糖和柠檬酸都是很有效的缓凝剂,但延缓程度不好控制;木质素磺酸盐通常含一定量的糖,效果较好。大多数缓凝剂都以木质素磺酸盐与羟基羧酸为基本组分,因此也都有一定的塑化效果,因此也称为缓凝减水剂。温度、配合比、水泥细度与组成,以及外加剂的添加时间,对缓凝效果都有一定作用,并且相互影响,因此很难得

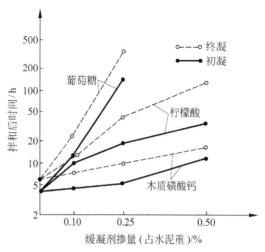

图3-7 缓凝剂对水泥浆体凝结时间的影响

出一些有规律性的结论。

4. 引气剂

引气剂是一些有机的表面活性剂,例如松香皂化物等,能减小拌和水的表面张力,因为其长链分子的一端是亲水性基团,另一端则是憎水性基团,这些分子径向排列在气泡表面,其亲水基团朝向水,而憎水基团朝向空气,从而使气泡得到稳定。将引气剂加在拌和用水里,能使混凝土搅拌时引进一定量空气(通常控制在混凝土体积的4%~8%),形成大量微小的球形气泡,泡径一般小于0.1mm,在混凝土浇筑、捣实、凝结与硬化过程能保持稳定并均匀分布。人为的引气作用与混凝土搅拌时夹带进的空气,因捣实时没有排出,硬化后形成一些无规则形状、尺寸差别很大的气孔(通常占混凝土体积的0.5%~2.0%)的现象是大不相同的。

引气作用能够改善混凝土抵抗冻融循环作用的能力。除含气量外,另一重要参数是气泡间距系数,定义为从混凝土内任一点到气孔边缘的平均最大距离,应不超过0.2mm。引气还会产生两方面的重要影响:

(1) 由于气泡类似滚珠的润滑作用,有利于拌和物的流动性和粘聚性,因此在混凝土泵送时,常采用引气剂与其他外加剂复合以改善泵送性能,减小泵的工作压力。

(2) 孔隙率增大会引起混凝土抗压强度下降,大约含气量每增加1%,强度损失3%~5%,但是由于工作性得到改善,可以通过降低水灰比来维持原有的工作性,使混凝土强度不降低或得到部分补偿。

引气剂对水泥水化没有什么影响,所以除了物理上引进气泡的作用外,混凝土其他性能没有变化。许多减水剂,包括高效减水剂,都不同程度地引气,因此也称为引气型减水剂或引气型高效减水剂。但是其提高混凝土抗冻融循环能力的效果,需要通过实验确定。

5. 其他外加剂

外加剂的种类还有很多,如防水剂、膨胀剂、泵送剂、防冻剂等。许多外加剂除了其主要功能外,还有一些其他作用,在此不能一一介绍,需要时可以参见有关文献。

3.3 混凝土的结构

了解材料的结构-性能关系,是现代材料科学的核心内容。在学习混凝土材料各种特性前,应对其结构有所了解。混凝土的结构主要包括三个相——骨料、硬化水泥浆体以及二者之间的过渡区,是很不匀质的,如图3-8所示。这主要体现在以下几方面:

(1) 过渡区的存在。过渡区是围绕骨料颗粒周边的一层薄壳,厚度约10~50μm。它的薄弱程度对混凝土性能的影响十分显著。

(2) 三相中的任一相,本身实际上还是多相体。例如一颗花岗岩的骨料里除了有微裂缝、孔隙外,还不均匀地镶嵌着石英、长石和云母三种矿物。石英很硬,而云母就很软。

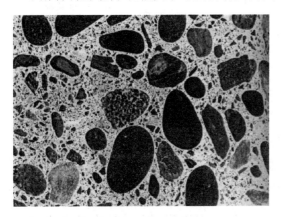

图3-8 混凝土的断面图示

(3) 与其他工程材料不同,混凝土结构中的两相——硬化水泥浆体和过渡区是随时间、温度与湿度环境不断变化着的。

由于混凝土结构高度的不匀质性,所以建立结构-性能关系理论模型的方法,用于混凝土则比较困难,因此只能就硬化混凝土的微结构,以及它对混凝土的强度、尺寸稳定性和耐久性的影响,来讨论其结构-性能关系。

3.3.1 骨料

骨料相主要影响混凝土的表观密度、弹性模量和尺寸稳定性等性质。骨料本身的表观密度和强度在很大程度上决定混凝土的这些性质。骨料其他一些物理特性,包括孔隙率、孔径大小及其分布对混凝土的性质也有很大影响,而骨料的化学或矿物组成等对混凝土结构的影响要小得多。此外,粗骨料的粒形和构造也对混凝土的性能有很大影响,例如碎石表面粗糙,而天然卵石(砾石)则正好相反,其表面光滑、棱角少。碎石的生产过程可能会形成许多针片状颗粒,这会增加混凝土拌和时的需水量且不易成型密实,降低硬化混凝土的强度和耐久性。

由于骨料的强度通常比其他两相的高很多,因此骨料强度的波动对普通混凝土强度没有直接的影响。但是它们的粒径和形状间接地影响混凝土强度,当骨料最大粒径越大、针片状颗粒越多时,其表面积存的水膜可能越厚,过渡区相就越薄弱,因此对混凝土性能的影响就更加显著。

3.3.2 硬化水泥浆体

硬化水泥浆相本身也是不匀质的。有的地方看上去和骨料相一样致密,而有的地方又呈现多孔状态。当水泥与水拌和后,水泥颗粒容易形成絮凝状态,即许多颗粒粘在一起形成粘度很大的胶团,它们把一部分水束缚在胶团内,使水分在浆体里分布不均匀,因此也就影响水泥浆硬化后的均匀性。硬化水泥浆体里存在多种形态的固体、孔隙和水。

1. 硬化水泥浆中的固体

1)水化硅酸钙

用CSH表示。硅酸钙水化生成CSH的过程中其固相体积膨胀,有很强的填充颗粒间隙的能力。CSH的表面积达$100\sim700m^2/g$,约为未水化水泥颗粒的1 000倍,巨大的表面能使它成为决定水泥粘结能力(即胶凝作用)的主要成分。CSH占水化完全的硬化水泥浆体体积的$50\%\sim60\%$,成层状结构,层与层之间有大量孔隙。

2)氢氧化钙

占固相体积的$20\%\sim25\%$,呈片状结晶,表面积小,是形成强度的薄弱环节。由于溶解度较大,易受酸性介质的腐蚀,影响耐久性。

3)水化硫铝酸钙

占固相体积$15\%\sim20\%$,在结构-性能关系中起次要作用。初期形成的水化硫铝酸钙结晶——钙矾石,会转化为单硫型水化硫铝酸钙,使混凝土易受硫酸盐侵蚀。

4)未水化水泥颗粒

较大的水泥颗粒即使在遇水产生水化很长时间后,仍存在未水化的内芯,周围则被水化生成物所包裹。

2. 硬化水泥浆体里的孔隙

1) CSH 层间孔

大约占 CSH 固相体积的 28%，不影响硬化水泥浆体的强度和渗透性，但在干燥环境中失去孔里的水分时，会引起体积变化。

2) 毛细孔

硬化水泥浆体内没有被固相填充的空间，其孔径与所占体积取决于水泥颗粒未水化前的间距大小（和水与水泥的重量比——水灰比——表示为 W/C 有关）以及水泥的水化程度。低 W/C 浆体中，毛细孔孔径在 $10\sim50\text{nm}$，而高 W/C 浆体中可达 $3\sim5\mu\text{m}$。孔径分布比总孔隙率对其特性的影响更大：大于等于 50nm 时不利于强度和渗透性；小于等于 50nm 时则影响体积变化。

3) 气孔

通常呈圆形，而毛细孔形状不规则。混凝土在搅拌时会带入一些气泡，大的直径可达 3mm；也可人为地引入大量小气泡，硬化后形成的孔平均为 $50\sim200\mu\text{m}$，两种孔都要比毛细孔大得多，因此会影响强度和抗渗透性能。

3. 硬化水泥浆体中的水

硬化水泥浆体里的孔隙中通常有水存在，当环境湿度下降时会逐步失去。除自由出入的水汽外，根据失水的难易程度，可以大致划分成以下几种类型（见图 3-9）：

1) 毛细孔水

存在于 50nm 以上的孔中，通常分两类：孔径大于 50nm 中的水视为自由水，失去时不会造成任何体积变化；小于 50nm 细孔中的水受表面张力影响，失去时产生体积收缩。

2) 吸附水

在引力作用下，物理吸附于硬化水泥浆体固相的表面水。当相对湿度下降至 30% 时，大部分吸附水失去，是浆体产生收缩的主要原因之一。

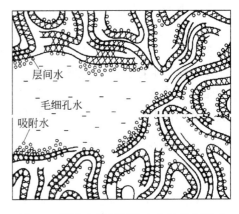

图 3-9 硬化水泥浆体孔中水的存在形式

3) 层间水

在 CSH 层间通过氢键牢固地与其键合，只有在非常干燥时（相对湿度小于 11%）才会失去，使结构明显地产生收缩。

4) 化学结合水

水化产物结构的一部分，干燥时不会失去，只有高温下才分解放出。

综上所述，硬化水泥浆体的结构-性能关系如下：

(1) 强度

硬化水泥浆体的强度主要来源于水化物间的范德华引力——两固体表面之间的粘附力都可以归因为这类物理键。粘附作用大小取决其表面积大小及性质，如上所述，由于水泥水化生成物中，主要是 CSH、水化硫铝酸钙的微小结晶拥有巨大的表面积，因此范德华力虽然量级很小，但巨大表面积上产生的粘附力作用之和就很可观了,它们不仅彼此粘结牢固,而且与表面积很小的氢氧化钙、未水化水泥颗粒以及粗、细骨间的粘结也可以很牢固。

多孔材料通常孔隙率越大强度就越低。但硬化水泥浆体中CSH的层间和范德华引力作用范围内的细小孔隙,可以认为对强度无害。因为在加载时,应力集中与随后的断裂是大毛细孔和微裂缝的存在所引起。

(2) 尺寸稳定性

饱和的硬化水泥浆体,在置于100%相对湿度下不会发生尺寸变化。当湿度低于100%时,自由水很快蒸发,但并不伴随着收缩,因为自由水和水化产物间不存在任何物理-化学键。当大部分自由水失去以后,继续干燥会致使吸附水、层间水等受束缚水蒸发,出现明显的收缩。产生收缩的原因,通常用它们与毛细孔壁或水化物层间存在作用力,失水后则产生压应力来解释。

(3) 耐久性

许多人认为硬化水泥浆体的水密性(不透水性)是它耐久性好坏的决定因素。在选择原材料,以及在从事耐久性问题研究时,一直是以硬化水泥浆体的孔隙率大小和孔径、孔分布作为选择与评价依据。事实上,随着水泥水化的进程,其体内空间不断为水化产物所填充,大孔逐渐减少,毛细孔隙率也下降,孔与孔之间从连通发展到不连通,因此其渗透系数呈指数减小。实验结果表明:完全水化的水泥浆体渗透率相当于其水化初期时的10^{-6}数量级。美国Powers的研究则表明:水灰比为0.6的水泥浆体经完全水化,可以像致密的岩石一样不透水。在此同时,即使所用骨料非常致密,混凝土的抗渗透性也要比相应的水泥浆体低一个数量级。这说明:混凝土体的抗渗透性并不直接取决于硬化水泥浆体的抗渗透性,那么更主要的影响来自哪里呢?只能是来自过渡区。

3.3.3 过渡区

过渡区的结构示意图如图3-10所示,虽然它与硬化水泥浆体的组成成分一样,但与其结构和性质存在很大差异,因此要作为单独一相来分析。

刚浇筑成型的混凝土在其凝固硬化之前,骨料颗粒受重力作用向下沉降,含有大量水分的稀水泥浆则由于密度小的原因向上迁移,它们之间的相对运动使骨料颗粒的周壁形成一层稀浆膜,待混凝土硬化后,这里就形成了过渡区。过渡区微结构的特点为:①富集大晶粒的氢氧化钙和钙矾石;②孔隙率大、大孔径的孔多;③存在大量原生微裂缝,即混凝土未承载之前出现的裂缝。

虽然过渡区只是骨料颗粒外周的一薄层,但是如果将粗细骨料合起来统计,过渡区的体积可占到硬化水泥浆体的1/3~1/2,是相当可观的。

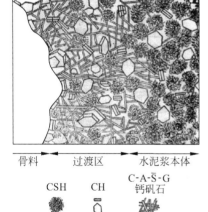

图3-10 混凝土过渡区结构示意图

在硬化水泥浆体中,水化产物和骨料颗粒间的粘结力也源于范德华引力,由于过渡区结构的上述特点,使这里成为硬化混凝土中最薄弱的环节。大颗粒氢氧化钙结晶粘结力差,是由于其表面积小,相应的范德华引力就弱。孔隙率大,使混凝土承受荷载的面积减小。过渡区存在着大量微裂缝,其数量多少,取决于许多参数,包括骨料的最大粒径与级配、水灰比与水泥用量、混凝土浇筑后的密实程度等。

因为过渡区的影响,使混凝土在比它两个主要相能够承受的应力低得多的时候就被破坏。由于过渡区大量孔隙和微裂缝存在,所以虽然硬化水泥浆体和骨料两相的刚性很大,但受它们之间传递应力作用的过渡区影响,混凝土的刚性和弹性模量明显地减小。

过渡区的特性对混凝土的耐久性影响也很显著。因为硬化水泥浆体和骨料两相在弹性模量、线胀系数等参数上的差异,在反复的荷载、冷热循环与干湿循环作用下,过渡区作为薄弱环节,在较低的拉应力作用下其裂缝就会逐渐扩展,使外界水分和侵蚀性离子易于进入,对混凝土及钢筋产生侵蚀作用。

不同相之间相交的界面区相对薄弱,是各种多相材料、复合材料的共同点,后面还将详细讲述。

3.4 混凝土的强度与破坏

混凝土作为一种结构工程材料,在选用时首先关注其承载力大小,因此强度通常是首先要评价的性质。此外,强度实验不仅比较容易进行,而且它与其他力学性能指标,包括弹性模量、延性与韧性等参数密切相关。现代的电液伺服实验机可以通过混凝土试件加载实验时绘出其应力-应变曲线,将诸多参数的结果立即计算与显示出来。

3.4.1 强度-孔隙率关系

对于匀质的固体材料,孔隙率和强度通常存在着反比关系,用下式表示

$$f = f_0 e^{-kp}$$

式中,f 是孔隙率为 p 时材料的强度;f_0 则是孔隙率为 0 时材料的强度;k 为常数。

在硬化水泥浆体或者砂浆里(相对于粗骨料而言,常称它们为混凝土的基体),孔隙率和强度之间也存在上述关系(见图 3-11)。但是混凝土由于存在过渡区,其强度不仅受骨料强度和硬化水泥浆的强度影响,还与过渡区的薄弱程度密切相关。

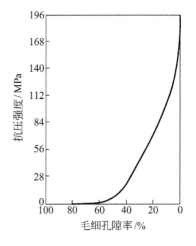

图 3-11 硬化水泥浆体毛细孔隙率与抗压强度的关系

3.4.2 混凝土的破坏模式

由于基体中存在着大小孔隙、过渡区存在着微裂纹,混凝土在荷载作用下的破坏模式复杂且随应力的类型而异。简单地分析不同的破坏模式,了解影响混凝土强度的诸因素,以便根据工程条件和环境的需要加以控制。

在单轴拉伸作用下,基体中裂缝的出现和发展所需能量比较小(宏观上通常形成单条裂缝),所以它们(包括过渡区原有的微裂缝和基体中形成的新裂缝)扩展与连通十分迅速,发生脆性破坏。在受到压荷载作用时的脆性较小,因为这时候基体中裂缝的形成和发展需要大得多的能量(宏观上通常形成多条

裂缝）。人们认为：在单轴抗压实验时，中等或低强度的混凝土在荷载大约达到破坏应力的 50% 之前，基体中都还没有新裂缝出现，但这时候在靠近粗骨料处已经形成了一个稳定的剪切-粘结裂缝体系。当应力继续加大时，基体中出现裂缝，其大小和数量随应力的增大逐渐发展，最后基体的裂缝与过渡区的剪切-粘结裂缝相互连通起来就出现破坏。

3.4.3 抗压强度及其影响因素

混凝土最适于承受压荷载，因此通常用抗压强度来表征它的承载力，同时亦用来表征其他受力状态时的指标。例如：路面板主要承受弯拉应力。但一些国家根据实验得出抗压强度与其之间的关系，并以此作为设计和施工时的控制指标。影响混凝土抗压强度的因素很多，并且其实际承载力是这些因素相互作用的结果，但为便于了解，将在下面分别叙述。

1. 组成材料的特性与配比

1) 水灰比（W/C）

我们已经知道：硬化水泥浆的强度由其孔隙率所控制，而混凝土强度不仅和硬化水泥浆的强度、骨料的性质有关，还和骨料与水泥石之间的过渡区相关。但是，过渡区的强度也和水灰比密切相关，因此水灰比是决定混凝土强度的主要因素之一。早在 1918 年，Abrams 首先提出混凝土强度与水灰比间存在的反比关系

$$f_c = \frac{k_1}{k_2^{W/C}}$$

式中，k_1 与 k_2 都是经验常数，取决于混凝土的龄期、组成材料以及测定方法等很多因素。上述关系式通常称为 Abrams 定则，它是根据实验统计得出的经验公式，不是一个严格的定律。

此外，选择混凝土的 W/C，不仅要考虑强度要求，还必须考虑混凝土在浇筑时的工艺条件下能够成型密实，否则拌和物就不可能在硬化后达到所要求的强度。由于混凝土技术的进步，今天已可以制备 W/C 比以往大大降低，但仍然可以密实成型，形成强度要高得多的混凝土。强度与 W/C 有一定关系，但不成线性。上述 W/C 与 f_c 的关系可以解释为：当 W/C 增大时，孔隙率也随之增大，因此基体被逐渐削弱而使强度逐渐降低，其中没有考虑到 W/C 对过渡区的影响。普通中、低强度混凝土的这种关系，在配制低水灰比的高强混凝土时发生了变化。这时 W/C 再稍微地降低，会引起强度明显地提高，原因主要归结为低 W/C 条件下，过渡区强度的改善显著。一种解释是：这时氢氧化钙晶体的尺寸会随着水灰比的降低而减小。

2) 水泥品种和等级

不同的水泥品种和标号影响混凝土水灰比和水泥水化速率，因此就影响混凝土浇筑后一定时间（通常称为混凝土的龄期）水泥的水化程度，影响混凝土强度的发展。

3) 骨料

通常骨料颗粒强度要比硬化水泥浆和过渡区高几倍，所以普通混凝土中骨料的强度影响不大。换句话说，骨料的强度未被利用，因为破坏决定于其他两相。只有当混凝土的强度非常高，或者只有轻骨料以及软弱骨料来源时，才需要考虑骨料的强度。

但是骨料的其他性质，包括粒形、粒径、表面构造、级配（颗粒分布）等，都不同程度地影响混凝土的

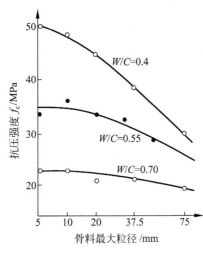

图 3-12 骨料粒径与水灰比对
混凝土强度的影响

强度。实验表明：水灰比较大时，骨料最大粒径对混凝土抗压强度的影响不明显；而水灰比降低(混凝土强度提高)，影响逐渐增大，如图 3-12 所示。因此，在配制高强度的混凝土时，应该使用最大粒径较小的骨料。同时，采用最大粒径较小的骨料配制的混凝土，抗冲击与抗疲劳强度也较高，适于浇筑路面板、桥面板等承受动荷载情况的结构。

此外，当骨料表面的粗糙度增加时，由于颗粒间互相啮合的作用，可以改善混凝土抗压、抗弯强度，因此用碎石为骨料配制混凝土，可以比卵石混凝土提高强度 15%。骨料的级配，即颗粒分布较好，意味着填充骨料间隙所需要的水泥浆量较少，因而配制的混凝土或者水灰比可以较低，从而获得较高的强度；或者配制相同强度的混凝土时，可以节约水泥用量。

4) 拌和水

许多有关混凝土的规范中都规定：混凝土搅拌用水应符合饮用水标准，实际上不适于饮用的水未必不能拌制混凝土。从对混凝土强度的影响考虑，确定一水源是否可用的简单方法，就是用洁净水和未知水分别拌和砂浆，比较两者凝固的时间(通常称凝结时间)与强度发展速率，当后者的凝结时间正常且强度大于或等于前者的 90%，则认为可以使用。

海水可用于拌和混凝土，在沿海地区，尤其是海岛上修筑道路、机场时，这一点很有实用意义。但是因为海水里含有大量氯离子，会引起钢筋锈蚀问题，故应避免用于钢筋混凝土的拌制。

5) 外加剂

外加剂有很多品种，其中对混凝土强度影响最为显著的是减水剂和调凝剂。减水剂因为可以有效地降低混凝土的水灰比，从而提高混凝土各个龄期的强度。调凝剂包括缓凝剂和早强剂，前者可以延缓混凝土凝结，尤其适用于在热天长距离运输混凝土时，避免因过早凝固而无法浇筑的情况；后者适用于冷天混凝土浇筑成型后，加速其强度发展的需要。

6) 矿物掺和料

矿物掺和料主要为工业副产品，从有利于混凝土材料可持续发展的角度和提高混凝土的长期强度和耐久性等多种原因出发，有必要使用矿物掺和料。有些矿物掺和料具有与硬化水泥浆体中氢氧化钙反应，并生成水化硅酸钙的能力，可以有效地降低基体和过渡区的孔隙率，减少微裂缝，从而改善混凝土的各种性能，因此它的应用已日益为工程界重视。

2. 养护

在混凝土硬化过程中，人为地变化混凝土体周围环境的温度与湿度条件，使其微结构和性能得以达到所需要的结果，称为对混凝土的养护。

1) 时间

水化反应是随时间延续不断发展的，强度随龄期而增长的关系如图 3-13 所示。因为只要有水分存在，未水化水泥颗粒就会继续水化，混凝土强度在很长时间，甚至许多年后还将继续增长，而当水泥生产时粉磨得越细，后期强度增长幅度就越小。

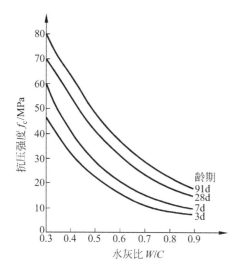

图 3-13 龄期与水灰比对混凝土强度的影响

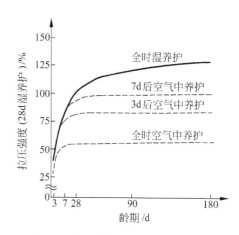

图 3-14 养护条件对混凝土强度的影响

2）湿度

潮湿养护对硬化混凝土的强度发展影响显著。如图 3-14 所示，存放在水中的混凝土，要比在空气中存放一段时间，或一直放置在空气中的混凝土强度高，因此应该使混凝土在硬化过程，主要是初期保持 7d 潮湿状态。断面尺寸较小的混凝土构件暴露表面积大，失水干燥较快，刚开始时强度会迅速增长，但随后因为水化过程停止，强度发展停滞。养护操作可以因混凝土构件的条件不同而异，例如：养护不当对大体积混凝土的强度发展影响小得多。水灰比在 0.5 以上的混凝土，只要密封不透水（例如用塑料膜覆盖）就可以，因为体内有足够水分，可以起到保湿作用；而水灰比小于 0.5 的混凝土，维持湿养护就很重要，因为其体内水分不足会影响水泥的水化并出现自干燥现象（由于水泥水化消耗了体内自由水出现的干燥现象）。低水灰比混凝土的早期养护特别重要，例如：水灰比为 0.4 的混凝土养护中断 3 天，其毛细管就会因后续水化生成物的沉积而阻塞，以后的湿养护对其强度发展可能不起多大作用。

3）温度

同其他化学反应一样，水泥水化反应的速度随温度的升高而加快。研究表明：当温度从 20℃ 提高到 30℃，初期水泥的水化速率加快大约 1 倍，然而后期它们的水化程度减小，因而抗压强度相对较低、孔隙率增大。

养护温度越高，早期强度越高，但是后期强度的发展幅度就越小，详见 3.8 节。

3. 实验参数

实验参数，包括试件参数（尺寸、几何形状与干湿程度等）和加荷条件（加荷速率、承载时间等），对混凝土强度实验值有明显影响，将结合混凝土实验课讲述。

3.4.4 混凝土在不同应力状态下的力学行为

实际结构物中，混凝土要受到不同类型的荷载并以不同的形式破坏，了解其相应条件下的性能对进行结构设计很有必要。如柱子要求抗压强度；为了控制梁、板开裂，弯拉强度是重要的；此外还有抗扭转、抗疲劳与冲击、复合应力以及多轴应力的情况。

1. 单轴受压作用下混凝土的行为

1) 单轴受压

混凝土在单轴受压荷载作用下,由于体内微裂缝随荷载增大而延伸、发展、连通,从而导致破坏的过程,分四个阶段,如图 3-15 所示。

第一阶段,表示当荷载小于混凝土极限荷载的 30% 时(称为比例极限,取决于混凝土的强度等级),由于裂缝尖端的塑性变形与微观结构的不匀质性吸收了能量,裂缝传播过程缓慢,过渡区的裂缝在这时处于稳定阶段,宏观上显示出应力-应变成直线关系,是弹性变形阶段。在这个阶段,混凝土与金属材料近似,即开始时应变和应力成比例地增大,并且在卸载时能够恢复,称之为弹性应变。

荷载进一步加大,超过比例极限,过渡区裂缝的长度、宽度开始发展,变形增大的速率与应力的增长不再成直线关系(第二阶段)。但是一直到最大荷载的 50% 左右时,过渡区的微裂缝尚处在稳定阶段,硬化水泥浆体的开裂小得可以忽略不计。当应力发展到一定程度时,应变不再保持与其成线性增长,并且当卸载时不可恢复,称之为塑性变形。

在第三阶段,荷载增大相应应力为 50%~75% 左右时,过渡区的裂缝变得不稳定,硬化水泥浆体的裂缝增长,应力-应变曲线趋向水平。

在应力水平达到或超过 75% 时(第四阶段),裂缝扩展所释放的能量已超过需要的能量,或者在这一应力(称为临界应力)持续作用下,裂缝会自发地扩展,速率加快,由于裂缝逐渐连通,系统趋于不稳定而破坏;或者当应力再增大时,由于应变迅速增大而导致破坏。在这一阶段,横向应变的速率大于纵向应变的速率,混凝土的体积在增大。但是完全崩溃要等到应变显著大于达到最大荷载时的应变才会发生。

当混凝土强度明显提高时,其应力-应变曲线发生明显变化:弹性变形阶段随极限应力提高而延长,但到达应力峰值后下降迅速,容易发生脆性爆裂。如图 3-16 所示,当混凝土抗压强度从 35MPa 提高到 105MPa,即强度提高了 2 倍时,混凝土断裂所需要的能量(即应力-应变曲线下包围的面积,简称断裂能),从 $17J/m^2$ 增大 $36J/m^2$,仅约 1 倍左右。上例说明,断裂能提高的幅度低于强度提高的幅度。同时,混凝土的极限应变几乎没有增大(达到抗压强度时应变的大小,是其延性的表征)。但在这里要指出,实际结构中钢筋混凝土的断裂则由于钢筋的约束,混凝土并不会出现突然爆裂的现象。

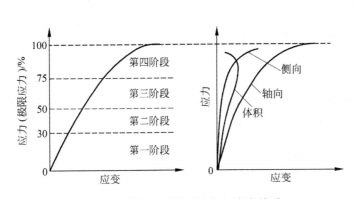

图 3-15 混凝土受压时的应力-应变关系

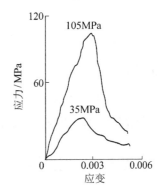

图 3-16 不同强度混凝土的应力-应变曲线

2) 抗压强度等级

在我国,普通混凝土按立方体抗压强度标准值划分为 C10～C60 共 10 个等级。立方体抗压强度标准值指用标准实验方法测得的强度总体分布中具有不低于 95% 保证率的立方体试件抗压强度。按照国家标准规定,制作边长为 150mm 的立方体试件,在标准条件(20±2℃,相对湿度 95% 以上)下养护到 28 天龄期,测得的抗压强度为立方体试件抗压强度。

2. 单轴拉伸作用下混凝土的行为

在单轴拉伸荷载作用下,混凝土的应力-变形特性可通过混凝土杆件在拉伸荷载作用下的破坏过程来描述(见图 3-17),假设拉伸实验采用变形控制,完整的应力-应变曲线由上升段和下降段组成。在达到最大应力之前,随着拉应力的增大,变形首先沿试件均匀分布且随应力线性增加,此时材料性能可很好地由应力-应变关系来描述;在应力将要达到一定值时,由于混凝土内随机分布的微细裂纹的扩展,导致应力-应变曲线开始出现明显的非线性,此时,由于裂纹尺度的差异,微细裂纹的扩展过程开始集中在某一狭窄区域内,此区域即为通常所说的过程区或开裂区,此时随着变形增大,应力略有增加;达到最大应力之后,随着变形的继续增大,过程区继续扩展,试件的变形将主要集中在过程区内,而过程区之外由于卸载而变形减小,此时试件的承载能力将随着过程区变形的增大而降低,即通常所说的应变软化现象。由于如上所述的过程区集中在非常窄的区域内,因此可简化为一条裂缝,即通常所说的粘性裂纹。试件的承载能力由开裂区的变形大小决定,通常称为粘聚裂纹宽度,简称裂纹宽度。最终,试件沿着开裂区被分成两段而粘聚应力为零。

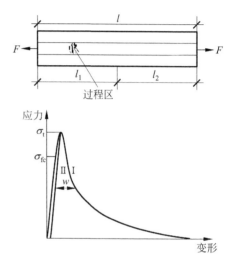

图 3-17 单轴拉伸荷载下材料应力-变形之间的关系

可见,无法采用单一的应力-应变(σ-ε)关系来描述如上所述混凝土材料在拉应力作用下的破坏过程。而应由如下两个基本本构关系来描述,即线弹性应力-应变(σ-ε)关系(用于开裂前和开裂后非开裂区)及应力-裂纹宽度(σ-w)关系(用于开裂区),如图 3-18 所示。上述关系中包含如下的基本材料参数:弹性模量 E,开裂强度 σ_{fc},抗拉强度 σ_t 及 σ-w 关系。

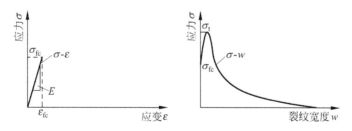

图 3-18 拉伸荷载下混凝土材料的基本本构关系

混凝土单轴抗拉强度通常仅为抗压强度的 0.07～0.11,因此设计构件时通常使混凝土在压应力下工作,但是混凝土不可能完全不受拉。在受弯构件中,例如公路的路面板,混凝土是受压、拉和剪切的组合作用;混凝土的变形受约束时也是受拉而开裂。

混凝土的单轴抗拉实验如图 3-19(a)所示,比钢材或木材的拉伸实验要困难,试件需要比较大的断面,而且不便夹紧和对中,很难避免出现偏心加载及在夹具处破坏的现象。已出现不少种类的夹具,但是实际操作上都存在不同程度的困难。通常还采用下列两种间接实验方法检验混凝土的抗拉性能。

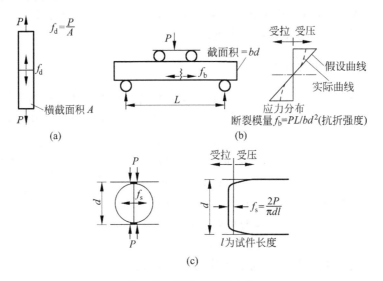

图 3-19 混凝土受拉实验
(a) 直拉;(b) 弯拉;(c) 劈裂抗拉

1) 抗折强度(亦称弯曲模量)实验

测定抗折强度的试件,通常用棱柱体,断面尺寸取决于石子的最大粒径。荷载加在三分点上,如图 3-19(b)所示。由于混凝土的抗拉强度远小于其抗压强度,通常在最大弯矩区的梁底部首先出现裂缝,并穿过梁向上扩展,发生破坏。当破坏荷载为 P,混凝土中最大拉应力为 f_b,根据简单的梁受弯理论和线弹性应力分布假设得到

$$f_b = \frac{PL}{bd^2}$$

式中,f_b 为抗弯(抗折)强度,亦称弯曲模量。由于混凝土开裂后过程区粘聚力对抵抗弯曲荷载贡献较大,抗折强度要大于抗拉强度。试件高度越小,抗折强度越大,反之越小,即混凝土抗折强度具有明显的试件尺寸依赖性。当过程区的影响可以忽略不计时,抗折强度将和抗拉强度相近。

2) 劈裂抗拉强度实验

劈裂抗拉强度实验通常以立方体试件或从实际构件上钻取的芯样进行劈裂抗拉实验。试件在线性压力作用下,在与径向垂直平面上的应力分布示于图 3-19(c),试件中部是一接近均匀的拉应力(f_s),上下端的局部压应力很大。破坏的发生沿着该断面,被劈开或断裂,试件断开成接近两等分。采用圆柱体进行劈裂抗拉实验时,当最大劈裂荷载为 P 时,劈裂抗拉强度由下式得到

$$f_s = \frac{2P}{\pi l d}$$

由于此时圆柱体的应力状态是两轴而不是单轴,与端面的局部受压区叠加,使 f_s 要高于单轴抗拉强度,但这个实验用标准压力实验机进行起来很方便且结果稳定,因此应用比较广泛。

3. 抗拉强度与抗压强度的关系

抗拉强度与抗压强度之间有一定的关系,即当混凝土抗压强度提高或降低时,其抗拉强度一般也呈现相同趋势,但是二者间没有固定的比值,抗拉强度的增长率明显小于抗压强度的增长率。换句话说,随着抗压强度的提高,混凝土的拉/压比往往下降,所以高强度的混凝土呈现更大的脆性。在混凝土受拉区,需要采取与钢材复合使用的办法,如钢筋混凝土、预应力混凝土与钢纤维增强混凝土,来提高结构抗拉能力。

4. 断裂力学及其在混凝土领域的应用

断裂力学主要研究荷载下物体中裂纹的引发与扩展规律。将断裂力学用于混凝土,可为设计人员提供一个有用的工具。因为它能够将混凝土过程区的物理特性,如应力-裂纹宽度关系对结构承载力的影响考虑在内,因此可以计算结构尺寸如何影响构件的极限承载力。断裂力学还可以在预测裂纹扩展上提供准则,即开裂强度准则和断裂韧性准则。当需要判定一座大型结构,例如大坝在一定荷载条件下是否会发生灾难性的开裂时,可以采用强度准则,即根据应力是否达到材料的开裂强度来确定。然而对于尖锐的裂缝,线弹性理论预测裂缝尖端的应力趋于无限大,此时可以用断裂韧性准则预测裂纹的扩展问题。但需注意的是,无论采用开裂强度准则还是断裂韧性准则,裂缝尖端附近过程区的影响一定要加以考虑。

虽然断裂力学有这样一些优点,但与其他结构材料相比,在混凝土这种非均质性显著的材料领域的应用进展还是十分缓慢的。早在 1920 年,根据 Griffith 材料断裂理论的线弹性断裂力学就已经出现,但直到 1961 年,才首次进行了断裂力学在混凝土领域的实验研究。然而由于当时认识的局限,混凝土裂缝尖端附近区域形成的微观过程区的影响没有加以考虑,上述实验结果并不理想,即依据断裂力学理论本应是材料常数的断裂参数受试件尺寸影响较大。直到 20 世纪 70 年代中期,由于非线性断裂力学的发展,人们找到了能够描述混凝土过程区物理特性的模型(应力-裂纹宽度关系),断裂力学在混凝土中的应用才进入新的快速发展阶段。20 世纪 80—90 年代,断裂力学的应用得到了更广泛的研究,在混凝土梁、锚固端和大坝设计中,其应用已经比较普遍,然而仍有很多工作需继续完善,例如断裂参数标准测定方法等。

3.5 混凝土拌和物的配合比设计

为了获得满足工程要求的混凝土,不仅需要了解如何选择组成材料,还要懂得如何进行配合比设计,因为它在很大程度上影响材料费用,也影响混凝土的性能。当然,现代工程施工时分工更加明细,而且有的情况下(例如国内一些大城市里),它已成为预拌混凝土生产厂的工作,但是结构工程师对其基本原理与常用方法有所了解还是必要的。

3.5.1 配合比设计的目的

配合比设计是为了确定其各个组成材料之间比例的方法。其目的之一是获得基本性能符合要求的混凝土,包括新拌混凝土的工作度、硬化混凝土在规定龄期的强度和耐久性。

工作度是决定混凝土拌和物在浇筑、捣实和抹面时难易程度的性质,它比前面所用的流动性代表的含义要广泛得多,并且没有一个确定的指标,而因所采用的工艺也有所变化。例如浇筑没有钢筋的路面混凝土和钢筋密集的混凝土柱子,工作度应该是不同的;施工高层建筑时用泵输送的混凝土和用塔吊运送的混凝土,工作度也不能一样。详细参见3.6节。

从结构的安全角度出发,根据设计荷载得到的混凝土强度,应该作为最低强度要求。考虑到原材料、搅拌、运输、浇筑以及试件制作、养护和实验时可能产生的变异,需要根据统计学的基本原理确定配合比,使依据配合比配制出混凝土的强度平均值要比最低强度高出一定范围,即通过下式计算得出

$$f_{cu,0} \geqslant f_{cu,k} + 1.645\sigma$$

式中,$f_{cu,0}$为混凝土配制强度(MPa);$f_{cu,k}$为混凝土立方体抗压强度标准值;σ为混凝土强度标准差。1.645σ就是强度平均值比最低强度高出的范围,系数1.645是保证率为95%时的概率度;标准差σ或者变异系数$C_v(=\sigma/f)$取决于混凝土生产水平的高低。

结构在一般暴露条件下,如果能够达到必要的强度,耐久性通常不会有太大问题。但是对于在严酷环境条件工作的结构物,例如桥梁、港口的防波堤、地下与海底隧道、高寒与炎热地区的结构等,在进行配合比设计时就需要首先从满足耐久性要求来考虑。例如,所有可能受冻害的地区,混凝土就需要掺引气剂,保证一定含气量;可能受硫酸盐土质或水质侵蚀的混凝土,就需要掺矿物掺和料与减水剂。很多情况下,虽然采用较高水胶比已经满足强度要求,但考虑到暴露环境的作用,不得不规定较低的最大水胶比。

配合比设计的另一目的,是在混凝土拌和物性能满足要求的前提下,价格要尽可能地便宜。即选择组成材料时不仅必须适用,而且要经济。因为混凝土的生产量通常都很大,价格上微小的差异就可能带来总体费用上巨大的浪费。例如,在工程所在地附近可买到的水泥含碱量超标,而骨料又基本上没有呈现碱活性时,如果一定要求使用远途运来价格较高的低碱水泥,就额外增加了费用,使混凝土单价提高。另外,如果近处的骨料确实含碱活性颗粒,在高碱水泥中掺矿物掺和料可能是节约而又有效的选择方案。

3.5.2 配合比设计的基本内容

配合比设计的结果,是得到生产每立方米混凝土所需要的各组成材料用量,例如:水泥300kg/m³;水180kg/m³;石子1 200kg/m³;砂子720kg/m³;总重2 400kg/m³。显然有一个相互制约的问题存在。就是当一种组成材料的用量改变时,其他组分也相应变化。例如:骨料增加,水泥浆量就相应减少。在工程条件和原材料已经给定的情况下,配合比设计可以控制的变量就是:拌和物的用水量与水泥用量之比;水泥浆体与骨料用量之比;砂用量与砂石骨料用量之比以及矿物掺和料、外加剂的使用。前面三个比例分别用3个参数来表示,即水灰比、用水量和砂率,它们与混凝土各项性能间有密切的关系。正确地确定以上这些参数,就能使混凝土满足各种技术与经济要求。

3.5.3 配合比设计步骤

步骤一:选择坍落度或VB稠度(都是拌和物工作度的表示方法,参见3.6节)。需要根据工程所用施工工艺、配筋密集程度和捣实条件等决定,过大或过小都会影响混凝土质量,应在保证其浇筑与成型

密实的前提下,选择最小值。

步骤二:选择石子最大粒径。石子最大粒径越大,混凝土过渡区越薄弱,但是所需水泥浆量越小也越经济,因此要在确保满足质量要求的前提下,选择大一些的。

步骤三:选择用水量和含气量。工作度一定时,用水量取决于石子的最大粒径、粒形和级配,通常根据已有的经验性表格3-6选取(参考《普通混凝土配合比设计规程》(JGJ/T 55))。

表 3-6 混凝土单位用水量   kg/m³

拌和物稠度		卵石最大粒径/mm			碎石最大粒径/mm		
项目	指标	10	20	40	16	20	40
VB稠度/s	15~20	175	160	145	180	170	155
	10~15	180	165	150	185	175	160
	5~10	185	170	155	190	180	165
坍落度/mm	10~30	190	170	150	200	185	165
	30~50	200	180	160	210	195	175
	50~70	210	190	170	220	205	185
	70~90	215	195	175	230	215	195

注:1. 本表用水量以中砂为基准。如采用细砂,用水量可增加5~10kg/m³;粗砂可减少5~10kg/m³;
2. 掺各种外加剂或矿物掺和料时,需要相应增减用水量。掺有可减水的外加剂时,用水量以 $W_0(1-\beta)$ 计算,W_0 为未掺外加剂时的用水量,β 为外加剂减水率,经实验确定。掺有引气剂时,用水量随混凝土含气量增大而减少,减少量经实验确定;
3. 上表以坍落度90mm为基础,坍落度每增大20mm,用水量增加5kg,计算未掺外加剂混凝土用水量;
4. 水灰比小于0.4或大于0.8的混凝土以及采用特殊成型工艺的混凝土用水量应通过实验确定。

有抗冻要求的混凝土必须掺引气剂或引气型减水剂,其拌和物的含气量应根据骨料的最大粒径选取,见表3-7。

表 3-7 骨料最大粒径与拌和物含气量范围

骨料最大粒径/mm	拌和物含气量/%
10.0	5.0~8.0
20.0	4.0~7.0
31.5	3.5~6.5
40.0	3.0~6.0
63.0	3.0~5.0

步骤四:选择水灰比。由实验得知:混凝土强度与灰水比(即水灰比的倒数)、水泥标号等因素之间存在一定的关系。这一关系可用下面的经验公式表示

$$\frac{W}{C} = \frac{Af_{ce}}{f_{cu,0} + ABf_{ce}}$$

式中,A、B 为回归系数;f_{ce} 为水泥胶砂强度标准值;$f_{cu,0}$ 为混凝土配制强度。

回归系数 A 和 B 应根据工程所使用的水泥、骨料和通过实验建立的灰水比与强度关系确定;无实验统计资料时,对碎石混凝土 $A=0.46$,$B=0.07$;对卵石混凝土 $A=0.48$,$B=0.33$。

如计算所得水灰比值大于从耐久性要求规定的最大水灰比时,应选后者。

步骤五:计算水泥用量。水灰比与用水量一经确定,水泥用量就可计算得知。如计算所得水泥用量小于从耐久性要求规定的最低水泥用量时,应选后者。

步骤六:选择砂率。砂率根据粗骨料品种、最大粒径、水灰比和砂子的细度模数选取(见表3-8)。

表3-8 混凝土的砂率   %

水灰比 (W/C)	卵石最大粒径/mm			碎石最大粒径/mm		
	10	20	40	16	20	40
0.40	26~32	25~31	24~30	30~35	29~34	27~32
0.50	30~35	29~34	28~33	33~38	32~37	30~35
0.60	33~38	32~37	31~36	36~41	35~40	33~38
0.70	36~41	35~40	34~39	39~44	38~43	36~41

注:1. 本表数值系中砂的选用砂率,对细砂或粗砂,可相应地减小或增大;
2. 只用一个粒级粗骨料配制混凝土时,砂率应适当加大;
3. 对薄壁构件砂率取偏大值;
4. 坍落度大于等于100mm的混凝土,以上表为基准,坍落度每增大20mm,砂率增大1%;
5. 掺有外加剂和矿物掺和料,坍落度大于等于60mm或小于等于10mm的混凝土,砂率应经实验确定;
6. 本表中的砂率系指砂与骨料的重量比。

步骤七:按照重量法或体积法得出粗细骨料用量。

(1) 重量法。按下式计算

$$m_{c0} + m_{g0} + m_{s0} + m_{w0} = m_{cp}$$

$$\frac{S}{a} = \frac{m_{s0}}{m_{s0} + m_{g0}} \times 100\%$$

式中,m_{c0}为每立方米混凝土的水泥用量;m_{g0}为每立方米混凝土的粗骨料用量;m_{s0}为每立方米混凝土的细骨料用量;m_{w0}为每立方米混凝土的用水量;S/a为砂率(%);m_{cp}为每立方米混凝土拌和物的假定重量,对普通混凝土可取2 400~2 450kg。

(2) 体积法。按下式计算

$$\frac{m_{c0}}{\rho_c} + \frac{m_{g0}}{\rho_g} + \frac{m_{s0}}{\rho_s} + \frac{m_{w0}}{\rho_w} + 0.01\alpha = 1$$

$$\frac{S}{a} = \frac{m_{s0}}{m_{s0} + m_{g0}} \times 100\%$$

式中,ρ_c为水泥密度,可取2 900~3 100kg/m³;ρ_g为粗骨料的表观密度,一般为2 650~2 750kg/m³;ρ_s为细骨料的表观密度,一般为2 650~2 750kg/m³;ρ_w为水的密度,可取1 000kg/m³;α为混凝土的含气量,可取1~2。

根据以上步骤可得知实验室保持骨料为饱和面干状态下各组成材料的单位用量。

步骤八:骨料含水量调整。在工程现场或者预拌混凝土生产厂,骨料通常的含水状态要更为潮湿,因此需要根据实际含水量对以上配合比进行调整,减少用水量,增加骨料用量。

步骤九:试拌调整。以上配合比设计过程有许多经验值,与实际所用材料存在一定的差异,还必须通过用上述步骤所得配合比,秤取各组成材料进行试拌检测工作度,并制备试件检测强度,以获得符合实际所用材料和施工环境条件的混凝土配合比。

上述配合比设计方法在涉及掺外加剂与矿物掺和料的混凝土时,因组分较多而难以提出确定的选择依据,在现今外加剂或矿物掺和料已成为必要组分的前提下显示出其局限性。近年来,对计算机以及神经元网络等技术用于配合比设计,已日益引起混凝土界的关注,尤其是对于多组分材料混凝土的配合比设计,可以肯定将有着广阔的应用前景。

3.6 新拌及早期混凝土的性能

作为土木工程师来说,对于混凝土这样一些建筑材料,不仅是用户,也是生产者。为了使生产的混凝土能够满足结构所要求的强度与耐久性,组成材料的选择与配合比设计固然很重要,但如果对混凝土在早期的施工操作没有给予足够的重视,上述目的还是难以达到。早期,是指混凝土服务期一段很短暂的时间,例如开始的一两天,这段时间里要进行各种施工操作,包括配料、混合、搅拌、运输(到现场),并通过皮带运输机、泵、吊斗或溜槽、导管等进行浇注或摊铺,以及振捣和抹面,养护和拆模,预应力混凝土的张拉和灌浆等。新拌混凝土的特性,如工作度、凝结时间以及成熟度或强度增长率等,都会对这些工序完成的质量产生一定影响。为了保证最终所得的混凝土构件在结构上满足设计要求,就既要控制早期的施工操作,又要调节好新拌混凝土的性能。

上述操作过程与所用设备,不在本课程所讲述的范围内。本节只阐述工作度、坍落度损失、泌水与离析、塑性收缩、凝结时间和混凝土温度等的控制和意义,还将简要讨论温度匹配养护的含义等。

3.6.1 新拌混凝土的性能

1. 浇筑时的性能

新拌混凝土在浇筑时的性能,常统称为工作度。工作度是用混凝土拌和物浇筑、捣实和抹面时的性质,尤其是在捣实过程密实化的能力来衡量的。其含义通常包含如下三个方面。

1)流动性

流动性指混凝土拌和物借助一些设备,例如振捣棒,克服内部阻力和与模板、钢筋之间的粘性力,产生流动并填充模型与钢筋周围的能力。不同的构件,如配筋少的薄板对流动性的要求自然与浇筑密集配筋的柱子大不一样。

2)捣实性

捣实性指它在振动捣实或加压作用下,排出拌和时带入气泡达到密实的能力。

3)稳定性或粘聚性

稳定性或粘聚性是指其维持均匀的整体性的能力,例如在浇筑过程中砂浆与骨料不会离析以及浇筑后抵抗泌水与沉降分层的能力。

总的来说,工作度好的拌和物易于浇筑、捣实。但是如果靠增加用水量满足时,强度就高不了,所以通常是采用在具体工程条件下能够浇筑和压实的最小工作度。前面已经讲过:拌和物的 60%~80% 是粗细骨料,其余是水泥浆,而水泥浆所占体积中,30%~50% 是水泥,其余为水。各种粒径大小不同的颗粒处于悬浮状态,水泥颗粒的表面引力比重力大,而骨料则相反,相互运动的阻力则来自它们之间摩擦力的干扰。水泥浆、砂浆和新拌混凝土都大致接近本书第一章中所描述的 Bingham 体流变特性,如图 1-5 所示,即剪切力要达到屈服值,足以克服颗粒之间的干扰作用才开始流动。应力继续增大时,剪切速率与剪切力的变化成直线关系,斜率称为塑性粘度。$\left(\text{Bingham 方程}:\sigma=\sigma_y+\eta\dfrac{d\varepsilon}{dt}\right)$

2. 工作度测定

如上所述,采用一些实验方法测定与控制新拌混凝土的工作度,对施工质量,即硬化后混凝土的性能十分重要。但是要建立一种既简便而又全面反映这些性能,在实验室和现场都适用的方法是很困难的。下面介绍几种目前常用的工作度测定方法。

1) 两点实验法

为了定量地表示新拌混凝土的工作度,需要确定上述 Bingham 方程中的 σ_γ 和 η。英国的塔塞尔(Tattersall)和班费尔(Banfill)于 1983 年提出了两点实验法的原理,试图以类似测定液体粘度的装置来测定这两个参数。下面简单描述一下该实验装置与方法:在圆筒容器内装入新拌混凝土,将一带有叶片的轴插入容器内的新拌混凝土中,在轴上施加转矩 M,M 增大到一定程度,即 $M \geqslant M_0$(启动转矩)时,该轴开始旋转,转速为 ω;M 继续加大,轴的转速加快,由于粘性作用,新拌混凝土也随之旋转,同时发生变形。通过对新拌混凝土进行实验,并以转矩为横轴,转速为纵轴绘制实验曲线如图 3-20 所示。M_0 和 h 两个值既取决于新拌混凝土的性质,也取决于仪器的几何形状和尺寸。对给定仪器的几何形状和尺寸,通过比较不同混凝土的 M_0 和 h 值,就可用来评价新拌混凝土的性质。M_0 和 h 值越小,表明拌和物流动性越好。当 M_0 减小时,表明初始剪切力下降,h 减小表明拌和物的粘聚性降低。拌和物的组成与配合比对 M_0 和 h 的影响显著。但实际上,用这种装置还不能完好测定拌和物的流变性能参数。因此,挪威的基优夫以两点实验法为基础,又继续进行研究,于 20 世纪 80 年代末开发出能测定新拌混凝土流变参数的流变仪。由于该仪器较为昂贵、复杂,至今仍大多是在实验室里用于研究,而用于混凝土生产中进行质量控制的还很少,在这里不多介绍。

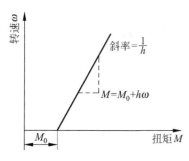

图 3-20 新拌混凝土的流变特性

2) 单点实验法

在认识新拌混凝土是宾汉姆体之前,已经有好几种简单但随机性显著的工作度实验方法,有些至今仍在广泛使用,如坍落度法和维勃稠度法。

坍落度是国内外应用最为广泛的混凝土拌和物工作度测定方法(见图 3-21(a)),测定时首先将拌和物分三层浇灌到一平顶的截锥圆筒里,每层用钢棍插捣 25 次,然后提升圆锥筒,量取拌和物坍落的高度即为坍落度值。严格地说,只有当混凝土坍下后仍然保持原先的截锥体形状时才有可量测价值,因此通常认为存在一个可以用它测定工作度的上限——坍落度为 0~175mm。如果拌和物因离析而发生剪切坍塌,就需要重新实验。一般来说,坍落度大于 120mm 时,就可以用泵将运到施工现场的混凝土输送到位。但是当泵送距离很长或垂直高度很大、钢筋密集或操作面狭小等情况下,通常需要添加高效减水剂,并使坍落度达到 200mm 甚至更大时,才能保证浇筑和成型密实的要求。另一方面,若采用其他工艺浇筑混凝土,例如用摊铺机械铺筑路面时,坍落度在 30~50mm 的拌和物也能保证充分捣实。即使坍落度为零的拌和物,在一定条件下也能够成型密实。

维勃稠度实验(VB),如图 3-21(b)所示,是对坍落度实验方法的一种改进,它可以测定拌和物在振动外力作用下的工作度。测定 VB 稠度,就是测定拌和物试样从坍落度实验筒取走后,在振动台的振动力作用下,流平圆柱形外筒所需时间。在标准振动作用下,测值为 1~25s,该值越大意味着工作度越小。测试时的困难在于不容易准确地判断流平的时间。

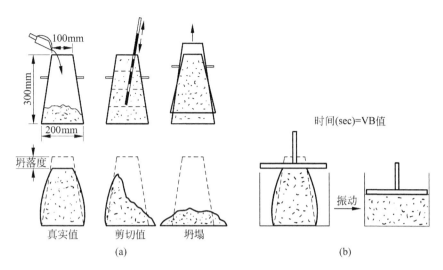

图 3-21 单点工作度实验方法
(a) 坍落度；(b) VB 仪

上述两种工作度测定方法都是单点实验，它们只能给出单一的测值，但是要确定工作度好坏，需要两个参数，所以它们不能真正反映拌和物的工作度。此外，它们所测的只是混凝土在特定而有随意性的、不同实验条件下的反映。坍落度和 VB 仪实验都可以反映混凝土稠度或流动性大小。坍落度实验是在给拌和物做了一定量的功，VB 仪是输入了一标准量的能得到的结果。

还有一些其他单点实验方法，尽管它们都存在一定的局限性，但至今还在普遍应用，尤其是坍落度实验，主要原因在于它简单易行，尤其适合在施工现场用于混凝土拌和物生产时工作度稳定性的评价与控制。但是，随着混凝土技术的发展，坍落度实验的局限性越来越明显，因为如上所述，它主要反映拌和物开始流动所需力的大小，而现代混凝土中多掺有各种外加剂，尤其是高效减水剂，拌和物的塑性粘度明显加大，掺矿物掺和料的拌和物也呈现类似趋势，用坍落度实验难以比较出不同拌和物塑性粘度的差异，因此已不宜用它来进行配合比设计时的工作度比较了。

3．影响拌和物工作度的因素

1）用水量与水泥浆量

用水量与水泥浆量是混凝土拌和物最敏感的影响因素。增减 1kg 水，意味着增加或减少 1L 水泥浆量，同时还影响水泥浆粘度的大小。

混凝土拌和物的流动性是其在外力与自重作用下克服内摩擦阻力产生运动的反映。混凝土拌和物的内摩擦阻力，一部分来自水泥浆颗粒间的内聚力与粘性，另一部分来自骨料颗粒间的摩擦力。前者主要取决于水灰比的大小，后者取决于骨料颗粒间的摩擦系数。骨料间水泥浆层越厚，摩擦力越小，因此原材料一定时，坍落度主要取决于水泥浆量的多少和粘度大小。只增大用水量时，坍落度加大，而稳定性降低（即易于离析和泌水），也影响拌和物硬化后的性能，所以过去通常是维持水灰比不变，调整水泥浆量满足工作度要求，现在则掺用减水剂来调整工作度。

2）骨料品种与品质的影响

碎石比卵石粗糙、棱角多，内摩擦阻力大，因而在水泥浆量和水灰比相同的条件下，流动性与压实性较差；石子最大粒径增大，需要包裹的水泥浆减少，流动性改善，但稳定性受影响，即容易离析；细砂表面积大，拌制同样流动性的混凝土需要的水泥浆或砂浆多。所以采用最大粒径小，但棱角和片针状颗粒少、级配好的粗骨料，以及细度模数偏大的中粗砂、砂率稍高、水泥浆量较多的拌和物，其工作度的综合指标为良好。

3）砂率

一般认为，在混凝土拌和物中是砂子填充石子的空隙，而水泥浆则填充砂子的空隙，同时有一定富裕浆量包裹骨料表面，润滑骨料，使拌和物具有流动性和容易密实的性能。在水泥浆量一定时，砂率过大，骨料的比表面积大，需要较多砂浆包裹骨料表面，骨料之间的水泥浆层厚度减小，内摩擦阻力加大，工作度变差；反之，砂率过小时，砂子不足以填充石子的空隙，水泥浆除了填充砂子的空隙外，还要填充石子的间隙，骨料表面包裹的水泥浆层厚度减薄，石子间摩擦阻力同样加大，拌和物流动性也不好。因此存在一个最优砂率，在水泥浆量一定时，以最优砂率拌出的混凝土坍落度最大。这意味着在施工需要一定坍落度的时候，最优砂率可以在水灰比一定条件下，水泥用量最少，经济效益好。最优砂率随着要求工作度大小、砂石品种与粒径、用水量及水灰比而变化，需要根据工程施工时的条件来选择。

4）外加剂与矿物掺和料的影响

引气剂可以增大拌和物的含气量，因此在加水一定的条件下要增加浆体体积，改善混凝土的工作度并减小泌水、离析，提高拌和物的粘聚性，这种作用的效果尤其在贫混凝土（胶凝材料用量少）或细砂混凝土中特别明显。

掺有需水量较小的粉煤灰或磨细矿渣时，拌和物需水量降低，在用水量、水灰比相同时流动性明显改善。以粉煤灰代替部分砂子，通常在保持用水量一定条件下使拌和物变稀。

高效减水剂对拌和物工作度影响显著，但是许多这种产品的分散作用维持工作度的时间有限，例如只有30~60min，过后拌和物的流动性就明显减小，这种现象称为坍落度损失，在很长时间里影响了它的推广应用。为此开发了许多延缓工作度损失的方法，但在工地管理不是井然有序的情况下，这些措施难以保证实用效果。近年来开发出的新型高效减水剂，可以使混凝土工作度损失明显减小，从搅拌到浇筑过程的数小时里能几乎不出现任何损失，因此新型高效减水剂在混凝土生产中获得日益广泛的应用。

5）拌和条件的影响

不同搅拌机械拌和出的混凝土拌和物，既使原材料条件相同，工作度仍可能出现明显的差别。特别是搅拌水泥用量大、水灰比小的混凝土拌和物，这种差别尤其显著。新型的搅拌机使混凝土均匀而充分的拌和得到较好的保证。即使是同类搅拌机，如果使用维护不当，叶片被硬化的混凝土拌和物逐渐包裹，就减弱了搅拌效果，使拌和物越来越不均匀，工作度也会显著下降。

3.6.2 拌和物浇筑后的性能

浇筑后至初凝期间约几个小时，拌和物呈塑性和半流动态，各组分间由于密度不同，在重力作用下相对运动，骨料与水泥下沉、水上浮（见图3-22），出现以下几种现象。

1. 泌水

泌水发生在稀拌和物中，这种拌和物在浇筑与捣实以后、凝结之前（不再发生沉降）表面会出现一层水分或浮浆，大约为混凝土浇筑高度的2%或更大，这些水或者向外蒸发，或者由于继续水化被吸回，伴随发生混凝土体积减小,这个现象对混凝土性能带来两方面影响:首先,顶部或靠近顶部的混凝土因含水多,形成疏松的水化物结构,对路面的耐磨性等十分有害;其次,部分上升的水积存在骨料下方形成水囊,进一步削弱水泥浆与骨料间的过渡区,明显影响硬化混凝土的强度和耐久性。

泌水多的主要原因是骨料的级配不良,缺少 $300\mu m$ 以下的颗粒,可以通过增大砂率弥补。当砂子过细或过粗,砂率不宜增大时,可以通过掺引气剂、高效减水剂或硅粉来改善,都会有不同程度的效果。采用二次振捣也是减少泌水、避免塑性沉降和收缩裂缝的有效措施,尤其对各种大面积的平板构件,浇筑后必须尽快开始养护,包括在混凝土表面喷雾或待其硬化后洒水、蓄水,用风障或遮阳棚保护,或喷养护剂、用塑料膜覆盖以避免水分散失。

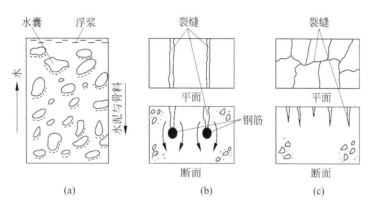

图 3-22 新浇注混凝土的行为
(a) 泌水;(b) 塑性沉降裂缝;(c) 塑性收缩裂缝

2. 塑性沉降

拌和物由于泌水产生整体沉降,浇筑深度大时靠近顶部的拌和物运动距离更长。沉降受到阻碍,例如钢筋,则产生塑性沉降裂缝,从表面向下直至钢筋的上方(见图 3-22(b))。

3. 塑性收缩

在干燥环境中混凝土浇筑后,向上运动到达顶部的泌出水要逐渐蒸发。如果泌出水速度低于蒸发速度,表面混凝土含水将减小,由于干缩造成在塑性状态下开裂。这是由于混凝土表面区域受约束产生拉应变,而这时它的抗拉强度几乎为 0,所以形成塑性收缩裂缝,这种裂缝与塑性沉降裂缝明显不同,与环境条件有密切关系:当混凝土体或环境温度高、相对湿度小、风大、太阳辐射强烈,以及以上几种因素的组合,混凝土更容易出现开裂(见图 3-22(c))。

4. 含气量

搅拌好的混凝土都含一定量空气,是在搅拌过程中带进去的,约占总体积的 $0.5\%\sim2\%$,称混凝土含气量。如果组成材料中有外加剂,可能含气量还要大。因为含气量对硬化混凝土性能有重要影响,所以在实验室与施工现场要对其进行测定与控制。测定混凝土拌和物含气量的方法有好几种,用于普通骨料制备的拌和物含气量测定标准方法是压力法。影响含气量的因素包括水泥品种、水灰比、工作度、砂粒径分布与砂率、气温、搅拌方式和搅拌机大小等。

5. 凝结时间

凝结是混凝土拌和物固化的开始,由于各种因素的影响,混凝土的凝结时间与所用水泥的凝结时间常常不存在一定关系,因此需要直接测定混凝土的凝结时间。混凝土凝结时间分初凝和终凝,都是根据标准实验方法人为规定。初凝是大致标志混凝土拌和物不能再正常地浇筑和捣实;终凝是大致表示混凝土强度开始以相当的速度增长。了解凝结时间表征的混凝土特性变化,在制定施工进度计划和对不同种类外加剂的效果进行比较时很有用。

3.6.3 强度增长与温度的影响

1. 养护温度的影响

如前文所述,水泥水化反应的速率受温度影响显著,当温度升高时,水化速率加快。图3-23所示为不同养护期温度下混凝土各龄期的强度发展与23℃时发展的对比。它表明:

(1) 早期(1天龄期)的强度发展随养护温度升高而提高。

(2) 养护温度低的混凝土后期强度相对较高,并与水泥的水化相联系。温度高时CSH凝胶生成快但密实性差,层间结合力较薄弱;最佳温度,即养护温度为13℃的1年龄期强度最高。

(3) 混凝土在负温下仍然能水化,到-10℃才中止,但前提是大部分水已经参与水化后才暴露到这样的低温下,否则体内自由水结冰膨胀,会破坏尚薄弱的混凝土。水化程度至少相当于产生3.5MPa强度,才足以抵挡膨胀性的破坏作用。

2. 水化热的影响

水泥水化是放热反应,进行的速率和程度与温度密切相关。水化反应的环境存在两种极端的条件:等温条件(即放出的热量迅速散失,保持温度一定);绝热条件(隔热良好,保持热量完全不散失)。在绝热条件下,水化放热的结果使水泥浆、砂浆或混凝土的温度升高,反过来加速水化,导致放热速率进一步加快,从而温度显著地升高。图3-24表明:由于骨料不仅不放热而且能抑制放热,所以混凝土要显著低于硬化水泥浆体的温升。每立方米混凝土中,平均100kg水泥的水化使温度升高13℃。

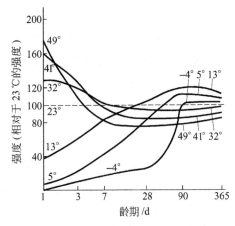

图3-23 养护温度对强度的影响
(硅酸盐水泥 $W/C=0.4$)

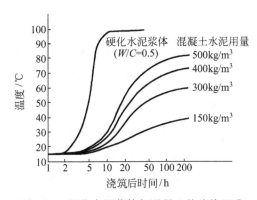

图3-24 硬化水泥浆体与混凝土的绝热温升

实际混凝土浇筑后,放出的热量要直接或通过模板间接散发,因此既不是绝热条件,也不是等温条件,而是在二者之间。因此混凝土在浇筑后早期升温,随后逐渐冷却到与环境温度相同。不同厚度混凝土芯部的温度-时间关系如图3-25所示,它表明:厚度在1.5～2m以上的混凝土浇灌后,其芯部在浇筑后开始几天里近似绝热状态,对性能产生重要影响:

(1) 到达温峰后下降时产生温度收缩,收缩受约束产生的拉应力可能导致开裂。约束来自周围,例如配筋(钢筋混凝土)、基础下面的土壤或结构表层的混凝土(它向外散失大部分热量,不会达到同样的温峰),约束大小因具体条件而异。

混凝土发生温降30℃时约产生300个微应变(详见3.7节),若其弹性模量为30GPa,且不计徐变产生的应力松弛,则可形成达9MPa的拉应力,超过其抗拉能力而导致开裂。现今强度等级高的混凝土水泥用量都在500kg/m³上下,绝热条件下的温升可达约65℃。因此,有必要在浇筑尺寸大的混凝土构件时,限制内外最大温差与延缓温降,增加模板厚度或覆盖保温的方法有时是有益的,更重要的是采用低放热量的混凝土拌和物,例如使用低热水泥,多掺粉煤灰或磨细矿渣则是更有效而且经济的办法。

在高温季节浇筑混凝土时,由于各种原材料的初始温度较高,而且高温度的拌和物在运输过程中,因为水泥水化和太阳辐射热的作用,会进一步激化上述温度收缩与开裂问题,因此需要采取通常浇筑大体积混凝土时采用的各种降温措施,例如对骨料预冷、以碎冰代替部分混凝土搅拌用水、喷液氮,以及运输过程防止直晒、运输车涂刷白色等,尽量降低混凝土浇筑成型后的温度。

(2) 在高环境温度条件下浇筑时,混凝土中的水泥在随后的几天内就已经大部水化,这将影响其后期强度发展。图3-26所示为英国Bamforth的实验结果。它表明:与浇筑在实际结构物里的纯硅酸盐水泥混凝土相比,掺30%粉煤灰或75%磨细矿渣的,不仅温升可以显著降低,温度收缩和开裂的危险减小,同时后期强度也较高;而纯水泥混凝土由于温升而导致其强度明显低于20℃标准养护的试件。由于现行规范中评价混凝土强度的实验方法所局限,使人们难以认识到这个反差,从而使许多工程在选择原材料与配合比时,不敢掺或只敢少量掺用粉煤灰、磨细矿渣等矿物掺和料,而混凝土浇筑后拆模时,或者拆模后不久就出现可见裂缝,影响美观,也影响结构物的使用寿命。

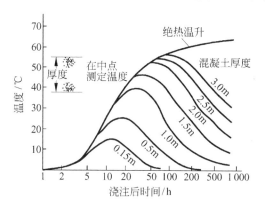

图3-25　混凝土浇注厚度对温升的影响

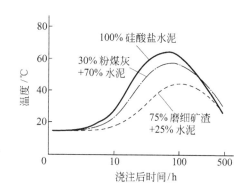

图3-26　2.5m厚混凝土中点温度的变化

3. 温度匹配养护

Bamforth在上述实验中,还采用温度匹配养护(Temperature match curing)与标准养护进行比较(见图3-27)。该方法是将试件置于与结构物中混凝土温度变化过程相同的条件下养护,依据其强度实验结果来确定温度历程的影响、适宜的拆模时间等。温度匹配养护近年来正日益受到广泛的重视,已在国内外许多工程施工中应用。但对于重要的大型工程,还需要通过混凝土正式浇注前的试浇注,来确定可能达到的温峰与温度梯度,以及它们对施工操作性能和设计要求的各种长期性能的影响。这是因为任何一种拌和物,在一定的养护条件下会呈现出其独有的温度发展历程。

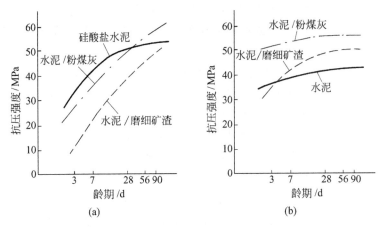

图 3-27 不同养护条件下混凝土强度发展
(a) 20℃标准养护;(b) 同温度养护

3.7 混凝土的体积稳定性

混凝土在硬化过程中体积要发生变化。在荷载作用和环境作用下(干湿和冷热变化)要产生体积收缩。当变形受约束时常会引起开裂。本节主要讨论混凝土的弹性行为、收缩、徐变与应力松弛,文中还将介绍延伸性的概念以及它对混凝土开裂的影响。

3.7.1 变形的意义和类型

刚硬化的混凝土(无论加载或没有加载)暴露在一定温湿度的环境之中,由于温度和湿度的差异,通常总要产生温度收缩(或"热收缩"——与冷却相关的收缩)和干燥收缩(与失水相关的收缩)。此外,还会发生自身收缩、碳化收缩等现象。一定条件下,哪一种收缩为主,取决于构件的尺寸、混凝土原材料的特性、拌和物配合比等许多因素。由于各类收缩产生的机理不同,因此通常条件下,收缩应变延混凝土构件的断面的分布是不均匀的。

结构物里的混凝土构件,总要受到一定的约束,如来自地基的摩擦、其他构件、配筋或混凝土内外变形的差异。当材料的收缩受到限制,就产生弹性拉应力。应力大小与材料的应变 ε 和弹性模量 $E(\sigma = E\varepsilon)$ 成正比。混凝土的弹性模量也取决于原材料特性和拌和物配合比等因素。

材料由于收缩变形,或者由于荷载作用产生的拉应力超过其抵抗断裂的能力(强度)时,就会引起开裂,出现宏观可见裂缝。由于混凝土是一种粘弹性材料,在一定的持续应力作用下,应变随着时间逐渐增大,这种现象称为徐变。而应变一定时,应力随时间逐渐减小,这种现象称应力松弛。两者都是粘弹性材料的典型特征。由于混凝土的徐变,使结构中实际收缩应力值小于基于弹性应力-应变关系的计算结果(见图 3-28 曲线 a 与 b)。因此,在有约束的条件下,混凝土因收缩开裂与否还与材料的应力松弛能力有关。

实际上混凝土的应力-应变关系远比图 3-28 所示复杂得多。首先,混凝土不是真正的弹性材料;其次,混凝土构件各处的应变或约束都不均匀,因此产生的应力在不同点的分布是有差异的。此外,了解混凝土的弹性、干缩、温度收缩和粘弹性及其影响这些性质的参数都是很重要的。

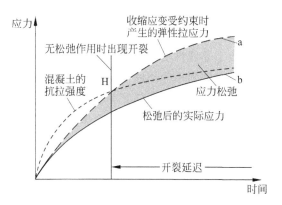

图 3-28 干缩和徐变对混凝土开裂的影响

3.7.2 弹性行为

材料的弹性是衡量其刚性大小的标志。尽管混凝土应力-应变的非线性,但是求知其弹性模量大小(在设想的比例极限内,应力与瞬间应变之比),对确定本身与环境条件产生变形引起的应力是必要的;对计算简单构件在荷载作用下的设计应力,以及计算复杂结构的弯矩与挠度也是必要的。

1. 应力-应变特性

从骨料、硬化水泥浆体和混凝土受单轴压荷载时的应力-应变曲线上(见图 3-29),可以看出混凝土与骨料、硬化水泥浆体相比,它确实不是弹性材料。混凝土试件在瞬间荷载作用下,应力与应变并不成比例,卸载时存在不可恢复的变形。普通混凝土的这种特性,原因是其过渡区当荷载不很大,甚至尚未加载之前就存在微裂缝。但是,如前所述,当混凝土的强度提高时,它的弹性特征趋于明显,也就是说其应力-应变曲线上的线性段,要随其强度的提高而加长,刚性增大。上述变化的原因很容易用其基体的孔隙率和过渡区的原生微裂缝(指在没有外加荷载之前就存在的裂缝)减少,因而在较小的应力作用下(例如,50%~60%极限荷载),基体中还未形成裂缝,过渡区的裂缝仍然稳定来解释。

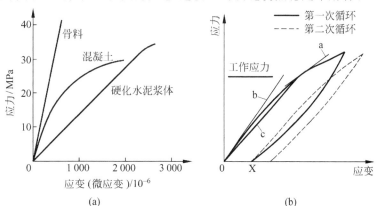

图 3-29 硬化水泥浆体、骨料与混凝土的应力-应变关系
(a)三者的应力-应变曲线;(b)混凝土在加/卸载循环时的应力-应变关系

2. 弹性模量

混凝土非线性的应力-应变特性,意味着它有一系列不同弹性模量值。我们定义应力-应变曲线上任意一点切线的斜率为切线模量,如图 3-29(b)中 a 线的斜率(b 线为应力-应变曲线上原点处的切线模量),定义原点和曲线上任意一点的连线斜率为余弦弹性模量,如图 3-29(b)中 c 线的斜率。

影响材料弹性模量的因素众多。在匀质材料里,弹性模量和密度直接相关;而多相材料,例如混凝土,主要组分所占体积及其密度和弹性模量,以及过渡区的特性决定弹性性质。由于密度和孔隙率呈负相关,因此影响骨料、水泥浆基体孔隙率的那些因素对弹性模量都有重要影响。混凝土的弹性模量和强度是直接相关的,都受组成相的孔隙率影响,虽然影响程度有所不同。

1) 骨料

在粗骨料影响弹性模量的特性中,孔隙率最重要,因为孔隙率决定它的刚度,而刚度又决定骨料约束基体的应变能力。密实的骨料弹性模量就高,一般说来,混凝土里高弹性模量的粗骨料量越大,混凝土的弹性模量也就越大;在中低强度混凝土中,混凝土强度不受骨料孔隙率影响,这表明:不同情况下,控制强度和弹性模量的因素不尽相同。

岩芯实验表明:低孔隙率的天然骨料,例如花岗岩、暗色岩以及玄武岩的弹性模量在 70~140GPa;砂岩、石灰岩和有孔的砾石在 23~50GPa;轻骨料是多孔的,其弹性模量取决于孔隙率,低的可能才有 7GPa,高的会到 28GPa。通常轻骨料混凝土的弹性模量在 14~21GPa,为同强度普通混凝土弹性模量的 50%~75%。骨料的其他性质,如最大粒径、粒形、表面构造、级配与矿物组成要影响过渡区的微裂缝,因此影响应力-应变曲线的形状。

2) 水泥浆基体

水泥浆基体决定其孔隙率的因素,有水灰比、含气量、矿物掺和料和水泥水化程度等。不同孔隙率硬化水泥浆体的弹性模量在 7~28GPa,与轻骨料混凝土接近。

3) 过渡区

一般来说,孔间距、微裂缝和氢氧化钙定向结晶是过渡区的共同点,因此它们对于混凝土应力-应变关系起着更重要的影响。控制过渡区孔隙率的因素,包括水灰比、拌和物的泌水性、施工时捣实的程度以及水泥水化的程度(受养护温湿度影响)等。有报道认为:混凝土的强度和弹性模量受养护龄期的影响程度不同。强度不同的混凝土拌和物在后期(即 3 个月到 1 年)弹性模量的增长率要大于抗压强度的增长率,可能过渡区密实度的改善(碱性水泥浆体和骨料之间缓慢化学反应的结果)对应力-应变关系的影响比对抗压强度更显著。

4) 实验参数

实验时混凝土试件的干湿状态对其弹性模量和强度结果有一定影响。潮湿的混凝土试件,弹性模量要比相应的干燥试件的测定值高出 15%。相反,干燥的试件的强度与潮湿试件的强度相比高出约 15%。看来干燥作用对混凝土中水泥浆基体和过渡区的影响是不同的,干燥时强度偏高,是由于水化产物的范德华引力增大;干燥时弹性模量值偏低,是因为干燥影响了过渡区微裂纹的扩展,使相同应力下混凝土应变量有所增大。

在应力-应变曲线上呈现出的非线性及其程度,显然还取决于加载的速率。在一定的应力水平下,裂缝扩展的速率,即影响弹性模量的因素,也取决于加载速率。在瞬间荷载作用下,破坏前只出现很小的应变,弹性模量很高;在通常实验时间里(2~5min),应变增大 15%~20%,因此弹性模量相应减小;当加载非常缓慢时,弹性应变与徐变应变继续加大,于是弹性模量进一步减小。

弹性模量随混凝土龄期增长及水灰比减小,即抗压强度的提高而增大。混凝土弹性模量越大,意味着在一定荷载作用时的变形越小(对混凝土梁来说,挠曲就越小),也越好;但另一方面,高弹性模量混凝土受约束时产生相同程度的变形(如温度变形或干燥收缩等),应力就越大,从这个角度看,不那么刚硬的混凝土要好些。

3. 泊松比

材料受单轴荷载作用时,在弹性范围内,其侧向应变与轴向应变之比为泊松比。多数设计不用知道泊松比的含义,但对于隧道、拱坝和其他超静定结构,在进行结构分析时则需要清楚其定义。混凝土的泊松比,一般在 0.15～0.2。泊松比和混凝土的水灰比、养护龄期,以及骨料级配等数值之间似乎没有确定的关系。但是高强度的混凝土泊松比较小,而饱水的混凝土则较大。

3.7.3 温度收缩与热膨胀

混凝土体硬化过程中随水泥水化的进程强度发展且温度上升,同时向周围散发热量。温升与散发热量大小受其体积、断面尺寸以及与周围环境的温度等许多因素的影响。混凝土内温度随时间发展的一般规律为首先温度逐渐升高,在达到温度峰值后逐渐降低,直至与周围环境温度相等。在降温过程中将在结构内产生拉应力,足以造成不同程度的局部开裂。混凝土的热膨胀系数受其所用骨料的种类影响最大,通常在 $6\times10^{-6}/℃ \sim 12\times10^{-6}/℃$。例如当温降为 30℃,混凝土热膨胀系数 $10\times10^{-6}/℃$,则要产生 300×10^{-6} 的应变,若其弹性模量为 30GPa 且不考虑徐变产生的应力松弛,所产生的拉应力达 9MPa。

普通断面尺寸较小的混凝土构件中,通常温度收缩的影响不大,在大体积混凝土结构设计和施工中,要减小或避免温度收缩产生裂缝,就需要从选择原材料(例如热膨胀系数小的骨料)与配合比、对骨料进行预冷,到施工工艺(例如混凝土搅拌时的冷却与浇筑后的保温等)各方面采取措施,才能达到预期的效果。

近些年来,由于大型混凝土结构工程(如超长大跨桥梁、高层建筑、海上石油钻井平台、海底隧道等)的建设,混凝土构件断面加大、强度等级提高、水泥用量增加,致使硬化混凝土的温度收缩及其产生开裂的现象加剧,已引起国际土木建筑工程界日益普遍的关注,纷纷开展研究,寻找对策,包括对大体积混凝土(或"大块混凝土")定义的改变。例如美国混凝土学会规定:任何现浇混凝土,其尺寸达到必须解决水化热及随之引起的体积变形问题,以最大限度减少开裂影响的,即称为大体积混凝土。这意味着现今体积虽不很大的结构,由于容易开裂,也需要采取措施控制温度收缩。

混凝土因水泥水化温升的影响,不仅造成因温度收缩导致开裂的问题,而且还有碍于混凝土力学性能的发展。

与其他大多数材料一样,硬化水泥浆体和混凝土受热时也会产生膨胀。在两种情况下需要知道热膨胀系数,首先是当计算水化温升或日夜温度变化所导致温度梯度产生的应力;其次是计算结构物,如桥面板由于环境温度变化产生的尺寸变形。

混凝土中硬化水泥浆体的热膨胀系数约在 $10\times10^{-6}/℃ \sim 20\times10^{-6}/℃$,主要取决于其含水量,当相对湿度约为 70% 时达最大值。相对湿度 100% 时,热膨胀系数约在 $10\times10^{-6}/℃$;骨料的热膨胀系数约在 $6\times10^{-6}/℃ \sim 10\times10^{-6}/℃$,小于硬化水泥浆体(如图 3-30 所示)。因为骨料占据 70%～80% 的混凝土体积,湿度的影响显著减小,以至可以把不同湿度下的热膨胀系数看作定值,只和生产骨料的岩石种类、配合比及水泥浆量有关。图 3-31 表示对应不同骨料的混凝土热膨胀系数,适用于 0~60℃ 的温度范围。温度再高时,骨料和硬化水泥浆体热膨胀系数的差异可能导致内部出现微裂缝,因此呈现非线性的关系。

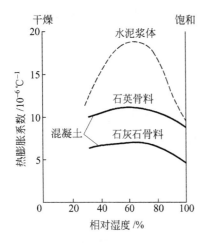

图 3-30　干燥程度对硬化水泥浆体和混凝土热膨胀系数的影响

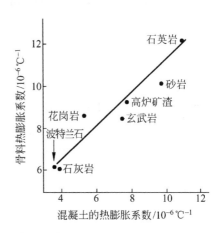

图 3-31　不同骨料混凝土的热膨胀系数
（骨料：水泥＝6：1）

3.7.4　干燥收缩与徐变

与硬化水泥浆体相比,硬化混凝土中由于骨料占据其绝大部分体积,其变形性能得到明显的改善。但是由于前面所述混凝土结构的不均匀性、微裂缝和过渡区薄弱环节的存在以及外界环境条件等,都影响着它的变形性能。混凝土暴露在相对湿度小于100％的空气中时,混凝土内部水分就要向环境中扩散、蒸发,并伴随体积收缩,称为干燥收缩,简称干缩。同时由于荷载的作用,在此环境下还要产生徐变。由于以下几方面原因需要将干缩和徐变一起来讨论:第一,它们都起因于硬化水泥浆体;第二,二者的应变-时间曲线相似;第三,影响干缩的因素通常也同样影响徐变;第四,二者都能达到 400~1 000 微应变($\mu m/m$ 或 $\times 10^{-6}$),以致设计上不可忽略;第五,二者都部分可逆;第六,在结构收缩应力计算中,二者相互影响,密不可分。

图 3-32 为混凝土在干燥环境里加载、卸载时变形随时间变化的示意图。从图中可以清楚地了解混凝土的干缩与徐变特性。单轴压应力施加于一干燥环境中的混凝土使其应变增大,应力从时间 t_1 加至 t_2 卸载,在加载前混凝土存在干缩。虚线表示如在 t_1 之后不加载时变形的发展,虚线与实线之差则是荷载的作用。加载时产生一瞬间应变。在低应力水平时,应力与应变成正比,因此可以测出弹性模量。压应变随时间增长但增长速率减小,这个增长是收缩和徐变之和。虽然增大速率随时间减小,但不会趋向一个定值。卸载时,产生一瞬间应变恢复,通常小于加载时产生的瞬间应变,随后出现随时间变化的徐变恢复,小于先前的徐变,也就是说存在永久性的、不可恢复的变形。

1. 产生干缩与徐变的原因

干缩与徐变的产生,都与混凝土里硬化水泥浆体的 CSH 中吸附水以及细毛细孔水的蒸发有关。当水由于周围环境的蒸汽压较小而开始蒸发时,自由面向下凹且表面张力增大。水中接近弯月面的张力要由周围固体的压应力平衡。因此蒸发会加大硬化水泥浆体所受的压应力,导致其体积减小,即产生干缩。对干缩现象已经提出毛细孔张力、表面张力或表面能和层间水的迁移等几种解释,分别适用于蒸发压在不同大小范围的干缩现象。

产生徐变的原因比较复杂,除水分迁移外,当混凝土置于干燥的环境中时,湿度梯度加大导致应力梯度加大,因干缩引起的过渡区微裂缝增多,无疑会加大徐变应变值。图3-33为湿养护28天后的混凝土试件在不同湿度环境中加载时的徐变发展曲线。可见,混凝土徐变即使在30年后仍未趋于一定值。该图还表明:混凝土在干燥时,徐变要显著增大,即徐变与干缩是相互联系的。

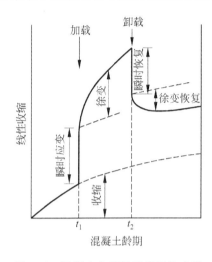

图3-32 混凝土在干燥环境里的变形

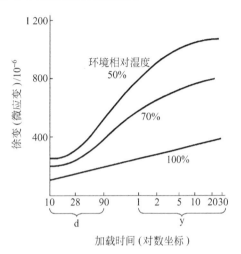

图3-33 湿养护28天后混凝土置于不同湿度
环境中加载时的徐变

2. 干缩与徐变的相互作用

在实际结构中,干缩和徐变通常是同时发生的。荷载、约束和湿度不同的组合,见表3-9。于100%湿度时在混凝土试件上施加一定的荷载,则应变随时间增大,称之为基本徐变。这种情况在大体积混凝土中存在,因为其干缩可以忽略。如果不是应力一定,而是使试件产生一定的应变时,弹性应力由于松弛作用,会随时间而减小。徐变和应力松弛两者都可以看作施加应力于串联或并联的弹簧和阻尼器的结果。

将一无约束的混凝土试件暴露在低相对湿度条件下,其干缩要随时间而增大。但如果试件是受到约束的,即不能自由位移,应变将为零,而应力要随时间发展增大。这就是为什么干缩会引起开裂的原因。

通过观察可以得知:当混凝土受到荷载,同时又暴露在低相对湿度环境之中,其总应变要大于弹性应变、自由收缩(不受荷载的干缩应变)及基本徐变(没有干燥)之和。当试件受荷载且干燥作用时发生的徐变,称为干燥徐变。总徐变是基本徐变与干燥收缩之和,但实践中往往没有区分基本徐变与干燥徐变,且将徐变简单地看作是荷载作用下超出弹性应变和自由干缩应变的变形了。

受约束的干缩应变和混凝土徐变引起应力松弛之间的相互作用见图3-28和表3-9。由于边界条件,应变为零,且干缩引起的拉应力因松弛而减小。徐变大小可用不同方式来表示,例如比徐变是单位应力引起的徐变,徐变系数是徐变应变和弹性应变之比。

表 3-9 荷载、约束与相对湿度的组合

机　　理	机 理 图 示	应变(ε)-时间(t)	应力(σ)-时间(t)	注　　释
基本徐变	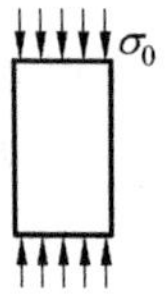σ_0	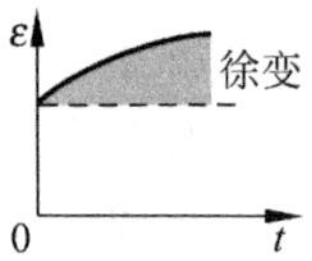ε 徐变 0 t	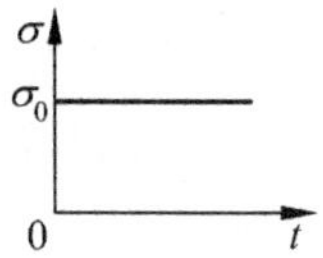σ σ_0 0 t	混凝土与环境之间无水分迁移 (没有干缩)
应力松弛	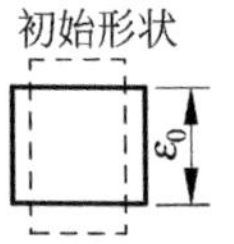初始形状 ε_0	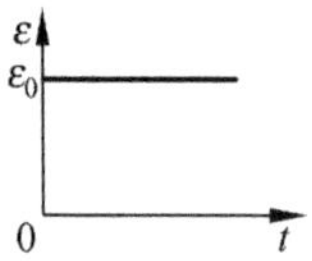ε ε_0 0 t	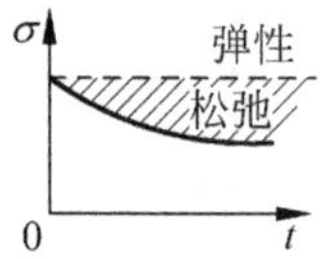σ 弹性 松弛 0 t	应变恒定
干燥收缩 (无约束)	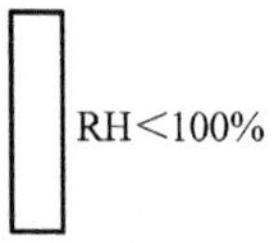RH<100%	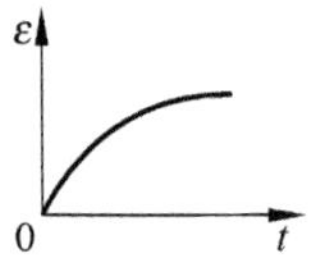ε 0 t	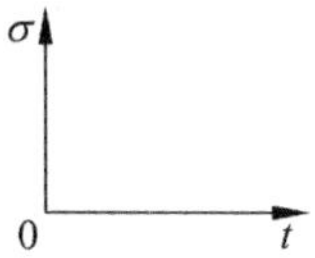σ 0 t	构件的位移是自由的,没有应力产生
干燥收缩 (受约束)	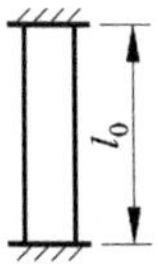l_0	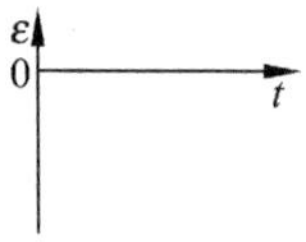ε 0 t	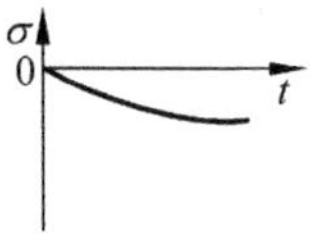σ 0 t	拉应力形成
干燥收缩 (应变恒定)	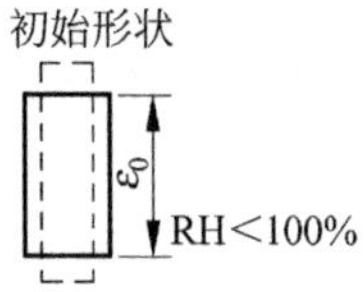初始形状 ε_0 RH<100%	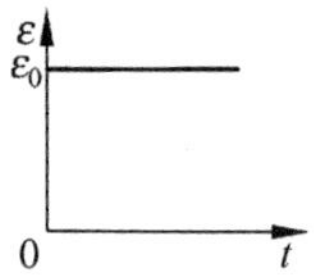ε ε_0 0 t	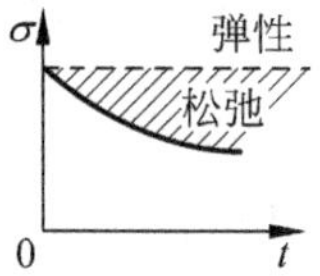σ 弹性 松弛 0 t	上面是 ε=0 的特例
徐变-干缩	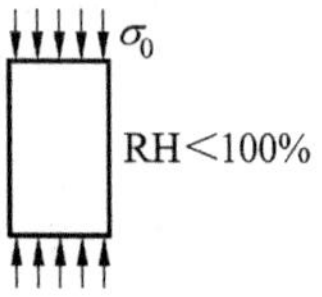σ_0 RH<100%	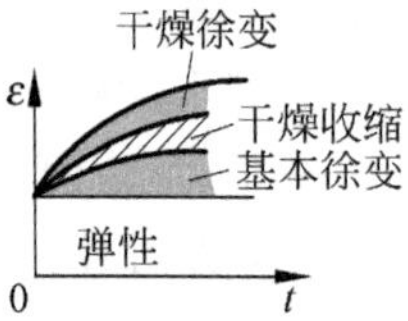干燥徐变 ε 干燥收缩 基本徐变 弹性 0 t	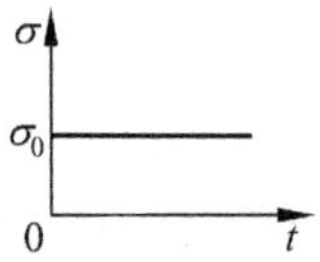σ σ_0 0 t	总应变不是弹性应变、基本徐变和干缩之和,干燥徐变也应包括在内
干缩-应力松弛 (受约束)	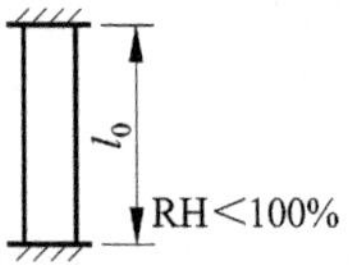l_0 RH<100%	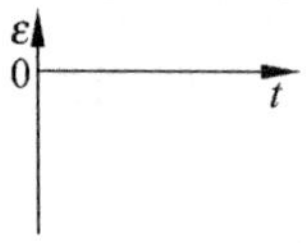ε 0 t	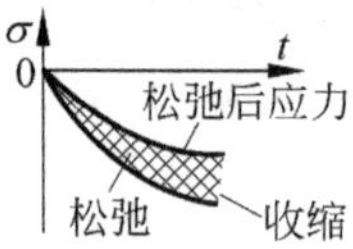σ 0 t 松弛后应力 松弛 收缩	对干缩形成应力产生的松弛
干缩-应力松弛 (应变恒定)	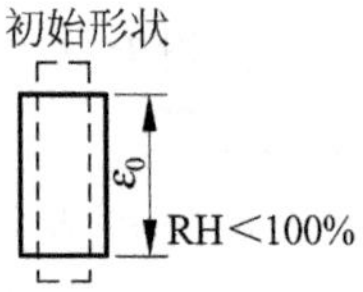初始形状 ε_0 RH<100%	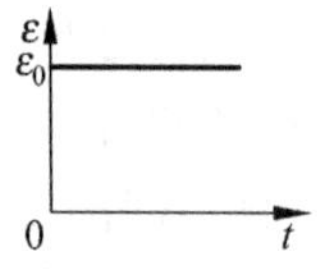ε ε_0 0 t	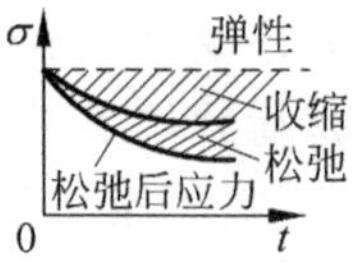σ 弹性 收缩 松弛 松弛后应力 0 t	收缩与松弛应力作用在同一方向

3. 影响干缩的因素

1) 骨料的影响

由于骨料的约束,混凝土的干缩要小于硬化水泥浆体的。除少数例外,不同含水状态的骨料的体积稳定性均良好。约束作用的大小,主要取决于其在混凝土中的用量及其弹性模量,图 3-34 表明骨料用量与干缩大小的关系。没有水化的水泥与矿物掺和料颗粒也起着约束作用,可包括在骨料总用量范围内,因此混凝土的干缩仅为硬化水泥浆体的 10%~30%。

2) 环境湿度的影响

我们已经知道,干缩是由于混凝土内部水分向周围环境扩散、蒸发而引起的。因此混凝土周围环境湿度的大小对其干缩值产生一定影响。图 3-35 为不同湿度环境下测定的两个强度等级混凝土干缩应变随龄期发展的曲线,可见,环境湿度增大,混凝土干缩减小。由此我们不难联想到实际混凝土结构内部湿度可能随位置而变化,因此干缩应变也将是位置的函数。试件尺寸变化也将产生类似的影响,详见后续论述。

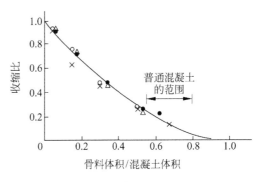

图 3-34 骨料用量对混凝土与净浆收缩比的影响

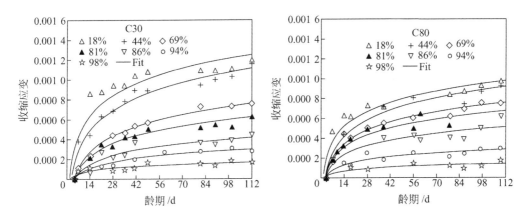

图 3-35 环境湿度对混凝土干缩的影响

3) 试件几何形状与尺寸的影响

混凝土试件的尺寸和几何形状影响水分损失率和含水量较大的芯部对外周边的约束程度,因此就影响干缩速率与程度,以及表面开裂趋势。水分扩散的途径越长,收缩速率越小。表面积与体积比较大的构件,例如与方断面的梁相比,T 形梁的干燥和收缩就比较快。但是任何情况下的干缩都是十分漫长的过程。Troxell 等人对不同条件的混凝土制备 $\phi 150\text{mm} \times 300\text{mm}$ 的圆柱体试件,存放在相对湿度 50%~70% 的条件下持续观察与测定了 20 年,发现前 6 周仅产生 20 年干缩平均值的 25%,3 个月为 60%,1 年为 80%。

图 3-36(a) 所示为一个长圆柱体杆件直径处剖面,设其在纵向可以自由滑动,湿度梯度引起的自由收缩如图 3-36(b) 所示。混凝土材料本身的相互约束使其任一断面产生的应变相等,弹性应变如图 3-36(c) 所

示。若没有徐变,就产生形状类似的应力分布,周边的拉应力和芯部的压应力间达到平衡,因此拉应力可能会使表面出现裂缝。然而混凝土在长时间里还会不断地产生徐变,所以应力和应变还会减小,如图 3-36(d)所示,结果表明:通常测定的干缩值实际是自由收缩、弹性应变和徐变共同作用的结果。

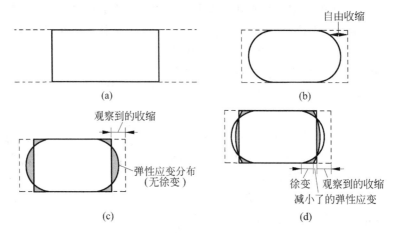

图 3-36 混凝土圆柱体干燥时内应变的径向分布
(a) 长圆柱体截面;(b) 自由收缩;(c) 观察到的收缩;(d) 徐变的影响

4) 水泥品种的影响

美国一研究对 199 种水泥(其中大多数是硅酸盐水泥)进行对比,实验结果的统计分析表明:铝酸盐和硫酸盐含量是影响干缩最主要的因素,其他如含碱量和细度也有显著的影响。研究得出的结论是:水泥组成的影响很大,但是预测困难。

4. 影响徐变的因素

除了干燥时徐变增大外,徐变还受其他因素的影响。

(1) 加载前混凝土的含水量低,徐变小,完全干燥的混凝土徐变可为零。

(2) 徐变随加载时应力的加大而增大。当混凝土中应力大于其极限应力的 30%~40% 时,过渡区的微裂缝的扩展和新裂缝形成对徐变有明显的影响。

(3) 混凝土的强度提高时,徐变减小。

(4) 实验环境温度升高,徐变显著增大(见图 3-37)。

(5) 骨料发生延迟弹性应变,是其产生徐变的另一重要原因。因为硬化水泥浆体与骨料粘结在一起,当荷载从硬化水泥浆体向骨料传递时,它本身的应力则减小;骨料在应力增大过程呈现弹性变形。这个过程在卸载时是可逆的,骨料又会回到无应力状态,因此延迟弹性应变完全可以恢复,即产生徐变。

通常徐变要比加载时产生的瞬时变形大 1~3 倍,这对结构有不利的一面,如图 3-38 所示为西太平洋群岛上(Caroline)的一座主跨为 241m(总长 385m)的桥梁,就是由于徐变,使跨中向下挠曲,后加铺的桥面板又进一步加剧了徐变,终于使该桥在建成不到 20 年的 1996 年坍塌。徐变还会引起预应力混凝土构件的预应力损失。据统计,我国几十年来生产的构件预应力损失达 30%~50%,所以设法减小混凝土的徐变,对这样一些结构物是有益的。但是另一方面,徐变会使温度或其他收缩变形受约束时产生的应力减小,在结构应力集中区和因基础不均匀沉陷引起局部应力的结构中,减小应力峰值,从这个角度来说,徐变较大的混凝土又有有利的一面。

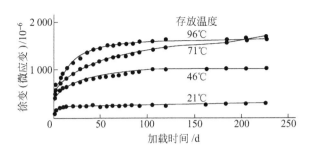

图 3-37 温度对混凝土徐变的影响

图 3-38 徐变造成桥梁坍塌的实例

注：本图引自 Adam Neville《Concrete International》，July 1998

3.7.5 化学减缩与自身收缩

化学减缩是指一封闭混凝土体系里由于水泥和水发生水化反应，产物的固相体积增大，而与反应前水泥与水的体积之和相比则减小。这种收缩现象的发生与周围介质不相干，不失重也不增重。自身收缩是指化学减缩时表观体积的减小。

水化反应的进行，必须有充足的水分存在。一部分水供化学反应，一部分填充凝胶孔。计算表明：如果水灰比较大（$W/C \geqslant 0.42$），反应前水泥与水占据的空间就较大，形成的毛细孔较大，水泥水化使水分减少形成的毛细孔压力较小，此外由于水分较多，水泥水化引发的混凝土内部湿度降低较小，最终产生的自身收缩很小，可以忽略。当水灰比较小时（$W/C \leqslant 0.42$），形成的毛细孔较小，水泥水化使水分减少形成的毛细孔压力较大，此外由于水分较少，水泥水化引发的混凝土内部湿度降低较大，最终产生的自身收缩较大。当混凝土构件密封良好时，可以看作与外界水分来源隔绝，此时自身收缩的影响仍不可忽视，大体积混凝土的内芯就属于这种情况。

另一方面，如果水分可以从外面进入正在水化的水泥浆里，水化就会继续进行，直到没有足够空间容纳水化产物为止，这种情况发生在 W/C 小于约 0.38 的时候。因此，当混凝土连续地保持湿养护，毛细孔总是充满水，水化就会不间断地进行，强度在增长，而硬化水泥浆体的体积在继续减小。

从实际出发，并不是由于存在收缩，而是由于会出现开裂而引人注意。自身收缩也会以类似干缩的方式造成混凝土开裂。但是这两种情况是有差别的：自身收缩在混凝土体内各向同性地发展，因为水泥颗粒在空间是均匀地分布的；而干缩只发生在表面（它可能产生于某一表面，也可能是混凝土构件的各个表面），且只有当混凝土暴露在非饱和空气里才会产生。

3.7.6 碳化收缩

碳化收缩与干缩的区别在于产生的原因不同，它与水泥浆或混凝土失水无关。当二氧化碳与水结合生成碳酸时，侵蚀水泥石中的各组分，即使是从大气中低浓度的二氧化碳生成很稀的碳酸时，也会有明显的影响。最主要的反应是与 $Ca(OH)_2$ 的反应，即

$$H_2CO_3 + Ca(OH)_2 \longrightarrow CaCO_3 + 2H_2O$$

反应放出水，硬化水泥浆体的质量增加，伴随着收缩后浆体的强度提高，渗透性减小。解释这个现象的

机理,可以用氢氧化钙是从较高的应力区溶解,导致收缩,在孔隙中生成的碳酸钙结晶提高强度、降低渗透性。

碳化的速率和程度部分取决于混凝土的相对湿度:如果是饱水的,碳酸渗透不进去,碳化反应发生不了;如果很干燥,就不会生成碳酸。碳化收缩最大值在相对湿度为 25%～50% 时发生,大小可与干缩的量级相同。混凝土的孔隙率也是重要影响因素,中等强度的混凝土在捣实且养护良好时,多年后碳化深度仅几厘米;高度密实的混凝土碳化更为缓慢;但质量差、未捣实混凝土的碳化深度要大得多,这时候混凝土中的钢筋就容易锈蚀了。

3.7.7 延伸性与开裂

外界荷载和冷热、干湿变化引起混凝土变形的重要性,主要在于它们的交叉影响是否会导致混凝土开裂。收缩应变大小仅仅是导致混凝土开裂的一方面原因,另外还有以下三个因素。

1) 弹性模量

弹性模量越小,产生一定量收缩引起的弹性拉应力越小。

2) 徐变

徐变越大,应力松弛越显著,残余拉应力就越小。

3) 抗拉强度

抗拉强度越高,拉应力使材料开裂的危险越小。

混凝土出现开裂可能性可否减小是三个因素的综合,用"延伸性"表征。显然,收缩小而延伸性大的混凝土(即弹性模量低、徐变大、抗拉强度高)开裂危险性就特别小。一般来说,高强混凝土因为温度收缩、自身收缩较大且应力松弛作用较小,因而比中低强度混凝土更易于开裂。注意这是针对大的混凝土构件而言:对于薄断面的构件,干缩则更为重要。

由于有些技术措施在干缩降低同时,也减小了混凝土的延伸性。例如骨料的刚度及用量提高时,干缩减小,但同时混凝土的应力松弛作用和延伸性也减小了。这也说明混凝土的防裂是一项综合的、复杂的技术。需要多角度、全方位综合考虑。

现场混凝土实际出现开裂的问题可能要比图 3-28 所示更为复杂,即收缩与徐变速率的发展不像图中表示的那样,例如,在大体积混凝土中,当温度上升阶段会形成压应力,其大小受混凝土弹性模量发展影响显著,温度下降阶段何时出现拉应力取决于温度下降幅度以及形成压应力的大小及其徐变特性等。

3.8 混凝土耐久性

一条新修好的水泥混凝土道路,一座刚落成的港口防波堤,它们的使用寿命长短取决于哪些因素? 混凝土材料的影响在其中占多大分量? 作为一名土木工程师,应该了解如何保证结构物的使用寿命、关心耐久性问题。

所谓耐久性,是指在环因素和材料内在因素的作用下,用混凝土材料建成的结构在指定的期限内能够满足预期使用功能的性能,与结构使用年限(寿命)长久的含义是等同的。长期以来,混凝土一直被认为是一种耐久性良好的材料,因为不少用其建造的结构物在建成多年以后仍然在正常使用。例如,一些早期建成的混凝土建筑物和道路,已经使用了将近100年仍然完好。但与此同时也有不少结构物过早地损坏,导致结构后期使用费用高昂而且维修困难,促使人们重视耐久性问题。许多大型结构物的兴建,例如海底隧道、跨海大桥、石油钻井平台、核废料储存结构等,对使用寿命提出了较以往更高的要求,达到100年甚至更长。因此,需要将混凝土的耐久性作为混凝土材料一个重要的内容掌握。

混凝土的耐久性问题涉及材料诸多的物理和化学过程以及这些过程对混凝土性能的影响(劣化)。人们对混凝土劣化的物理-化学过程的认识,大多来自实际工程结构物的典型破坏实例。为研究方便,将导致混凝土劣化现象区分为物理的和化学的过程,然后再逐一进行影响因素研究。实际上,工程结构中混凝土的劣化很少是单一因素所引起的,或者说其发展进程总有不止一种现象在起作用,而且在劣化过程中的物理与化学作用可能会相互影响、加剧劣化进程。

3.8.1 混凝土中的传输过程

1. 水的作用

水是自然界最丰富的流质,因为分子小,能进入孔隙材料中非常微细的孔隙或空隙。它作为溶剂,可以比其他液体溶解更多的物质。因为水中多种气体和离子的存在,能使与之接触的固体发生化学分解。水在多孔材料内的迁移及结构改变,会造成多种有破坏性的体积变化。例如,水结冰、微孔内的水形成有序结构、水由于离子浓度差产生渗透压或者由于蒸气压差产生静水压力等。

硬化的混凝土是一种典型的多孔材料。对混凝土来讲,水是材料形成的必需成分,同时也是材料劣化过程的主要介质。不仅物理劣化过程与水有关,同时作为传输侵蚀性离子的介质,水又是影响化学劣化过程的一个主要因素。因此,水是大多数混凝土耐久性问题的核心。

混凝土搅拌时加入的水分,一部分在水化反应中消耗,另一部分会在体内自由迁移。这部分能够迁移的水被称为自由水,包括所有毛细孔水和一部分吸附水。自由水在干燥条件下可以逐渐蒸发,同时通过材料在潮湿环境中从外界吸收水分得到还原。自由水(又称为可蒸发水)在外界环境和混凝土之间的迁移可以导致混凝土孔隙中产生内应力,导致混凝土的劣化。

2. 混凝土的渗透性

渗透性是衡量流体在多孔材料中流动速度的性质,通常用流体在一定的压力梯度作用下,透过一定厚度材料的流动速率来表示。图3-39表示了混凝土渗透性测量装置,混凝土试件的侧面要密封,以保证单向流动。当流体(通常是水)透过试件流动达到稳态时,可通过简化的达西(Darcy)定律计算渗透系数k,以下式表示

$$\frac{\Delta q}{\Delta A} = -k \frac{\Delta p}{l}$$

式中,Δq为体积流速,单位m^3/s;ΔA为垂直于渗流方向的材料截面积,单位m^2;Δp为压力梯度,单位MPa;l为流经长度(渗透试件的厚度),单位m。

硬化水泥浆体的孔隙率与渗透性之间存在一个普遍的非线性关系,如图3-40所示。在20世纪50年代,美国学者Powers对水在硬化水泥浆体中的渗透性能进行了大量研究,发现随着水泥水化过程的进展,生成的水化产物逐渐填充了材料微结构的间隙并阻塞水流通道,因此使材料的渗透性降低。水

化初期水化速率高,渗透性降低迅速;在水化进行3~4周后,渗透系数可降低6个数量级(见图3-41)。

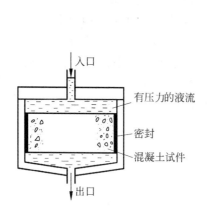

图 3-39 混凝土抗渗透性实验

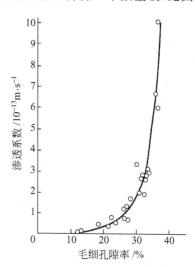

图 3-40 硬化水泥浆体渗透性与毛细孔隙率的关系

孔隙率从40%减小到25%时渗透性降低最显著,这时水化生成物减小了孔径并阻塞孔隙之间的通道;继续水化的产物,虽然还会进一步降低孔隙率,但渗透性的降低减缓。原因可以归咎为孔隙连通性对渗透性的影响。图3-42表示了水灰比对渗透性的影响(水化程度一定,均为93%),当$W/C>0.55$时,毛细孔形成连续体,渗透性随水灰比增大而迅速加大;当$W/C<0.5$时,毛细孔的连通性大幅度降低,则渗透性就很小。但应该注意到,图中W/C从0.5降低到0.3,渗透性稳定不再降低,很大程度上是受当时实验手段所限制而无法分辨小的渗透系数,与材料的真实渗透性可能有差别。

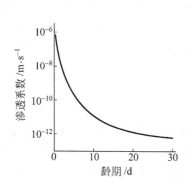

图 3-41 水化对水泥浆渗透性的影响

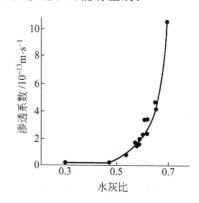

图 3-42 硬化水泥浆体渗透性与水灰比的关系(93%水化度)

混凝土的渗透性明显高于硬化水泥浆体的渗透性,如3.4节所述,这是由于混凝土中硬化水泥浆体和骨料之间的过渡区存在大量孔隙和微裂缝所致。骨料的粒径越大,过渡区越薄弱,对渗透性的影响就越显著。

国内外大量实践表明:当采用适宜的原材料及良好的生产、浇筑与养护操作,并以水泥用量为300~350kg/m³,水灰比为0.45~0.55,制备出28天抗压强度为35~40MPa的混凝土,在大多数环境条件下可以呈现足够低的渗透性和良好的耐久性能。当混凝土中胶凝材料用量低于上述数值,加大水灰比会引起孔隙率显著增加,导致抗渗透性能显著地降低;另一方面,混凝土的初始渗透性虽然可以足够地低,但在材料的使用过程中由于荷载与环境(冷热与干湿循环)长时间作用,引起其内部原生微裂缝延伸和扩展并与孔隙相连通,可以使混凝土渗透性逐渐加大。

3. 离子在混凝土中的扩散

溶液中的离子在浓度梯度作用下发生从高浓度区向低浓度区的迁移被称为扩散过程(Diffusion)。离子的扩散过程需要以水为介质、在溶液中进行。离子扩散的传输速率可以用费克(Fick)定律来描述

$$J = -D \frac{\partial c}{\partial x}$$

式中,J 为扩散方向单位时间通过单位材料面积的离子数量,单位为 $mol/(m^2 \cdot s)$;$\partial c/\partial x$ 为离子浓度梯度,单位为 $mol/(m^3 \cdot m)$;D 为离子扩散系数,单位为 m^2/s。对于饱和的混凝土材料,离子扩散系数 D 取决于混凝土的孔结构(孔隙率和连通性)和扩散离子。

测量离子扩散系数的实验原理较简单,高浓度的扩散质置于硬化水泥浆体、砂浆或混凝土试件的一侧,等待材料另一侧的离子浓度稳定以后,根据稳定离子浓度计算出扩散系数。扩散质通常是高浓度的盐溶液,也可以是气体。扩散系数受混凝土含水量的影响显著,所以实验时必须在试件达到预定湿度的条件下进行。

对于水泥基材料,水灰比越大、扩散系数越大。例如 Page 等人研究发现:在 25℃时,氯离子通过水灰比为 0.4、0.5 和 0.6 的饱水硬化水泥浆体时,其扩散系数分别为 2.6×10^{-12}、4.4×10^{-12} 和 $12.4 \times 10^{-12} m^2/s$。氯离子在硬化水泥浆体或混凝土中的传输速率,受其组成材料影响显著,见 3.2 节中的相关讲述。

离子在混凝土中的扩散在其开裂的情况下也会明显加速,和水在压力梯度作用下渗透通过混凝土的情况类似,这里不再赘述。

4. 混凝土的吸水性

内部饱水程度不高的硬化水泥浆体或混凝土直接与液态水接触,利用毛细作用将外界的水分吸收进入材料内部孔隙的性质,称为吸水性(sorptivity)。实验表明:材料初始含水量的多少和材料的孔隙分布是决定吸水性的主要因素。材料吸水性大小可以用来表征混凝土靠近表层的抗渗性。

流体介质通过各种传输机理进入混凝土内部。作为实际结构物举例,图 3-43 表示了一座海港的防波堤不同部位暴露区可能发生的传输过程。

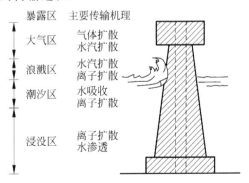

图 3-43 近海混凝土结构物不同暴露区主要传输机理

3.8.2 混凝土的劣化

混凝土的劣化可以分为两大类。第一类是由环境因素和材料自身组成因素引起的,包括大多数的混凝土劣化过程。这些过程由水、空气和其他侵蚀性介质进入混凝土的速率所决定,与渗透、扩散和吸水及其影响因素有密切关系。这一类劣化过程又可以分为物理过程和化学过程,其中物理过程包括混凝土冻融、盐结晶、火灾等,化学过程包括钢筋锈蚀、碱骨料反应、硫酸盐、海水和酸的侵蚀等。第二类劣化是环境中的其他介质对混凝土表面的直接机械作用造成的,包括磨耗、冲磨与空蚀等。

1. 表面损耗

表面损耗包括磨耗、冲磨和空蚀三种作用。磨耗一般指干摩擦引起的损耗,为路面和工业地坪由于车辆行驶所造成;冲磨发生于水工结构,例如隧道衬砌、溢流面以及给排水管道等,当水夹带着砂土颗粒流过混凝土表面,与其碰撞、滑动或滚动引起的损耗;水工结构物混凝土可能受到另一种破坏作用,称为空蚀(也称气蚀):水流夹带气泡在流向突然变化时形成高负压导致气泡爆裂,冲击混凝土表面,会使混凝土表面产生空穴的现象。

提高混凝土的强度,尤其是长期强度有助于改善混凝土抗磨耗与冲磨的能力。另外,因为磨耗和冲磨发生在材料表面,加强表面耐久性的措施,如掌握适宜的抹面操作时间、注意及时和充分地养护、掺硅粉等矿物掺和料等,也都是十分有效的措施。而改善表面光滑程度和避免水流突然变化方向,则是减小空蚀作用的有效措施。

2. 盐结晶破坏

混凝土因孔隙里盐结晶,可能造成严重的损害。如果混凝土近表面的孔隙溶液中含有大量盐分,水分通过表面的毛细孔向外界蒸发,或者环境温度的降低都会使盐的溶解度降低而结晶析出,体积会明显增大导致材料发生膨胀破坏。盐结晶发生在一定温度下溶液中溶质浓度 c 超过饱和浓度 c_s 的时候。过饱和度 c/c_s 越高,结晶压力越大。例如 NaCl 在 $c/c_s=2$ 时,8℃下产生的结晶压可达 55.4MPa,足以让岩石开裂。

海滨结构物的混凝土可能会由于盐结晶而开裂,叠加上波浪的作用或冻融循环的危害引起迅速劣化。消除或减小这些作用的关键是采用低渗透性的混凝土,特别是表层混凝土的渗透性。

3. 硫酸盐腐蚀

混凝土中的硫酸盐有多种来源。在水泥生产过程,要加入一定量硫酸盐——石膏;受过侵蚀的骨料可能会带进硫酸盐;硫酸盐还可能来自于混凝土表面接触的地下水和粘土。混凝土中的硫酸盐可以通过物理作用和化学作用来引起混凝土的劣化,其中物理作用主要指硫酸盐的结晶对混凝土的破坏,化学作用指硫酸盐与硬化水泥浆体中的水化铝酸盐发生反应,生成有破坏性的膨胀产物钙矾石(见水泥水化的相关讲述)。这里主要讲述硫酸盐的化学作用。

一些硫酸盐,例如硫酸钠,会与硬化水泥浆体中的氢氧化钙反应生成石膏,导致硬化水泥浆体的刚度和强度丧失,使混凝土劣化。反应如下

$$Na_2SO_4 + Ca(OH)_2 + 2H_2O \longrightarrow CaSO_4 \cdot 2H_2O + 2NaOH$$

当硫酸镁存在时,会产生类似的反应,但生成的氢氧化镁溶解度较小且碱性差,因此降低了硅酸钙水化物的稳定性,使其受腐蚀

$$MgSO_4 + Ca(OH)_2 + 2H_2O \longrightarrow CaSO_4 \cdot 2H_2O + 2Mg(OH)_2$$
$$3MgSO_4 + 3CaO \cdot 2SiO_2 \cdot 3H_2O + 8H_2O \longrightarrow 3(CaSO_4 \cdot 2H_2O) + 3Mg(OH)_2 + 2SiO_2 \cdot H_2O$$

因此对混凝土的侵蚀严重程度取决于硫酸盐的类型:硫酸镁 > 硫酸钠 > 硫酸钙。化学侵蚀的速率与硫酸盐浓度和具体反应环境有关。例如,暴露在地下水中混凝土的硫酸盐腐蚀程度随地下水中硫酸盐浓度的升高而增大,但硫酸盐浓度达到1%以上时,浓度的影响变得不明显。又如,当混凝土暴露于流动的地下水时,硫酸盐腐蚀速率会显著加快。通常,被硫酸盐侵蚀的混凝土表面泛白,病害通常始于边角处,随后开裂和剥落,最后导致混凝土毁坏。

在硫酸盐浓度与类型一定时,混凝土劣化的速率和程度受下列因素影响:

1) 水泥的铝酸盐含量

铝酸盐含量高的水泥的抗硫酸盐性能较差,因此抗硫酸盐水泥的铝酸盐含量比较低。

2) 混凝土的水灰比和水泥用量

高质量的混凝土由于渗透性小,其抵抗硫酸盐破坏能力就强得多。

3) 矿物掺和料

掺有矿物掺和料时,混凝土渗透性会降低并有效地降低了铝酸盐在胶凝材料中的含量,因而劣化的速率和程度都会减小。

海水里含有硫酸盐与其他盐类,其可溶盐含量大约为海水总重的3.5%,对混凝土的侵蚀作用类似于纯硫酸盐溶液的作用。由于氯离子的存在,海水对混凝土的侵蚀作用不像单纯的硫酸盐侵蚀那样严重,并且伴随产生的膨胀也不大。石膏与钙矾石在氯盐溶液里的溶解度比在水中大,因此会被海水溶出而不会出现结晶膨胀。海水侵蚀混凝土的象征是出现 $Mg(OH)_2$ 白色沉淀。

4. 酸腐蚀

酸对混凝土的作用属于化学作用。由于混凝土硬化水泥浆体中的孔隙溶液呈高碱性,可以和进入混凝土内部的酸和酸性物质直接反应,因此硅酸盐水泥混凝土的耐酸腐蚀性比较差。但是,如果能够将混凝土的渗透性控制在相当低的水平上,有效地阻止外部物质的侵入,混凝土同样能够在酸性环境中保持其耐久性。

常与混凝土接触的酸性物质,是自然环境中的酸雨和含有侵蚀性 CO_2 的地下水。酸雨中含有 NO_2、SO_2 与 CO_2 等气体,成为酸性溶液。上述的酸性物质会直接和微溶于混凝土孔隙溶液中的氢氧化钙进行反应,消耗孔隙溶液中的 OH^-,反应会进一步使混凝土固相物质中的氢氧化钙不断向孔隙溶液中溶解,导致混凝土固相材料的不断消耗,造成材料整体的损伤。

在侵蚀性严重的酸性环境下,使用混凝土本体一般不能满足防腐蚀的需要,这时需要使用专门技术手段将环境中的酸性介质与混凝土表面隔开。常用的隔离手段包括混凝土的表面防护处理或者涂层处理。

5. 碱骨料反应

碱骨料反应是混凝土组分中的活性骨料与材料碱性孔隙溶液进行的化学反应的总称。受到碱骨料反应影响的结构物包括桥梁、大坝、堤岸等,近年来碱骨料反应引发的耐久性问题受到了土木工程界的

普遍关注。碱骨料反应最常见的一种是碱硅反应(alkali-silica reaction,ASR),特指骨料中的活性二氧化硅与孔隙溶液中的碱金属离子(Na^+,K^+,Ca^{2+})进行的反应。

活性氧化硅与碱之间的反应形成碱硅凝胶,首先发生在骨料与硬化水泥浆体的界面上。凝胶是钠、钾、钙硅酸盐的混合物,能吸入大量水分并发生明显的体积膨胀,产生的压力导致混凝土膨胀,并足以引起骨料、硬化水泥浆体及二者之间的过渡区开裂。如果材料内部的反应能够不断地得到水分补充,会引起裂缝扩展延伸直到混凝土表面,使接近表面的骨料剥落、使混凝土表面裂开,或形成网状裂缝,如图 3-44 所示。从材料内部反应开始到结构物表面出现明显的裂纹的周期比较长,一般为 10～30 年。

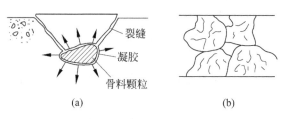

图 3-44　典型的碱-骨料反应开裂形式
(a) 爆皮;(b) 表面网状裂缝

可能导致 ASR 反应的骨料中的活性二氧化硅,是以无定形或隐晶、微晶的形态存在。含有活性硅的典型矿物有玉髓、流纹岩和蛋白石等。含有这些矿物成分的骨料产于美国、加拿大和我国等许多国家和地区。混凝土孔隙溶液中所含的碱(指碱金属离子)首先可能来源于硬化水泥浆体中的未水化水泥颗粒。硅酸盐水泥颗粒含有少量的 Na_2O 与 K_2O,或以可溶硫酸盐(Na_2SO_4 与 K_2SO_4),或复盐 $(Na,K)_2SO_4$ 存在。此外,还有少量游离的氧化钙。混凝土中碱还可能来源于其他组分,如外加剂、不洁净的骨料、海水或道路除冰盐等。

通过对 ASR 进行了大量研究,ASR 反应速率和程度的主要影响因素可以概括如下:

1) 混凝土含碱量

混凝土含碱量通常用氧化钠当量 Na_2O_{eq}(Na_2O + $0.658K_2O$)来表示,ASR 反应程度与速率会随碱量增大而增大。图 3-45 所示的实验数据表明:混凝土含碱量存在一个限值,低于此限值时,即使骨料有碱活性 ASR 反应引起的膨胀也很小。这个限值为每立方米混凝土 3.5～4.0kg,大约相当于混凝土中所用水泥用量的 0.6%。含碱量小于此限值的水泥,称为低碱水泥。

2) 活性氧化硅含量

骨料的活性实验是将骨料磨成砂,与标准水泥拌和成砂浆,然后将砂浆试件放入高温和高碱环境中观察其膨胀

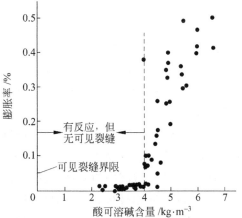

图 3-45　混凝土酸可溶碱含量对碱-硅反应 200 天后膨胀与开裂的影响

量。砂浆实验的典型结果如图 3-46 所示。骨料活性硅含量对 ASR 膨胀的影响可分为以下四种情况:①A 区的活性硅含量低,混凝土硬化后生成的凝胶不足以引起开裂;②B 区碱骨料反应足以引起混凝土开裂,反应进行到全部活性氧化硅耗尽;③C 区活性硅量超过碱量,反应继续到碱用完,或者浓度降到阈

值以下；④D 区活性氧化硅含量非常高，反应迅速，以至混凝土硬化后的凝胶量增长缓慢，不足以引起开裂。B 区与 C 区的交界处膨胀值最大，这时活性氧化硅正好与碱反应，是最不利点。

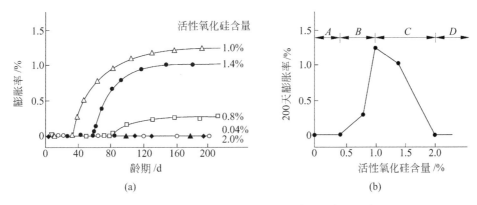

图 3-46 龄期与活性氧化硅含量对砂浆膨胀率的影响
（蛋白石，$W/C=0.53$，$A/C=3.75$，$Na_2O=4.4 kg/m^3$）

3）水分来源

当混凝土体内相对湿度低于 80%，ASR 反应的进程就会因为离子的流动性降低而明显受到限制。而且在较低湿度下生成凝胶产物的吸水膨胀能力明显不足，最终造成 ASR 膨胀的停止。因此，混凝土的内部高湿度和可能提高混凝土内部湿度的环境作用是 ASR 膨胀破坏的必要条件。

影响 ASR 反应进程与速率的因素还包括骨料粒径、环境温度等。由于 ASR 是混凝土自身组成成分之间的化学反应，一旦开始就很难使用外部的技术手段进行干预，工程中往往只有进行结构物的加固或者重建。因此，工程中对 ASR 反应注重采取有效的预防措施。碱骨料反应的预防基本遵循"混凝土含碱量-骨料活性-混凝土内部湿度"的三元关系，即对三个因素中的一个或者几个进行限制，就能够达到限制 ASR 的目的。具体措施包括：①应尽量使用已经过工程证明其性能的骨料；②限制水泥与混凝土含碱量，包括使用低碱水泥、复合使用硅酸盐水泥和矿物掺和料和使用低碱外加剂；③对明显会提高混凝土内部湿度的外部水源进行隔离。

6．冻融破坏

混凝土中毛细孔里的水结冰时，体积大约要膨胀 9%，如果内部没有足够的容纳空间，就会产生可能引起开裂的压力。反复的冻融循环使材料损伤扩大和积累，最终可能产生开裂与剥落。

吸附在水化产物 CSH 表面的凝胶孔水要到约 $-78℃$ 以下才结冰。但是，当毛细孔水结冰后，从热力学角度来说，其能量比凝胶孔水低，因此凝胶孔中的液态水会迁移以补充毛细孔水，增大了破坏力；破坏压力还由于孔隙水中其他成分的结晶而增大；孔隙里的水不是纯水，而是含氢氧化钙与其他碱类或氯化物的溶液。结冰时纯净水被分离，产生盐浓度梯度与渗透压，使水向结冰区的扩散加剧。

破坏压力的大小取决于毛细孔隙率、混凝土饱和度以及从材料对局部压力积聚的释放程度。在饱水的硬化水泥浆体里，当结冰点距离自由面大约在 $250\mu m$ 以内，就可以有效释放破坏压力。工程中释放压力最简便的方法是使用引气剂。它能在混凝土搅拌时引进大量不连通的小气泡，品质良好的引气剂引入气泡的平均间隔系数小于 $0.2 mm$。硬化水泥浆体或混凝土受冻害的敏感程度，可以通过降低水灰比、保证充分地养护和采用引气工艺来降低。引气与降低水灰比的综合效果示于图 3-47。

一些骨料对冰冻敏感,所以在需要混凝土耐冻时就不能用这类骨料。骨料破坏的象征是其表面层剥落。脆弱的骨料包括一些石灰岩和多孔的砂岩,它们的吸水率一般较大。合理评定骨料的方法,是将骨料拌和于混凝土中,使用现场实验或者实验室实验进行冻融性能的测试。

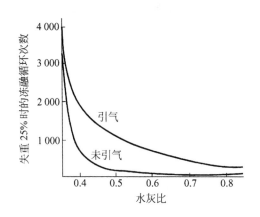

图 3-47 引气作用和水灰比对湿养护 28 天混凝土抗冻性的影响

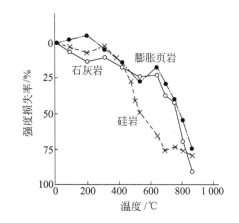

图 3-48 温度与骨料类型对混凝土在高温下强度的影响(初始平均强度为 28MPa)

7. 抗火性

混凝土在高温环境里既不会燃烧,也不会放出有毒的烟尘,因此在考虑结构安全性时,从材料耐火性,或对钢材保护的角度,混凝土都是一种好材料。经受高温时混凝土在短时间里能维持一定强度,但是过后还是要降低,其程度取决于最高温度、混凝土的组分和构件尺寸。

图 3-48 所示为几种混凝土随温度升高的典型性能,当温度在 500℃ 以下时,其强度降低还缓慢,继续升温后加快,在约 1 000℃ 时几乎完全丧失。随着温度升高,以下三种材料内部的变化起主要作用:

(1) 升温时混凝土内的水分逐渐蒸发,接着结合比较牢固的水分也逐步逸出。

(2) 由于硬化水泥浆体和骨料热膨胀系数的差异,产生温度应力并导致过渡区开裂,这是 500℃ 以上时强度迅速丧失的主要原因,也是石灰石和轻骨料混凝土这方面性能比较优异的原因。因为前者的热膨胀系数与硬化水泥浆体相近;而后者由于刚度较小,温度应力较小。轻骨料还有降低混凝土导热性的优点,延缓了结构构件内的温升。

(3) 硬化水泥浆体的水化产物到接近 1 000℃ 的时候分解完毕,这时强度也完全丧失。

非常密实、强度高的混凝土,可以掺入少量聚丙烯或尼龙纤维,通过它们在高温时熔融与气化,来提高抗火性能。

3.8.3 混凝土中钢材的锈蚀

几乎所有结构混凝土中都有钢材,以钢筋、钢梁形式增强其抗拉与抗剪强度,或以钢丝束在混凝土硬化后张拉形成预应力抵抗弯拉荷载。坚实的混凝土可以对钢材提供良好的保护,由于环境的影响导致的混凝土本身的劣化可使其保护作用逐渐丧失,使钢材易于锈蚀。锈蚀产物的生成能导致混凝土开裂与剥落,暴露出的钢材更容易在外界因素作用下腐蚀,使结构的使用功能和性能下降。近几十年来,由于工业化和城市化的进展,环境污染加剧,导致全世界大量钢筋混凝土结构物过早地劣化。

1. 钢材在混凝土中锈蚀的一般原理

钢材腐蚀的电化学原理见第 2 章相关内容。在混凝土里,孔隙溶液通常为高碱性(pH 值 12~13),这是由于水泥中少量 Na_2O、K_2O 及其水化放出的 $Ca(OH)_2$ 溶解在孔隙水中所造成。在这种高碱性环境中,与钢材表面接触的孔隙水溶液与钢材作用形成一层粘附牢固的致密薄膜,这个过程被称为钢材的钝化(passivation)。钝化膜的形成对钢材起到保护的作用,但这种保护作用可能被以下因素所破坏进而诱发钢材的锈蚀:

(1) 大气里的 SO_2、NO_2、CO_2 等酸性氧化物侵入混凝土内部,导致混凝土高碱性环境的丧失和钝化膜的消失(称为脱钝);

(2) 除冰盐或海水带进来的氯离子侵入混凝土内部并到达钢材表面。

以上两者因素都会诱发混凝土中的钢材产生腐蚀反应。腐蚀可能发生在局部,也可能大面积发生。腐蚀产物,如 $Fe(OH)_3$,比原体积要大得多,会导致混凝土的开裂与剥离,具体在钢筋混凝土构件中的表现形式有几种,如图 3-49 所示。钢材失去保护,腐蚀就会非常迅速并导致破坏。由于在腐蚀发生之前,酸性物质或氯化物必须穿透混凝土保护层,所以开裂过程可以分为两步(见图 3-50):

第 1 步:脱钝介质(酸性氧化物或氯化物)到达钢材表面并开始锈蚀的时间 t_0;

第 2 步:锈蚀到达临界水平,即混凝土出现开裂的时间 t_1。

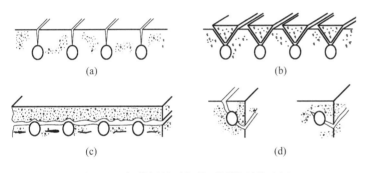
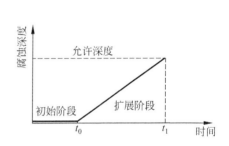

图 3-49　钢筋锈蚀引起的不同类型的破坏
(a) 开裂;(b) 剥落;(c) 层状剥落;(d) 掉角

图 3-50　锈蚀进程图

2. 碳化导致的锈蚀

大气中的 CO_2 溶解于混凝土的孔隙水后,和水泥水化时生成的 $Ca(OH)_2$ 反应形成 $CaCO_3$,pH 值降低到 8,这一过程通常被称为混凝土的碳化反应。碳化反应首先发生在混凝土表面,然后随 CO_2 向混凝土内部的扩散逐步向里发展,因此该反应是扩散控制过程。研究表明,混凝土表层的碳化深度 x 和时间 t 的关系如下式所示

$$x = k\sqrt{t}$$

式中,k 为常数,与混凝土的扩散特性密切相关;k 值取决于以下几个因素:

1) 混凝土饱水度

CO_2 必须要溶于孔隙水,因此内部湿度很低的干燥混凝土不会碳化。另一极端,CO_2 在完全饱水的混凝土中扩散缓慢。所以碳化在内部湿度为 50%~70% 的混凝土中最迅速。因此,不直接接触水的混凝土表面,碳化要比暴露在雨水中更迅速。

2）混凝土孔隙结构

碳化深度与混凝土强度有关,如图3-51所示。强度高的混凝土,孔隙率低而且孔隙连通性差,为CO_2提供的传输通道少,因此碳化深度较小。把水灰比、水泥用量和矿物掺和料的作用相结合,能有效控制混凝土的碳化深度。使用矿物掺和料时要注意充分地养护,才能获得较低的总孔隙率。根据碳化速率的观察,如图3-51所示,质量高、养护良好的混凝土,即使暴露在大气条件下多年,其碳化深度仅在表面区20~30mm以内。

3）环境CO_2浓度

环境中的CO_2浓度高,能够加速扩散过程。因此实验室常用高浓度的CO_2进行混凝土的加速碳化实验。

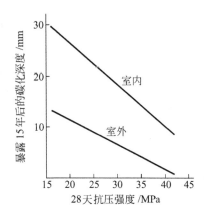

图3-51 碳化深度与混凝土强度的关系

碳化到达钢材表面后,钢材表面发生脱钝,钢材直接暴露在碱度已经降低的混凝土环境中。在水分和氧气供给充分的情况下,钢材表面会发生锈蚀过程的电化学反应。一般来说,估计和预测钢筋脱钝后的腐蚀速率比较困难,因此设计的目标是保证混凝土保护层的厚度和质量。

3. 氯化物引起的锈蚀

混凝土中氯化物有两个主要来源:混凝土自身的组成材料和外界环境中氯盐的侵入。混凝土自身的氯化物来源于混凝土中使用的含氯外加剂或骨料中含氯的杂质;环境氯化物可能来源于:

(1) 海洋环境中的海水和含盐大气;

(2) 道路施撒的除冰盐以及结构物使用过程中接触的含氯盐消毒剂等;

(3) 含有氯盐的地下水与土壤。

混凝土自身的氯化物含量如果较大,内部钢材就可以直接脱钝发生锈蚀,即图3-50的初始期t_0将为0。因此需要对混凝土原材料的氯盐含量进行严格限制。混凝土中使用氯化钙或含氯化物的外加剂时,要符合规范规定的限量;但骨料含少量氯化物是容许的,因为它们参与水泥的铝酸盐反应后,就不再有游离的氯离子。

外界的氯离子,包括海水与除冰盐,通过各种混凝土内部的传输机理(渗透、扩散和吸收)从混凝土表面向材料内部迁移。要使混凝土内部的钢材脱钝,外界的氯离子必须穿透混凝土保护层,并在钢材的表面积聚到一定的浓度(称为锈蚀临界浓度),才会使钢筋发生脱钝。上述的过程就是图3-50中的初始阶段。

氯化物对结构物暴露于潮汐区与浪溅区混凝土的作用,如图3-52(a)所示,在很大程度上取决于暴露时间、条件和混凝土性能。保护层的厚度和性质对延长t_0很关键,低水灰比、水泥用量适当与足够的养护对延长t_0、降低吸收与扩散系数有关。研究表明:使用矿物掺和料,特别是粉煤灰(见3.2节),可以显著改善混凝土抵抗氯离子侵入的性能,如图3-52(b)所示。

通过对混凝土保护层及其质量的提高,可以延长t_0时间。但是,一旦外部的氯离子到达钢材表面并达到临界浓度,锈蚀仍然会发生。此时,钢材锈蚀的进程和速率由以下因素来控制:

(1) 腐蚀电池阴极与阳极的间距和相对大小。阴极与阳极面积比率越大,锈蚀的速率就越快。混凝土构件孔隙率较大的区域,例如梁的底部没有捣实,会让氯盐迅速地渗透,使一个小区域的钢筋脱钝,形

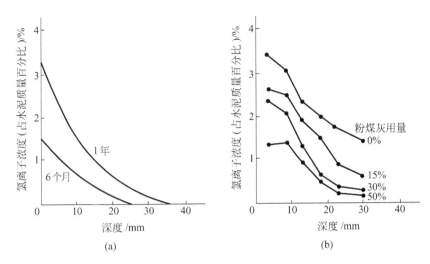

图 3-52 在潮汐或浪溅区暴露时混凝土不同深度的氯离子浓度
(a) 暴露时间的影响(硅酸盐水泥,湿养护 3 天); (b) 粉煤灰掺量的影响(湿养 1 天,28 天后暴露 2 年)

成阳极。同时整个结构的配筋就形成通路,产生了大面积的阴极,即形成腐蚀电流且阳极高速度地被腐蚀。

(2) 氧气与水分的供给。氧气与水对于持续的阴极反应是必要的,如果供给不足,腐蚀速率就会降低。因此,在干燥的混凝土里即使发生锈蚀,速度也十分缓慢;另一方面,在始终处于饱水状态的混凝土里,由于氧的扩散困难,也难发生腐蚀。

(3) 混凝土的电阻。混凝土电阻率高时,腐蚀电流减小,因此腐蚀速率降低;水分、氯化物含量和孔隙率的增大,都会减小电阻,从而增大腐蚀速率。

从混凝土工程防腐技术角度,可以采用以下措施改善对钢材腐蚀的防护作用:

(1) 在新拌混凝土里掺用阻锈剂,如亚硝酸钙;
(2) 用不锈钢作为配筋,或环氧涂层钢筋;
(3) 混凝土表面采用涂层保护,阻止氯盐与氧的侵入;
(4) 对钢筋进行阴极保护,即外加电压以保持钢筋处于阴极状态。

3.8.4 混凝土耐久性设计

近些年来,由于一些混凝土结构物过早地出现劣化现象,以及许多需要巨额资金投入的大型基础设施的建设,使改善暴露于侵蚀性环境中的混凝土耐久性,延长结构物的使用寿命日益受到国内外的进一步重视。因此,对于在各种环境中工作的混凝土结构物不但应该考虑荷载作用,而且应该考虑环境因素的作用,后者就是混凝土结构耐久性设计的内容。

国内外许多混凝土和钢筋混凝土有关的规范与标准,均列有考虑耐久性的内容。例如水工大坝的设计中,混凝土配合比是以温升作为控制指标来决定水泥的品种与用量的,因为大体积混凝土内芯处于绝热状态,达到温峰(温升可能达到的最高温度)后下降时产生的温度收缩容易引起开裂,从而对大坝的使用寿命造成严重影响。再如,北方港口工程的混凝土在冬季要受到频繁的冻融循环作用,因此要满足抗冻融循环能力的要求,确定其最大水灰比与最小水泥用量。混凝土中钢筋的锈蚀,则是隧道、桥梁的钢筋混凝土,尤其是南方港口工程钢筋混凝土的一个重要耐久性问题。

混凝土结构的耐久性设计,就是针对结构物实际的工作环境中的腐蚀因素,从混凝土材料组成、结构构造、防腐措施等角度保证结构物的使用寿命。因此,环境作用和使用年限(寿命)是耐久性设计的两个基本概念。我国土木工程学会技术标准《混凝土结构耐久性设计与施工指南》(CCES 01—2004)将混凝土结构物的工作环境按照对混凝土耐久性的影响划分为五类(见表3-10),同时对每一种环境作用种类按照腐蚀因素的强弱规定了环境作用等级,表3-11表示了对海洋氯离子环境的详细作用等级的划分;对混凝土结构物的经济合理使用年限的规定见表3-12。

表3-10 混凝土结构环境类别划分

环境类别	名称	腐蚀机理
I	一般环境	表层混凝土碳化引起钢筋锈蚀
II	冻融环境	反复冻融导致混凝土损伤
III	海洋氯化物环境	氯盐引起钢筋锈蚀
IV	除冰盐等其他氯化物环境	氯盐引起钢筋锈蚀
V	化学腐蚀环境	硫酸盐等化学物质对混凝土腐蚀

表3-11 海洋氯离子环境作用等级划分

作用等级	环境条件	结构构件示例
III-C	水下区和土中区:周边永久浸没于海水或埋于土中	桥墩,基础
III-D	大气区(轻度盐雾):距平均水位15m高度以上的海上大气区,涨潮岸线以外100～300m内的陆上室外环境	桥梁上部结构构件,靠海的陆上建筑外墙及室外构件
III-E	大气区(重度盐雾):距平均水位上方15m高度以内的海上大气区,离涨潮岸线100m以内、低于海平面以上15m的陆上室外环境	桥梁上部结构构件,靠海的陆上建筑外墙及室外构件
III-E	潮汐区和浪溅区,非炎热地区	桥墩,码头
III-F	潮汐区和浪溅区,炎热地区	桥墩,码头

表3-12 混凝土结构合理使用年限

级别	设计使用年限	名称	示例
一	不小于100年	重要建筑物	标志性、纪念性建筑物,大型公共建筑物如大型的博物馆、会议大厦和文体卫生建筑,政府的重要办公楼,大型电视塔等
一	不小于100年	重要土木基础设施工程	大型桥梁,隧道,高速和一级公路上的桥涵,城市干线上的大型桥梁、大型立交桥,城市地铁轻轨系统等
二	不小于50年	一般建筑物和构筑物	一般民用建筑如公寓、住宅以及中小型商业和文体卫生建筑,大型工业建筑
二	不小于50年	次要的土木设施工程	二级和二级以下公路以及城市一般道路上的桥涵
三	不小于30年	不需较长寿命的结构物可替换的易损结构构件	某些工业厂房

混凝土结构耐久性基本内容很广泛,涉及结构的总体布置、材料设计、结构构造设计、防腐措施设计、混凝土质量控制以及现场混凝土的耐久性检测与监测等方面。这里仅介绍与混凝土材料密切相关的材料组成设计和混凝土保护层的构造设计。混凝土的材料耐久性设计就是根据结构物的具体工作环境(种类与作用等级)和结构物预期的使用年限规定混凝土材料的最大水胶比、最小胶凝材料用量、胶凝材料的组成、最低强度等级等主要指标。构造耐久性设计主要是为钢筋提供在使用年限内、指定的工作环境下足够的质量与厚度的混凝土保护层。表 3-13 给出了 CCES 01—2004 对海洋氯化物环境(Ⅲ类)中混凝土材料与构造的主要要求。

表 3-13　氯化物环境对混凝土保护层的规定

环境 作用等级		100 年			50 年			30 年		
		最低 强度	最大 水胶比	厚度 /mm	最低 强度	最大 水胶比	厚度 /mm	最低 强度	最大 水胶比	厚度 /mm
板墙等面形构件	Ⅲ-C	C40	0.45	50	C35	0.50	40	C35	0.50	35
	Ⅲ-D	C45 ≥C50	0.40 0.36	55 50	C40	0.45	50	C40	0.45	45
	Ⅲ-E	C50 ≥C55	0.36 0.36	60 55	C45 ≥C50	0.40 0.36	55 50	C45	0.40	50
	Ⅲ-F	C55	0.36	65	C50 ≥C55	0.36 0.36	60 55	C50	0.36	55
梁柱等条形构件	Ⅲ-C	C40	0.45	55	C35	0.50	45	C35	0.50	40
	Ⅲ-D	C45 ≥C50	0.40 0.36	60 55	C40	0.45	55	C40	0.45	50
	Ⅲ-E	C50 ≥C55	0.36 0.36	65 60	C45 ≥C50	0.40 0.36	60 55	C45	0.40	55
	Ⅲ-F	C55	0.36	70	C50 ≥C55	0.36 0.36	65 60	C50	0.36	60

表 3-13 列出的仅仅是主要耐久性要求。当环境作用等级较高时(如达到 E、F 级),就应该使用多种防护措施来综合保证结构的使用寿命。针对具体的劣化过程,如果有可以使用的数学模型,则可以对耐久性设计中定量的要求进行计算,或根据既有的设计方按来预测结构的使用寿命。

思 考 题

1. 混凝土为什么成为现今用量最大、用途最广泛的建筑材料?
2. 普通混凝土、轻混凝土和重混凝土的表观密度分别为多少?
3. 为什么称常用的水泥品种为硅酸盐水泥?它的矿物组成主要有哪几种?
4. 水泥在生产时为什么要加入适量石膏?它与铝酸盐反应的生成物钙矾石有什么特性?
5. 混合硅酸盐水泥有几种?它们的组成和性能有何特点?
6. 什么情况下混凝土所用水泥会出现安定性不良现象?为什么?
7. 粗骨料颗粒的最大粒径、粒形和级配怎样影响混凝土的质量?为高速公路路面用的混凝土挑选骨料应如何考虑？

8. 高效减水剂和普通减水剂的作用差别在哪里？为什么说应用高效减水剂是混凝土技术一个重大的突破？
9. 根据粉煤灰的组成特性，分析低水胶比条件下大掺量粉煤灰混凝土性能优良的机理。
10. 材料的结构含义是什么？它的重要性在哪里？
11. 为什么混凝土的许多特性，如强度、渗透性、刚性等要比硬化水泥浆和骨料相差？
12. 过渡区如何影响对混凝土的宏观性能？
13. 根据过渡区的组成和结构特点，你认为通过哪些途径可以改善混凝土的性能？
14. 采用的水灰比（W/C）越小，配制出的混凝土强度是否就越高？为什么？
15. 为什么人们通常用抗压强度来评价混凝土承载能力？
16. 为什么低水灰比混凝土的早期养护更加重要？
17. 配合比设计的目的何在？进行设计的依据有哪些？需要通过哪几个步骤？
18. 如果直接根据荷载计算得到的混凝土强度进行配合比设计，则配制出的混凝土合格率有多大？
19. 为什么配合比设计后，要进行骨料含水量调整和试拌调整？
20. 根据本节所述内容进行配合比设计和混凝土实验后，你认为还有哪些需要更新和补充？
21. 解释"拌和物工作度良好"的含义，对于不同的施工工艺来说，其含义是否相同？
22. 为什么说用坍落度实验评价拌和物工作度有一定局限性？你认为应该如何改进？坍落度损失会给混凝土浇注质量带来哪些不利影响？你有什么改进的好主意？
23. 水灰比较低的高强混凝土浇注时，为什么容易出现塑性收缩开裂？
24. 温度越高时，水泥水化越迅速，硬化混凝土的强度是否就越高、越好？为什么？
25. 任何混凝土工程在施工前，总要先进行室内实验：根据结构设计得到的强度等要求，将不同原材料配制的混凝土拌和物成型试件，经标准养护至一定龄期，所得结果就成为施工时的依据。然而，实际混凝土浇注和养护时的温湿度与室内实验条件相差也许悬殊，试分析可能带来哪些影响？应该如何改进？
26. 绘出混凝土的应力-应变曲线并说明它随强度的提高而发生的变化？
27. 混凝土的粘弹性与其在荷载和环境作用下的开裂现象有什么关系？
28. 影响混凝土的干缩与徐变主要有哪些因素？
29. 何谓自身收缩？它怎样随混凝土的水灰比减小而变化？为什么？
30. 强度高的混凝土为什么更容易开裂？
31. 什么是耐久性一词的含义？试列出混凝土材料在使用中的耐久性问题。
32. 试分析水在混凝土劣化过程中的作用。
33. 为什么混凝土的渗透系数要大于水泥浆和砂浆的？可以通过哪些手段来降低混凝土的渗透系数？
34. 试分析氯离子诱发混凝土中钢筋锈蚀的两个阶段机理，并分析两个阶段中决定锈蚀发展的主要因素。
35. 一混凝土经实验室实验证明其抗渗透性良好，但用该混凝土浇注的水池却使用不长时间就出现渗漏，试分析其中可能的原因。
36. 比较处于南方和北方的港口防波堤混凝土耐久性，作为工程师，如何考虑提高结构物耐久性的措施？
37. 什么是混凝土结构的耐久性设计？耐久性设计的具体内容有哪些？

第4章 沥青混凝土

沥青是一种以碳氢化合物及其非金属衍生物为主要成分的有机胶凝材料。常温下,沥青是呈黑色或黑褐色的固体、半固体或粘性液体。它与水泥具有同样的功能,即经过自身的物理化学变化,产生一定的强度,并且具有胶结能力,能够把砂、石等矿物质材料粘结为一个整体。沥青材料分为地沥青和焦油沥青两大类。地沥青分为天然沥青和石油沥青。天然沥青是石油浸入岩石或流出地表后,经地球物理因素的长期作用,轻质组分挥发和缩聚而成的沥青质材料;石油沥青是石油经蒸馏提炼出各种轻质油(汽油、柴油等)及润滑油以后的残留物,分为粘稠沥青和液体沥青。而焦油沥青是将各种有机物质干馏得到的焦油,经再加工而得到的沥青类物质,包括煤沥青、木沥青和页岩沥青等。

人类很早以前就知道利用天然的沥青作为水工建筑物的胶结材料。大约在5 000多年以前,人类开始将沥青用作水利工程和结构物的防水材料。在尼罗河与印度河之间,特别是在幼发拉底与底格里斯河段及支流地区,沥青被用于水利工程。在欧洲,沥青用于水利工程的第一个例子是1893年在意大利海拔约1 900m的地方修建的高18m的Diga di Codelago填筑坝,该坝有一层厚5cm的沥青玛琋脂护面,用于水泥砂浆上的石块防护。5 000多年前著名的"通天塔",塔壁上的沥青砂浆依然存在。从19世纪开始,在欧洲就采用一种原油中密度最大的石油沥青与矿物质的混合物用作路面材料。

作为胶凝材料,沥青与矿物质材料的粘结性能好,能够把粒状的砂石骨料粘结为一个整体,并具有一定的强度。与水泥相比,沥青具有憎水性,水不容易进入其内部;同时,沥青具有一定的塑性,能适应基体材料的变形,连续性好,这些特点使得沥青混凝土适用于水工结构物。沥青混凝土属于柔性材料,对于冲击荷载具有缓冲能力,所以也适合做路面材料。沥青材料的抗蚀性强,能抵抗酸、碱、盐类物质的侵蚀。沥青材料的最大弱点是其性质随温度变化的不稳定性,并且和其他有机材料一样,在长期的大气因素作用下容易老化变质。

4.1 沥青混凝土的结构与性能

4.1.1 沥青混凝土的定义与分类

根据工程需要,将大小不同粒径的矿质骨料、填料按最佳级配原则组配,与适当的沥青材料搅拌均匀而成的混合物称为沥青混合料。沥青混合料经浇注或铺筑成型,硬化后成为具有一定强度的固体,称为沥青混凝土。

由沥青和一定级配颗粒的粗骨料组成的混合物称为沥青碎石混合料,其孔隙率大于10%。没有粗骨料,只有细骨料(砂子)、矿粉填料和沥青组成的混合物称为沥青砂浆。由沥青和微细的矿粉填料组成的混合物称为沥青胶浆。

沥青混凝土按照粗骨料的最大粒径、级配类型以及用途有以下分类方法。

1. 按粗骨料的最大粒径分类

分为粗粒式(骨料的最大粒径 $D_{max}=35mm$ 或 $D_{max}=30mm$)、中粒式($D_{max}=25mm$ 或 $D_{max}=20mm$)、细粒式($D_{max}=15mm$ 或 $D_{max}=10mm$)和砂粒式($D_{max}=5mm$)沥青混凝土。其中粗粒式和中粒式多用作道路面层的底层,而细粒式和砂粒式多作为道路面层的上层。

2. 按骨料级配类型及混合料的密实程度分类

分为密级配(孔隙率3%~6%)、开级配(孔隙率6%~10%)和沥青碎石(孔隙率>10%)。密级配沥青混凝土多用道路面层和水工结构物中的防渗层,开级配沥青混凝土多用于道路基层、防渗层底部的整平胶结层,而沥青碎石渗透性强,多用于排水层和护坡等。

3. 按施工方式分类

(1) 碾压沥青混凝土

将加热拌和好的混合料摊铺后碾压,用于道路路面,土石坝、蓄水池、渠道和各种堤防的面板衬砌、护面、土石坝内部的防渗墙等。

(2) 浇注沥青混凝土

将沥青砂浆浇注到预先铺好的块石斜坡或抛石的基础上,一般不需要碾压,适用于碾压困难的工程或水下施工的工程。

(3) 沥青预制板

将沥青混合料浇注成型,预制成板。这种预制板具有良好的不透水性、耐磨性及耐久性。可用作水工建筑物的衬砌及护面。

4. 按施工温度分类

(1) 热铺施工沥青混凝土

将沥青材料加热后,在高温下进行拌和和铺筑。

(2) 冷铺施工沥青混凝土

使用有机溶剂稀释沥青,或制成乳化沥青,在常温下即可施工。

4.1.2 沥青混凝土的组成与结构

沥青混凝土的基本组成材料为沥青、粗细骨料(碎石、石屑、砂等)和矿粉填料。其中沥青是胶结材料,最常用的是石油沥青。砂石骨料和矿粉填料均属于矿物质材料(简称矿料)。石子为粗骨料,规定粒径大于2.5mm,在沥青混凝土中起骨架作用;砂子为细骨料,粒径范围为0.074~2.5mm,其作用是填充粗骨料的空隙;粒径小于0.074mm的矿物质材料为矿粉填料,由于矿粉填料颗粒微细,具有很大的表面能,与沥青混合后,可产生物理吸附和化学吸附作用,提高沥青混凝土的温度稳定性和粘滞性,改善使用性能。常用的矿粉填料有石棉粉、粉煤灰、石灰石粉、大理石粉和白云石粉等。

目前关于沥青混凝土的组成结构有以下两种理论。

1. 表面理论

沥青混凝土是由粗、细骨料和矿粉填料组配成密实级配的矿质骨架,以及稠度一定、分布于矿质材料表面的沥青胶结料,共同形成的具有一定强度的整体。

2. 胶浆理论

从胶体理论出发,认为沥青混凝土是多级空间网状结构的分散体系。第一个层次是以粗骨料为分散相,以沥青砂浆为分散介质的一种粗分散体系;第二个层次是以细骨料为分散相,以沥青胶浆为分散介质的一种细分散体系(即沥青砂浆);第三个层次是以矿粉填料为分散相,以高稠度的沥青为分散介质的一种微分散体系(即沥青胶浆)。这三级分散体系以沥青胶浆最为重要,它的组成与结构决定沥青混凝土的高温稳定性和低温变形能力。在这方面的研究,主要有矿粉填料的矿物成分、填料的级配(以0.074mm为最大粒径)以及沥青与填料内表面的交互作用等因素对沥青混凝土性能的影响。

根据沥青混合料中各组分的相对含量,沥青混凝土的结构类型可分为以下三种。其结构示意图如图 4-1 所示。

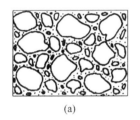 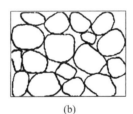 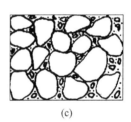

图 4-1 沥青混凝土结构类型示意图
(a) 密实-悬浮型结构;(b) 骨架-空隙型结构;(c) 密实-骨架型结构

(1) 密实-悬浮型结构

采用连续型密级配的骨料,可获得结构密实的沥青混凝土,如图 4-1(a)所示。但是这种密级配骨料的骨架中粗骨料的数量相对较少,粗骨料相互之间不能搭接,因此成为一种"密实-悬浮型"结构,即粗骨料悬浮在密实的沥青砂浆中。这种沥青混凝土表现为粘聚力较高,内摩擦角较小。

(2) 骨架-空隙型结构

采用连续型开级配骨料,骨料中粗集料的相对数量较多,可形成骨架,但细骨料数量过少,不足以填满粗骨料的空隙,因此形成一种"骨架-空隙型"结构,如图 4-1(b)所示。这种沥青混凝土表现为较低的粘聚力,其强度主要取决于内摩擦角。

(3) 密实-骨架型结构

采用间断型密级配骨料,粗骨料数量较多,可以形成空间骨架,细骨料数量又足以填满骨架的空隙,成为一种"密实-骨架型"结构,如图 4-1(c)所示。这种沥青混凝土表现为密实度最大,同时又具有较高的粘聚力和内摩擦角。

4.1.3 沥青混凝土的强度理论及受力变形特征

1. 强度理论

沥青混凝土的强度随温度而变化。在高温下沥青混凝土处于塑性状态,抗剪强度大大降低,且塑性变形过剩而产生堆挤现象;而在低温时,沥青混凝土的强度虽高,但抗裂性变差,容易开裂。关于沥青混凝土的结构,目前较普遍地认为,沥青混凝土是由矿质骨架和沥青胶浆所组成的,具有空间网络结构的分散体系。其中矿质骨架由粒度不同的粗细骨料构成,沥青胶浆由沥青和矿粉填料组成。所以沥青混凝土受力抵抗破坏的性能主要取决于其抗剪强度和高温下抵抗变形的能力。目前对于沥青混凝土的破坏机理研究得还不够,一般倾向于采用库仑内摩擦理论分析强度,并根据三轴实验结果提出。沥青混凝土的抗剪强度 τ 主要取决于沥青与矿质材料之间由于物理-化学交互作用而产生的粘聚力 c,以及矿质材料在沥青混凝土中分散程度不同而产生的内摩擦角 φ。即如式(4.1)所示,抗剪强度 τ 是粘聚力和内摩擦角的函数。

$$\tau = f(c, \varphi) \tag{4.1}$$

影响沥青混凝土的粘聚力 c 和内摩擦角 φ,从而影响其抗剪强度的因素,可从下列两方面讨论。

(1) 影响沥青混凝土的粘聚力和内摩擦角的内因主要有沥青的粘度、矿粉的性质、沥青与矿粉的比例,以及矿质材料骨架的特征等。

沥青的粘度越高,沥青混凝土的粘聚力越大。当受到剪切应力作用,特别是受到短暂的瞬时荷载作用时,具有高粘度的沥青能使沥青混凝土的粘滞阻力增大,因而具有较高的抗剪强度。在沥青用量相同的条件下,矿粉越细,即比表面积越大,则矿粉周围的沥青膜越薄,形成的结构沥青膜的比例越大,因此沥青混凝土的粘聚力也就越高。一般矿粉填料的比表面积可达到 $300\sim2\,000\text{m}^2/\text{kg}$。所以矿粉用量虽小,仅占矿质材料总量的 7% 左右,但对沥青混凝土的抗剪强度影响很大。

沥青的用量对粘聚力和内摩擦角均有影响。沥青用量过少,不足以形成沥青膜来粘结矿料。随着沥青用量的增加,结构沥青膜逐渐形成,当沥青用量足以形成薄膜并充分粘附矿料颗粒表面时,沥青胶浆具有最优的粘聚力。但是如果沥青用量继续增加,则由于沥青用量过多,逐渐将矿料颗粒推开,在颗粒间形成未与矿粉交互作用的"自由沥青",沥青胶浆的粘聚力随着自由沥青的增加而降低。当沥青用量增加至某一用量后,沥青混合料的粘聚力主要取决于自由沥青,所以抗剪强度几乎不再随沥青用量的增加而变化。此时,沥青不仅起粘结剂的作用,而且起润滑剂的作用,降低骨料之间相互啮合的作用,因而减小了沥青混合料的内摩擦角,导致沥青混凝土的强度降低。可见沥青用量不仅影响混合料的粘聚力,同时也影响内摩擦角大小。

通过以上分析可知,在沥青和矿料的性质一定的条件下,沥青与矿料的比例是影响沥青混凝土抗剪强度的重要因素,微小地调整矿粉填料的用量,可以明显地改变矿料材料的总表面积,形成不同的沥青混凝土结构,从而具有不同的粘聚力和内摩擦角。图 4-1(a)所示的密实-悬浮型结构,矿料之间的沥青膜较厚,通过自由沥青层相连,粘聚力和内摩擦角较小,所以整体抗剪强度不高;图 4-1(b)所示的骨架-空隙型结构,骨料之间沥青层过薄,有些部位甚至不能形成完好的包裹层,所以沥青混凝土的粘聚力差,内摩擦角较大;而图 4-1(c)所示的密实-骨架型结构,沥青用量适中,矿料之间主要以结构沥青膜粘结,既有较好的粘聚力,内摩擦角也比较大,沥青混凝土整体的抗剪强度最好。所以沥青和矿粉填料的用量要适宜。

此外,骨料的颗粒形状、级配、表面粗糙程度以及在混合料中的分布状态对沥青混凝土的抗剪强度影响也很大。采用表面较粗糙、有棱角、三维尺寸相近的颗粒形状的骨料,有利于提高混合料的粘聚力和内摩擦角,从而提高抗剪强度。

(2) 影响沥青混凝土强度的外因有环境温度和变形速率。沥青混凝土的粘聚力随温度升高和变形速率减慢而显著降低,而内摩擦角受这些因素的影响较小。

2. 粘弹特性与劲度模量

沥青及其混合料属于粘弹性材料,其应力与应变的关系不像钢材和水泥混凝土那样,可以用一个不随时间变化、恒定的弹性模量来反映。沥青材料受力时,其变形取决于荷载大小、加载时间和环境温度:(1)在低温下短时间加载,呈弹性性质。随时间延长,产生粘性蠕变,加载时间和材料应变之间呈明显的非线性;(2)当温度升高时,表现为粘性性质,徐变显著。温度下降,材料向弹性转化,粘性性质减弱。温度进一步降低,材料向脆性转化;(3)在低温下,具有较大徐变性能的沥青材料不容易出现开裂,如果在低温下徐变很小,甚至表现为脆性,则容易在温度应力作用下产生裂缝。

借用弹性固体采用弹性模量表示应力-应变关系的做法,范·德·波尔(van der Poel)引入劲度模量(S,也叫刚度模量)的概念,来反映沥青材料复杂的受力与变形特征。劲度模量是温度和加载时间的函数,用式(4.2)表示。以沥青为胶结材料的沥青混凝土,其受力时的变形性能也受时间和温度影响。尤其是当结构类型为密实-悬浮型时,其劲度模量取决于沥青的劲度和骨料的用量、级配、颗粒形状以及压实方法等。

$$S(T,t) = \frac{\sigma}{\varepsilon} \tag{4.2}$$

式中,T 为温度;t 为时间;S 为劲度模量;σ 为应力;ε 为应变。

从式(4.2)中看出,劲度模量是温度和加荷时间一定的条件下应力与应变之比。这是一个实用的数据,它可根据沥青在实际工程中的受力特点进行测试,检验在指定温度与负荷时间下能否满足使用要求。图 4-2 为两种类型沥青的负荷时间、劲度模量、温度三者之间的关系。

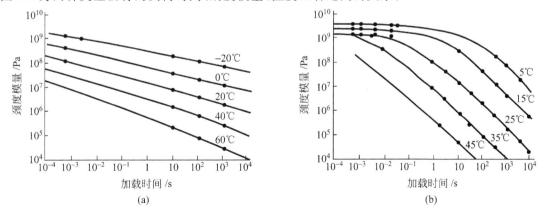

图 4-2 温度和负荷时间对沥青劲度模量的影响

(a) 凝胶型,环球法软化点 115℃,针入度指数 5.0;(b) 溶胶型,环球法软化点 64.5℃,针入度指数 −2.3

从图 4-2(b)中看出,溶胶型沥青短时间负荷时($t<0.01s$),其劲度模量随负荷时间的变化比较平缓,主要取决于温度;但是当负荷时间超过 0.1s 以后,劲度模量-加载时间曲线的降低速率加大。而图 4-2(a)所示的凝胶型沥青的劲度模量随负荷时间的延长呈线性变化,当负荷时间较长时劲度模量曲线降低的速率较溶胶型沥青平缓。

4.1.4 沥青混凝土的技术性质

1. 高温稳定性

用于路面材料的沥青混凝土在夏季高温条件下,经车辆等长期荷载的作用,不产生拥包、车辙、泛油、粘轮等病害的性能为高温稳定性良好。即高温条件下路面具有足够的强度和刚度。目前我国采用马歇尔稳定度和流值作为评价沥青混凝土高温稳定性的指标。实验装置及加载方式如图 4-3 所示。

将沥青混合料在规定的条件下加热搅拌,并成型 $\phi 101.6 \times 63.5mm$ 的圆柱体试件,在 60℃温度下保温 45min,然后侧放在加荷压头内,对试件以$(50\pm5)mm/min$ 的变形速率加荷,达到破坏时的最大荷载(N)为马歇尔实验稳定度,达到最大荷载瞬间试件的变形值,称为流值(单位为 $10^{-2}cm$)。

为了提高沥青混凝土的高温稳定性,可在混合料中增加粗矿料含量,或限制剩余空隙率,使粗矿料形成空间骨架结构,以提高沥青混合料的内摩阻力;适当提高沥青材料的粘度,控制沥青与矿粉的比例,严格控制沥青用量,采用活性较高的矿粉,以改善沥青与矿料之间的相互作用,从而提高沥青性能,也可获得满意的效果。

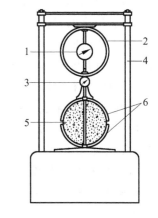

图 4-3 马歇尔稳定度仪装置简图
1—百分表;2—应力环;3—流值表;
4—压力架;5—试件;6—半圆形压头

2. 低温抗裂性

开裂是沥青混凝土路面的一种主要破坏形式,而裂缝出现往往是路面急剧损坏的开始。沥青路面发生开裂分为两种类型:一种是在交通荷载反复作用下的疲劳开裂;另一种是由于降温而产生的温度收缩裂缝,或由于半刚性基层开裂而引起的反射裂缝。由于沥青路面在高温时变形能力较强,低温时较差,无论哪种裂缝,以低温时发生的居多。从低温抗裂性的要求来考虑,沥青路面在低温时应具有较低的劲度和较好的抗变形能力,且在行车荷载和其他因素的反复作用下不致产生疲劳开裂。

使用粘滞度较高、温度稳定性较好的沥青,可提高路面的低温抗裂性能。沥青材料的老化可使其低温性能恶化,所以应选用抗老化性能较强的沥青。在沥青中掺入聚合物,对提高路面的低温抗裂性能具有较为明显的效果。在沥青路面结构层中铺设沥青橡胶或土工布应力吸收薄膜,对防止沥青路面低温开裂具有显著作用。

目前评价沥青混凝土的低温抗裂性的指标尚处于研究阶段。多数学者采用混合料在低温时的纯劲度和温度收缩系数来预估沥青混凝土的低温抗裂性。

3. 耐久性

耐久性是沥青混凝土在长期大气因素以及荷载的作用下,能维持结构物正常使用所必须的性能。

沥青混凝土的耐久性与组成材料的性质密切相关,其中沥青材料的老化特性是影响沥青混凝土耐久性的重要因素。沥青是由多种分子量不同的碳氢化合物及其衍生物所组成,在大气因素作用下,由于沥青中分子量小的组分挥发或氧化、缩合、聚合等作用,分子量较小的油分和树脂含量减少,分子量较大的地沥青质含量增多,平均分子量增高,使得沥青的粘性增大,塑性下降,脆性增大,从而导致沥青混凝土开裂,使用功能降低甚至破坏,这种现象称为沥青材料的老化。

影响沥青混凝土耐久性的主要因素有沥青材料的抗老化性能、矿料与沥青材料的粘结力以及沥青混凝土的孔隙率等。选用合适的沥青品种以及用量,在矿料表面形成一定厚度的结构沥青膜,保证混合料的粘聚力和密实度,可提高抵抗空气和水渗透的能力,减少沥青与大气接触的面积,减缓氧化、缩合等反应的速度,同时防止水对沥青的剥落作用,可提高沥青混凝土的耐久性能。研究结果表明,当沥青混合料的孔隙率小于5%时,沥青材料只有轻微的老化现象。所以道路沥青混凝土可以用孔隙率反映其耐久性,而水工沥青混凝土的耐久性评定指标有水稳定系数和残留稳定度。

$$水稳定系数 = \frac{真空饱水后沥青混凝土的抗压强度}{未浸水的沥青混凝土抗压强度}$$

$$残留稳定度 = \frac{浸水饱和后马歇尔稳定度}{未浸水的马歇尔稳定度}$$

水稳定系数越大,沥青混凝土的耐久性越好。水工沥青混凝土防渗层要求水稳定系数不小于 0.85。耐久性合格的沥青混凝土,残留稳定度不小于 0.85。

4. 抗渗性

抗渗性是指沥青混凝土抵抗水渗透的能力。用于水工结构物防渗层的沥青混凝土通常要考虑其抗渗性能,用渗透系数来表示,单位为 mm/s。通常防渗层密级配沥青混凝土的渗透系数为 $10^{-6} \sim 10^{-9}$ mm/s,排水层开级配沥青混凝土的渗透系数可达 1.0～0.1 mm/s。渗透系数值越小,表明沥青混凝土的抗渗性能越好。

影响抗渗性的因素有骨料级配、沥青用量及沥青混凝土的压实程度,可用沥青混凝土的孔隙率来评定。当孔隙率小于 4% 时,渗透系数可小于 10^{-6} mm/s。

5. 抗滑性

现代社会交通流量的增大和车速的提高要求路面有更高的抗滑能力,并且这种抗滑能力不至于很快降低,以保证车辆的安全行驶。

影响沥青混凝土路面抗滑能力的主要因素有矿质骨料的品种与颗粒形态、粗糙程度、微表面性质、沥青的用量以及混合料的级配。研究表明:沥青用量超过最佳用量 0.5% 时,会使路面的抗滑能力大大降低;选用硬质、有棱角的骨料有利于提高混合料的抗滑性,但是这类骨料往往与沥青的粘附性较差,所以,采用适宜的复合骨料,并掺入抗剥离剂等措施,有利于提高路面的抗滑性。

6. 施工和易性

为了保证施工的顺利进行,沥青混合料除了应具备上述性能之外,还要具备适宜的施工和易性,即工作性。影响和易性的主要原材料因素有骨料的级配、沥青的用量和矿粉的质量等。如果采用间断级配,粗细骨料颗粒的大小相差悬殊,混合料容易分层,如果细骨料太少,则粗骨料表面不容易形成沥青砂浆层;如果细骨料过多,则拌和困难。沥青用量过少,或矿粉用量过多时,混合料容易疏松,不易压实;

反之,沥青用量过多,或矿粉质量不好,则容易使混合料粘结成块,不易摊铺。除原材料因素之外,温度和施工条件对混合料的和易性也有影响。

4.2 沥青混凝土的组成材料与配比设计

沥青混凝土的基本组成材料为沥青、粗细骨料和矿粉填料。其中沥青是胶结材料,使用最多、最普遍的是石油沥青。

4.2.1 石油沥青及其性质

石油沥青是指石油原油经过常压蒸馏和减压蒸馏,提炼出汽油、煤油、柴油等轻质油以及润滑油后,在蒸馏塔底部残留下来的黑色粘稠物(也称渣油)。

1. 石油沥青的组成

石油沥青的主要化学成分是碳氢化合物,其中碳占 80%～87%,氢占 10%～15%。此外还含有少量的 O、N、S 等非金属元素。但是,石油沥青是由多种复杂的碳氢化合物及其非金属衍生物组成的混合物,其化学组成很复杂。由于这种化学组成结构的复杂性,使许多化学成分相近的沥青,性质上表现出很大的差异;而性质相近的沥青,其化学成分并不一定相同。即对于石油沥青这种材料,在化学组成与性质之间难以找出直接的对应关系。所以通常是从实用的角度出发,将沥青中分子量在某一范围之内,物理、力学性质相近的化合物划分为几个组,称为石油沥青的组丛。各组丛具有不同的特性,直接影响石油沥青的宏观物理、力学性质。

石油沥青主要含有以下三大组丛:

(1) 油分。是一种常温下呈淡黄色的油状液体,分子量在 100～500kD 之间,是石油沥青中分子量最低的组分。密度介于 0.7～1.0g/cm³ 之间,为沥青中最轻的组分。在 170℃ 温度下较长时间加热可以挥发,能溶于石油醚、二硫化碳、苯、四氯化碳等有机溶剂,但不溶于乙醇。在通常的石油沥青中油分的含量为 40%～60%。由于油分是沥青中分子量最小、密度最小的组分,油分对沥青性质的影响主要表现为降低稠度和粘滞度,增加流动性,降低软化点。油分含量越多,沥青的延度越大,软化点越低,流动性越大。

(2) 树脂。也叫做胶质或脂胶,是一种颜色介于黄色至红褐色之间的粘稠半固体,分子量在 600～1 000kD 之间,密度为 1.0～1.1g/cm³。能溶于石油醚、汽油、苯、醚和氯仿等有机溶剂,但在乙醇和丙酮中的溶解度很小。树脂在石油沥青中的含量为 15%～30%。由于树脂的存在,使石油沥青具有一定的可塑性和粘结性。树脂的含量直接决定着沥青的变形能力和粘结力,树脂的含量增加,沥青的延伸度和粘结力增加。树脂的化学稳定性较差,在空气中容易氧化缩合,部分转化为分子量较大的地沥青质。

(3) 地沥青质。是一种深褐色至黑色的无定形的脆性固体微粒。分子量在 2 000～6 000kD 之间,密度大于 1.0g/cm³,不溶于乙醇、石油醚和汽油,能溶于二硫化碳、氯仿、苯和四氯化碳等。在石油沥青中的含量为 10%～30%。地沥青质属于固态组分,无固定软化点,温度达到 300℃ 以上时分解为气体和焦炭。地沥青质的作用是提高沥青的软化点,改善温度稳定性,但使沥青的脆性变大。地沥青质的含量越高,石油沥青的软化点越高,粘性越大,温度稳定性越好,但同时沥青也就越硬脆。

以上三大组丛,随着分子量范围增大,塑性降低,粘滞性和温度稳定性提高。合理地调整三者的比例,可获得所需要性质的沥青。但是在长期使用过程中,受大气的作用,部分油分挥发,而部分树脂逐步聚合为大分子组丛,即地沥青质组分增多,使石油沥青的塑性降低,粘滞性增大,变硬变脆。这是高分子物质的普遍特性。

除以上油分、树脂、地沥青质三大组丛之外,石油沥青中还存在着少量的碳青质和焦油质,这两种组丛属于黑色固体,分子量大约为 75 000,密度大于 1,对沥青性质的影响表现为降低塑性和粘性,增加老化程度。但由于含量极少,所以对沥青的性质影响不大。石油沥青中的蜡质是有害成分,会降低沥青的温度稳定性、胶结性和低温塑性,应严格限制其含量。

2. 石油沥青的结构

石油沥青的性质不仅取决于其化学组丛,还与内部结构有密切关系。现代胶体学说认为,石油沥青是固态的地沥青质分散在低分子量的液态介质中所形成的分散体系。但是地沥青质是憎油分的,在油分中不溶解,所以如果油分和地沥青质两种组分混合,则形成不稳定体系,地沥青质极易絮凝;但是地沥青质对于树脂是亲液性的,树脂对于油分也是亲液性的。所以石油沥青的结构如图 4-4 所示,是以地沥青质为核心,周围吸附了部分树脂和油分的互溶物而形成胶团,分散在溶有部分树脂的油分之中,形成稳定的胶体分散体系。从分散相的核心到分散介质是均匀的、逐步递变的,并没有明显的界线。

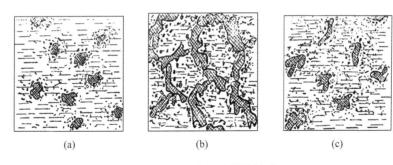

图 4-4 石油沥青的胶体结构类型
(a) 溶胶型;(b) 凝聚型;(c) 溶-凝胶型

由于石油沥青中各组丛的含量及化学结构不同,将形成不同类型的胶体结构,有溶胶型结构、凝胶型结构和溶-凝胶型结构,它们分别表现出不同的性状。如图 4-4(a)所示,如果在石油沥青中,地沥青质组丛含量少,且分子量较小,接近于树脂,只能构成少量的胶团,且胶团之间距离较大。胶团表面吸附较厚的树脂膜层,胶团之间的相互吸引力很小,故形成高度分散的溶胶型结构,例如液体沥青。溶胶型结构的沥青中胶团易于相互运动,有较好的流动性和塑性、较强的裂缝自愈能力,但温度稳定性差。

如果沥青中地沥青质组丛含量多,则胶团数量增多,胶团之间的距离减小,胶团相互间吸引力增大,相互连接,聚集成空间网络,从而形成凝胶型结构,如图 4-4(b)所示。凝胶型沥青具有明显的弹性效应,流动性和塑性较低,温度稳定性高,例如氧化沥青。

如果石油沥青中地沥青质和树脂的含量适当,胶团之间靠得较近,相互间有一定的吸引作用,要将它们分开需要一定的力,同时胶团仍悬浮在油分中,结构介于溶胶和凝胶之间,则构成图 4-4(c)所示的溶-凝胶型结构。这种胶体结构的沥青比溶胶型沥青更稳定,地沥青质颗粒虽然较大,但能很好地分散于树脂和油分中,使沥青的粘结性和温度稳定性比较好,是用于道路建设较理想的沥青。

由于石油沥青的分子属于高分子范围,同时沥青组丛中从分子量最小的油分到大分子量的地沥青质,无论是分子量还是性质都是逐步变化的。所以用胶体体系来表示沥青的结构,在分散相与分散介质之间则没有明确的界面。因而有些学者不用胶体结构而用高分子溶液来表示沥青的结构,认为石油沥青是一种高分子溶液,其中地沥青质是溶质,而树脂和油分的互溶物是溶剂,溶质与溶剂之间有很强的亲和力。

3. 石油沥青的技术性质

(1) 粘滞性

沥青材料在外力作用下抵抗粘性变形的能力称为沥青的粘滞性。粘滞性反映沥青作为胶结材料,把各种矿质材料结合为一个整体的粘结能力。粘滞性的大小主要受沥青的组成与环境温度的影响。一般来说,随着地沥青质的含量增多,沥青的粘滞性增大;随着外界温度升高,沥青的粘滞性下降。

沥青的粘滞性用粘度表示,它表示液体沥青在流动时的内部阻力。液体在流动时所要克服的液层间的粘稠阻力可用牛顿粘度公式表示为

$$F = \eta A_s \frac{v}{d} \tag{4.3}$$

式中,F 为引起沥青层移动的力;A_s 为沥青层的面积;v 为沥青顶层移动速度;d 为沥青层的厚度;η 为牛顿粘度(粘滞度),沥青的内摩阻系数。

由式(4.3)得

$$\eta = \frac{F}{A_s} \left(\frac{v}{d} \right)^{-1} \tag{4.4}$$

令 $\tau = \frac{F}{A_s}$,$\dot{\gamma} = \frac{v}{d}$,得

$$\eta = \frac{\tau}{\dot{\gamma}} \tag{4.5}$$

式中,τ 为剪应力;$\dot{\gamma}$ 为剪变率。

符合牛顿粘度公式的液体为牛顿液体,这种液体是不考虑外力影响的。但是沥青是胶体物质,只有在高温下才接近牛顿液体。沥青在实际使用的常温情况下,均表现为粘-弹性体。其粘度是外界压力 P 与速度梯度的函数。

$$\eta = f\left(P, \frac{v}{d}\right) \tag{4.6}$$

用牛顿粘度公式求出的粘度为绝对粘度,也称为动力粘度,其单位是 Pa·s。测定沥青绝对粘度的方法比较复杂,在实际应用中多采用相对粘度(条件粘度)来表示。测定相对粘度的主要方法有标准粘度计和针入度仪。对于粘稠状态的固体、半固体沥青,其粘滞性用针入度指标来表示,定义为在某一温度下,一定重量的标准针在固定时间内自由下落插入沥青试件中的深度。针入度值越大,表明沥青在外力的作用下越容易变形,即沥青的粘滞性低。液体沥青的粘滞性用粘度来表示,是在一定温度 T 条件下,液体沥青经一定直径 d 的小孔流出 50cm³ 所需的时间,以 s 为单位。表示符号为 $C_T^d t$,其中 d 代表沥青流出的小孔直径(mm),T 表示测定温度(℃),t 表示流出 50cm³ 沥青所需的时间(s)。沥青流出的时间越长,即粘度值越大,表示沥青的粘度越高。

（2）塑性

材料在外力作用下产生变形而不破坏、不开裂或开裂后的自愈能力称为塑性。沥青具有良好的塑性，所以适用作水工结构物的防水构件和修筑性能良好的柔性路面。沥青的塑性大小受内部组成及外界温度的影响，树脂含量越多的沥青，塑性越好。外界温度升高，沥青的塑性增大。表征沥青塑性的指标是延度。延度定义为在一定温度下，对沥青试件进行拉伸直至断裂时所伸长的长度。

（3）温度稳定性（感温性）

石油沥青不同于无机胶凝材料中的水泥，它的性质（包括粘滞性、塑性等）随温度的变化呈现较大的波动，这种性能称为沥青的温度稳定性。例如用沥青混凝土铺筑的路面，在春、秋两季和冬季具有较高的硬度，不会变形，而在炎热的夏季，地面温度较高时，沥青混凝土路面就会发生软化，车辆行驶过后会留下轮胎的痕迹；再比如沥青防水卷材铺设的屋顶在炎热的夏季阳光照射下会发生流淌现象，这些都反映了沥青材料的性质相对于温度具有敏感性。沥青属于高分子、非晶态材料，具有热塑性特点，但没有一定的熔点，随着温度的升高，沥青将由固态逐渐变为半固态，软化并产生粘性流动，以至于达到粘流态；而当温度降低时，沥青又由粘流态逐渐凝固，变为半固态乃至固态。沥青的这种温度敏感性大小与其内部的组成有关，地沥青质的含量越多，温度敏感性越小；而树脂和油分的含量大时，则温度敏感性大。工程中使用的沥青混凝土中，要加入滑石粉、石灰石粉等矿物质细粉填料，其目的就是提高温度稳定性。

沥青的温度稳定性用软化点来表示。它表示沥青在某一固定重力作用下，随温度升高逐渐软化，最后流淌垂下至一定距离时的温度。软化点值越高，沥青的温度稳定性越好，即表示沥青的性质随温度的波动性越小。

（4）大气稳定性（耐久性）

石油沥青在温度、阳光、氧气和潮湿等大气因素作用下，抵抗老化变质的能力称为大气稳定性，是衡量沥青材料耐久性的指标。

沥青材料老化是由于沥青在自然界的温度或湿度变化、氧化、光照等因素的作用下，内部组成中分子量较小的油分、树脂发生氧化、挥发、缩合、聚合等作用，转化为分子量较大的地沥青质。沥青中油分和树脂的含量减少，固态物质地沥青质增加，使石油沥青变硬、变脆、软化点增高，针入度和延度值减小，容易脆裂。这种老化过程越快，说明石油沥青的耐久性越差。沥青的大气稳定性用加热实验后的质量损失、针入度比以及薄膜烘箱加热实验等方法来测量。

4.2.2 矿质材料

沥青混凝土中的矿质材料占90%以上的体积，起骨架和填充作用。沥青混凝土的受力性能几乎完全取决于粗细骨料所形成的骨架。在普通水泥混凝土中，骨料大约占70%～80%的体积，硬化后的水泥石本身比较坚硬，水泥石与骨料同时承担着抵抗外力的作用。而沥青与水泥石相比，本身强度不高，又容易变形，所以在沥青混凝土中，沥青只起将骨料粘结起来，传递荷载的作用。所以沥青混凝土中的骨料对整体的强度和劲度（刚度）起到重要的作用。

1. 粗骨料

沥青混凝土的粗骨料可以采用各种岩石轧制的碎石、由卵石轧制的碎卵石，以及各种冶金钢渣等。粗骨料的粒径大于2.5mm。对于粗骨料的力学性能，首先要获得其母体岩石的抗压强度，根据使用条件选择立方体岩石的饱水极限抗压强度等级,其次还要获得其压碎值和磨耗率。用于水工结构物时,还需要评价粗骨料与沥青的粘附力。

压碎值反映粗骨料在外力作用下抵抗压碎的性能。由于粗骨料在沥青混凝土中起骨架作用,如果在外力作用下,骨料被压碎,则骨架被破坏,所以压碎值直接影响沥青混凝土的整体受力性能。压碎值的测定方法是将粒径为12~16mm的单粒级碎石,按标准方法装入内径为150mm、高度为125~128mm的钢质圆筒内,在上面加一金属压块,通过压块在10min内加载至400kN,这时部分骨料被压碎。测定通过3mm筛孔碎屑重占试样总重的百分率,称为压碎值。压碎值越大,说明碎石的坚硬性越差。根据道路的等级和交通量大小,粗骨料的压碎值有不同的要求,一般要求在20%~35%以下。

磨耗率反映粗骨料抵抗摩擦、撞击和剪切等综合作用的性能。磨耗率的测定是将一定数量的单粒级骨料与钢球同时放入磨耗鼓中,旋转磨耗鼓,使里面的骨料与钢球之间相互撞击、摩擦,骨料粒径减小。测定磨耗后粒径小于2mm的骨料重占试样总重百分率,即为磨耗率。通常道路用沥青混凝土粗骨料的磨耗率要求不大于6%。

沥青与粗骨料粘附力的实验方法是用热熔沥青将粗骨料包裹,然后悬挂于烧杯中煮沸3min,由于沸水的作用,沥青膜将发生一定程度的剥离,根据剥离的程度将粘附力划分为1~5级。级别越高,表明骨料与沥青的粘结力越好。水工沥青混凝土粗骨料的粘结力要求不低于4级。

沥青混凝土中应尽量采用碱性粗骨料,避免使用酸性粗骨料。由于碱性粗骨料与沥青具有较好的粘附性,可使沥青混凝土获得较高的力学强度和抗水性。对沥青混凝土中的粗骨料级配不单独提出要求,只要求由粗、细骨料以及矿粉组成的矿质材料混合料总体符合相应的沥青混凝土矿料级配范围即可。

2. 细骨料

沥青混凝土中的细骨料可采用天然砂,砂质应坚硬、洁净、干燥、无风化、不含杂质。并具有适当的级配,粒径范围为0.074~2.5mm。如果一种细骨料不能符合级配要求,可采用两种以上细骨料进行组配使用。

3. 矿粉填料

为改善沥青混凝土的某些性能,还要掺入粒径小于0.074mm的矿物质材料,称为矿粉填料。矿粉填料可以采用石灰石粉、白云石粉、大理石粉等碱性石料粉末。在矿粉缺乏的条件下,可采用水泥代替矿粉,也可以采用橡胶或合成高分子、人工棉等材料。矿粉填料应干燥、疏松,不含泥土杂质和团块,含水量应在1%以下,并希望矿为碱性。矿粉填料应有适当的细度,粒径在0.074mm以下。颗粒越细,比表面积越大,填料与沥青之间的粘聚力越大,还可避免填料在沥青中发生沉淀。但颗粒过细,填料在沥青中难以搅拌分散,容易粘结成团,使施工困难,并降低混合料的质量。

矿粉填料在沥青混凝土中发挥其物理吸附作用和化学吸附作用,使沥青混凝土的性能得以改善。所谓物理吸附作用,是指填料表面对沥青各组丛的物理吸附,对于分子量较小的组丛,吸附作用更强烈。通常油分将进入矿粉材料的微孔深处,而树脂存在于微孔之中,这样在矿粉填料表面的沥青中,油分和树脂的含量减少,而地沥青质的含量增多。由于物理吸附作用,使填料的表面形成含较多地沥青质的沥青膜称为结构沥青膜;而在吸附层以外的空间,存在油分和树脂含量较多的自由沥青。结构沥青膜比自由沥青具有更高的粘度和温度稳定性。如果填料颗粒比较密集,相互之间以结构沥青膜相联结,则沥青具有更高的粘度,填料颗粒间可以获得更大的粘聚力,易形成空间网状结构;如果填料颗粒以自由沥青相连接,则粘聚力小。当填料适量时,物理吸附作用使沥青混凝土的耐热性和温度稳定性得到改善。如果填料的微孔结构发达或吸附作用强,则掺量过多的填料使沥青的塑性变差,显示出脆性化的趋向。

碳酸盐类的填料,如石灰石粉、大理石粉、白云石粉等,颗粒表面的钙离子能与沥青中的环烷酸、沥青酸等活性物质发生化学反应,在界面上生成不溶于水的环烷酸钙等化合物,这种现象称为化学吸附作用。化学吸附使填料与沥青牢固、稳定地粘结,阻止水分浸入填料与沥青膜间的界面,防止沥青膜从颗粒表面剥离,使水稳定性显著提高。因此,工程中应优先选用化学吸附作用较强的矿粉填料。

矿粉填料与水的亲和性对沥青混凝土的性能影响较大,所以要评价其亲水系数。将等量的填料分别放入水和煤油中,充分搅拌后使其沉淀,秤量填料在水中的沉淀体积 $V_水$ 和在煤油中的沉淀体积 $V_油$,则亲水系数 $\eta = V_水/V_油$。要求填料的亲水系数 $\eta < 1$。

4.2.3 沥青混凝土配合比设计

原材料选定后,沥青混合料的性质在很大程度上取决于配合比。配合比不同,可能形成不同的组成结构,得到不同性能的沥青混凝土。配合比设计就是按照工程的要求,确定各组成材料的最优配合比例,步骤如下。

1. 确定矿料组成

首先根据沥青混凝土的使用要求,确定骨料的级配类别和粗骨料的最大粒径。例如用于防渗层的沥青混凝土采用密级配,用于排水层则采用开级配。然后根据所确定的级配类别和粗骨料的最大粒径,按照标准骨料级配范围选择合适的设计级配。再将粗细骨料及矿粉等几级矿质材料按一定比例合成,确定矿料的合成级配。

2. 确定沥青用量

以矿料(粗、细骨料和矿粉填料)总量为100,沥青用量按其占矿料总重的百分率计。对一定级配的矿料而言,沥青用量就成为唯一的配比参数。为了确定级配,对一组级配的矿料按0.5%的间隔选取4~5组沥青用量,在实验室初步配制混合料,以相同的成型方法制作沥青混凝土试件,测定各组试件的马歇尔稳定度、流值、表观密度和孔隙率,记录实验结果,如表4-1。选取指标满足要求、又比较经济合理的沥青用量作为最佳沥青用量。

表 4-1 不同沥青用量的混凝土性能指标测试结果

测定指标	满足要求○,不满足要求×					
孔隙率	×	×	○	○	○	○
稳定度	×	×	○	○	×	×
流值	×	×	○	○	○	○
沥青用量/%	6.5	7.0	7.5	8.0	8.5	9.0

根据实验结果,沥青用量为7.5%或8.0%均满足设计要求,取7.5%为最佳沥青用量。

3. 配合比验证实验，确定实验室配合比

再根据设计规定的各项技术指标要求，如水稳定系数、热稳定系数、渗透系数以及低温抗裂性、强度、柔性等，对初步选定的配合比进行检验，如均能满足设计要求，则可确定为实验室配合比。

4. 现场铺筑实验，确定施工配合比

实验室配合比必须经过现场试铺加以检验，必要时作出相应的调整。最后选定技术性能符合设计要求，又保证施工质量的配合比，即施工配合比。

4.3 沥青混凝土的应用

沥青混凝土主要应用于道路路面和水工结构物，不同的用途对它的性能要求也不完全相同。在水工结构物中，沥青混凝土主要用于防水、防渗及排水层材料，所以要求具有较高的防水性能，表面比较光滑，连续性好，不容易开裂；而用于道路路面的沥青混凝土则应在车辆荷载作用下，具有较好的强度、耐磨性和防滑能力，有较好的承受冲击荷载和耐疲劳的性能，有较好的耐久性，以保证长期荷载作用下路面完好，而对于不透水性并没有严格的要求，有时还需要有一定的透水能力。

4.3.1 道路工程中的应用

与水泥混凝土路面材料相比，沥青混凝土是一种粘-弹性材料，有良好的路用性能，用其铺筑的路面柔韧，可不设伸缩缝和工作缝，能减震吸声，行车舒适性好；路面平整而有一定粗糙度，色黑无强烈反光，有利于行车安全；晴天不起尘，雨天不泥泞，可保证顺利通车；施工快速，不需要养护期，能及时开放交通；同时，沥青混凝土中胶结材料用量比较小，且属于工业副产品加工利用，旧路面还可再生利用，社会经济效益较高，所以沥青混凝土在道路工程中得到广泛应用。沥青材料的主要缺点是对温度敏感和老化现象，它的性质随温度变化明显。夏季高温时易发生泛油、软化并从而形成车辙、拥包等现象；冬季低温时沥青变脆变硬，在冲击荷载作用下易开裂。同时，沥青材料长期暴露于大气环境下易老化，使粘结强度下降，路面结构遭受破坏。因此，提高沥青混凝土的温度稳定性和大气稳定性，是延长沥青路面使用寿命的关键。

1. 道路的断面结构与破坏形式

以沥青混凝土作为路面材料的道路称为柔性路面。如图4-5所示，沥青混凝土高等级公路的断面由面层、基层、垫层和路基构成，其中只有面层使用沥青混凝土，所以面层又称为沥青材料层。

道路的面层直接承受车辆荷载的作用和环境的影响，应具有较高的抗弯拉强度、耐久性、耐磨性和抗滑性。高等级公路的面层厚度一般大于15cm，分为上、中、下三层。路面的上层以满足道路所需要的抗滑、耐

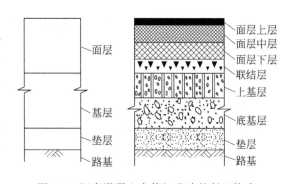

图4-5 沥青混凝土高等级公路的断面构成

磨、防噪声、排水和抗剪切滑移等性能为主，材料采用粗骨料粒径为 15mm 以下的细粒式沥青混凝土；中层以抗车辙、抗低温缩裂和抗渗为主，用中粒式沥青混凝土；而下层则以抗疲劳和抗渗为主，用粗粒式沥青混凝土。中层和下层是路面的主要结构单元，它的作用是把车辆的集中荷载分散到大面积的基层和垫层上，提高道路整体承受来自路面荷载的受力性能。道路面层中各层的受力状态、力学性能要求以及沥青混凝土的类型如表 4-2 所示。

表 4-2　道路面层中各层的受力状态及力学性能要求

面层分层	受力状态	力学性能要求	沥青混凝土类型	最小厚度/mm
上层	三向压缩区	抗剪切滑移	细粒式	25
中层	竖向压缩区	抗竖向压缩	中粒式	40
下层	两向拉伸区	抗疲劳	粗粒式	50

沥青混凝土道路在使用过程中，由于车辆荷载、温度变化以及沥青材料自身的老化等原因会发生以下几种破损现象。

(1) 温度开裂

沥青是一种感温性、粘弹性材料，在正常使用条件下，沥青的延性变形和粘滞流动能够使路面内的温度应力松弛。而在低温条件下，沥青将失去延性和粘滞流动性而变脆，劲度增大并具有纯弹性。当沥青在低温时受到温度突变的作用，由于变形引起的应力不能通过粘滞流动得到松弛，应力超过其抗拉强度时，路面就出现开裂。对于同一等级的沥青，感温性能越强，低温开裂可能性越大。

(2) 疲劳开裂

疲劳是沥青混凝土路面在重复荷载作用下产生的一种破坏形式。其原因有以下几方面。①施加的荷载超过结构设计标准；②实际交通量超过设计交通量；③各结构层承载能力降低；④环境因素引起的附加应力。通过沥青混合料疲劳寿命的室内实验，可以预估计路面可能的寿命，但不准确。室内实验采用控制应力和控制应变两种加载方式，前者适用于厚层路面设计(≥8cm)，而后者适用于薄层路面(<8cm)。实验表明，对薄层路面，要获得较高的疲劳寿命就需选用劲度较高的材料。

(3) 永久性变形

沥青混凝土路面出现车辙、裂缝、表面平整度降低等不可恢复的变形称为永久性变形。这些变形影响沥青混凝土结构物的使用功能和寿命。造成路面永久性变形的客观因素主要有交通荷载和温度条件等，而沥青混凝土自身的影响因素主要有沥青的质量和用量、矿料类型和级配、沥青与矿粉比例和密实度等。

当沥青混合料承载时，骨料颗粒和沥青均受力，但骨料质地坚硬，产生的应变可以忽略，而沥青质软，产生的应变很大。因此沥青混合料的变形性主要与沥青的性质相关，变形大小取决于沥青的粘度。沥青的粘度越高，沥青混合料的劲度越大，抵抗荷载作用的能力越强，越不易产生车辙等永久性变形。同时，沥青混凝土主要依靠骨料颗粒间的嵌锁作用抵抗变形，所以骨料的级配、粒形及用量，尤其粗骨料的含量是控制混合料变形的主要因素。增大骨料的最大颗粒尺寸和碎石含量，可以提高沥青混凝土的抗永久变形能力。研究表明，细粒式沥青混凝土的车辙深度为粗粒式和中粒式沥青混凝土的 2.29 倍；单轴压缩徐变实验结果表明，最大粒径相同，但碎石含量为 59% 的多碎石沥青混凝土的压缩应变，明显小于碎石含量为 42% 的沥青混凝土。为提高沥青混凝土的高温稳定性，骨料中天然砂的含量不超过 20%。就矿料级配而言，密级配的沥青混凝土抗永久变形能力明显大于开级配沥青混凝土。

(4) 粘结力丧失

沥青与矿料之间的粘结在潮湿条件下会被削弱或损坏,这种现象称为剥离。在车辆荷载及水分的共同作用下,剥离现象会明显加剧,所以剥离是交通荷载、环境侵蚀和水害交互作用的结果。环境侵蚀作用可能会影响骨料,但沥青老化使其韧性丧失,骨料颗粒表面的沥青包裹层破坏,从而导致脆性断裂的影响尤其严重。水分的影响更为明显,它会通过许多方式使粘结力丧失,下面所述的各种使粘结力丧失的原因大多与水分有关。

① 移动。指在沥青与水分接触后原平衡位置的回缩。图 4-6 表示一颗骨料包裹在沥青膜层里,A 表示在体系干燥时所处的平衡位置,有水存在则使平衡点移到 B,骨料颗粒则移到沥青表面。A 和 B 点的位置取决于沥青的类型与粘度。

② 分离。尽管沥青膜没有明显的破坏,但它与骨料被一层水膜和灰尘分隔开。虽然沥青膜仍包裹着骨料,但已不存在粘结力,沥青可能从表面完全剥离。

③ 破膜。沥青虽然还包裹着骨料,但其棱角处由于膜层过薄易破裂(如图 4-7 所示)。

④ 爆皮与起坑。当路面温度升高时,沥青的粘度降低,这时沥青会包裹落在其表面的水滴,形成起泡现象,如图 4-8(a)所示。当再次受到太阳曝晒时,水珠膨胀,表面沥青膜破裂,留下凹坑,如图 4-8(b)。

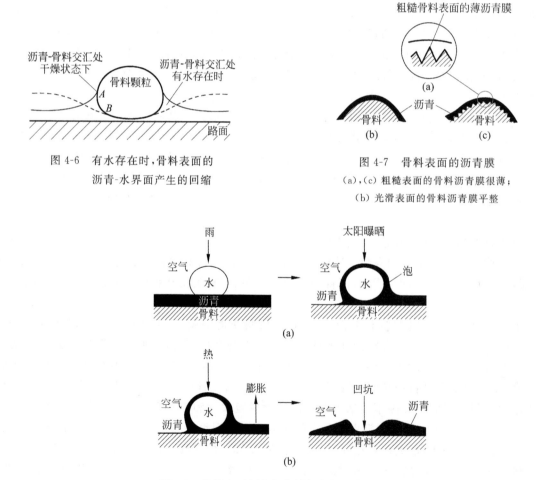

图 4-6 有水存在时,骨料表面的沥青-水界面产生的回缩

图 4-7 骨料表面的沥青膜
(a),(c) 粗糙表面的骨料沥青膜很薄;
(b) 光滑表面的骨料沥青膜平整

图 4-8 骨料表面沥青包裹层起泡与凹陷的形成过程

⑤ 自生乳化。水和沥青具有形成以水为连续相的乳液的能力,乳液带有和骨料表面相同的负电荷,因而产生斥力。乳液的形成如图 4-9(a)所示,它取决于沥青的类型,并且要有细颗粒(如粘土)存在以及交通荷载的作用。

⑥ 水力侵蚀。主要是车轮在潮湿的路面上行驶作用的结果。水被压到轮胎前沥青层内的小坑里,当汽车通过时,轮胎又把水汲上来,反复的拉压循环引起粘结破坏,如图 4-9(b)所示。

⑦ 孔压力。这种破坏形式在开级配混合料或未压实的路段最严重。过往车辆使道路被压实,水也被随之带进混合料,随后来往的车辆压迫带入的水,产生很高的孔压力,从而在骨料与沥青的界面形成通道,如图 4-9(c)所示,最后导致粘结力丧失。

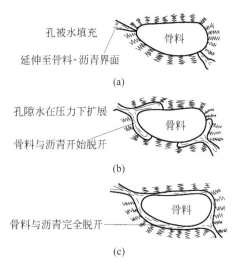

图 4-9 孔压力使粘结力丧失的机理

2. 沥青混合料钢桥面铺装

桥面铺装的作用是保护桥面板,防止车轮或履带直接磨耗桥面,并分散车轮集中荷载。目前问题最多、最受关注的是钢桥面沥青混合料铺装,如广东虎门大桥主航道桥(为钢箱梁悬索桥)通车约 3 个月,钢桥面铺装局部段落即开始出现热稳性病害如车辙、推拥等;通车不到 1 年半,钢桥面铺装即全面处治。

钢桥面铺装与钢筋混凝土桥的桥面铺装相比,有一些特殊要求:应具备良好的疲劳抗开裂性能以承受反复复杂变形;应具备优良高温稳定性能,以满足高达 70℃ 的高温使用条件要求;完善的防排水体系,以保证钢板不被侵蚀;良好的层间结合,保证铺装与桥面板的协同作用;对钢板变形有良好的追从性,以适应钢板变形;良好的平整度与抗滑性能。常见钢桥面沥青铺装结构形式如图 4-10 所示。

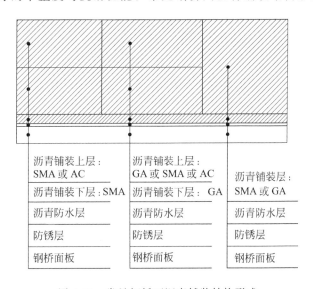

图 4-10 常见钢桥面沥青铺装结构形式

沥青铺装层厚度宜为4～8cm。沥青混合料类型主要为浇筑式沥青混凝土(GA)、沥青玛琋脂混合料、环氧改性沥青混凝土、沥青玛琋脂碎石(SMA)、密级配沥青混凝土(AC)。

浇筑式沥青混凝土采用硬质沥青,通常用岩沥青或湖沥青和道路沥青配合使用,添加高剂量矿粉,与骨料在220℃以上的高温下经过长时间的拌和,配制成一种既粘稠又有良好流动性的沥青混合料;浇筑后用木制镘刀抹平即可,而不需要压路机碾压。德国和日本较多采用该方法。

沥青玛琋脂混合料是由14%～16%的硬质沥青与石灰岩细骨料(矿粉含量40%～60%)拌制沥青玛琋脂,再与45%±5%(总混合料重量比)粗碎石拌制而成。它与浇筑式沥青混凝土组成非常相近,但在0.6～6.3mm间有明显的间断级配倾向。该方法英国采用较多。中国香港青马大桥和江阴长江大桥采用这种混合料,只铺筑一层主铺装层,总厚度一般为4～5cm。由于拌和时间较长,其施工效率相对较低。

上述两种混合料均是一种完全悬浮式结构混合料,骨料间毫无嵌挤,依赖硬质沥青的高软化点和高矿粉含量以及高温施工所带来的薄沥青膜(基本没有自由沥青)形成其强度和达到热稳性要求。

环氧改性沥青混凝土由壳牌石油公司最初开发用于机场道面以抵抗飞机燃油和喷气的侵害,1967年首次用于美国San Mateo-Hayward大桥正交异性钢板桥面的铺装层。它是通过在沥青中添加热固性环氧树脂和固化剂,经固化反应而形成的一种强度高、韧性好的沥青混凝土。美国应用最为广泛。在日本本四桥钢桥面铺装技术研究过程中,环氧改性沥青混凝土是比较方案之一。在疲劳实验中,环氧改性沥青混凝土表现出非常优良的抗疲劳性能(较浇筑式沥青混凝土及橡胶改性沥青混凝土均优良),但在实验桥实施后约两年内,产生了大量的疲劳开裂。该研究的研究报告认为,主要原因是施工工艺要求严格,实施中难以达到实验效果。其施工难度主要体现在非常严格的施工温度控制和施工时间控制,且温度控制与时间控制均需充分考虑施工时的环境温度。当拌和、摊铺温度过高,掺入沥青中环氧树脂反应迅速,在有一定程度固化后,摊铺碾压都很困难;当施工温度过低时,因相应沥青粘度较高、摊铺碾压也很困难且难以完成反应、固化。一般情况下,环氧改性沥青混凝土除进行充分的性能实验外,在120～160℃内,应进行大量的工艺实验,选定适宜的拌和温度(及控制范围)和确定拌和后允许的施工时间。2000年南京长江二桥采用环氧沥青铺装桥面,这在我国尚属首例。

沥青玛琋脂碎石混合料SMA是在沥青玛琋脂混合料基础上增大碎石含量(4.7～5mm以上碎石达70%左右或更多)改进而得,也是一种更明显的间断级配混合料:粗集料多、细集料少、矿粉用量多、沥青用量也多。粗集料石-石接触,形成骨架结构,由沥青、矿粉和纤维组成的玛琋脂填充其空隙,是一种典型的骨架型密实结构。SMA与普通沥青路面相比,具有良好的高温稳定性、耐久性、低温抗裂性和抗滑性。在德国,SMA既用于铺装下层,也用于铺装面层。在日本,SMA主要用于铺装下层,面层则用改性沥青密级配混凝土。改性沥青双层SMA方案已在我国广东虎门大桥、汕头海湾大桥、厦门海沧大桥、武汉白沙洲长江大桥的钢桥面铺装中得以应用。其铺装厚度一般要求7.0～9.0cm;铺装下层采用SMA10,设计空隙率3.0%,具有良好防渗效果(渗水率小于1×10^{-8}m/s);铺装下层与防水层共同组成防水隔离层。

比较上述几种钢桥面沥青铺装形式,在使用性能和使用寿命上,环氧沥青铺装最好,浇筑式沥青和SMA次之,普通沥青最差。在施工工艺上,环氧沥青混合料拌制工艺虽不是太复杂,但对温度、时间控制非常严格;浇筑式沥青工艺比较特别,需要特殊的拌制设备;SMA只是比普通沥青路面复杂一些。在造价上,如以同样厚度相比较,则环氧沥青铺装成本最高,浇筑式沥青铺装次之,SMA比普通沥青费用约增加20%～30%,但比环氧沥青和浇筑式沥青为低。然而,环氧沥青因强度高,铺装层因此可以减薄,减轻了自重,反而有利于降低造价;浇筑式沥青铺装层厚度也较薄,可与普通沥青铺装复合使用。

3. 特殊沥青混凝土路面简介

近年来,随着交通事业的发达,以改善出行环境、减少交通给环境带来的噪声和振动等公害为目的,具有特殊功能的路面材料已经开发出来或在研究之中。这些材料是未来道路材料的发展方向。

(1) 透水性路面材料

传统的路面材料为了达到强度以及耐久性的要求,通常是密实、不透水的。但是这种路面所带来的问题是刚度较大,在车轮冲击荷载的作用下所产生的噪声较大。据统计,城市噪声大约 1/3 来自交通噪声;同时,雨天路面积水时形成的水膜,增加了车辆行驶的危险性;在城区,由于道路覆盖率较大,不透水的路面使得雨水只能通过排水系统排走,不能直接渗入地下补充城市地下水;土壤湿度不够,影响地表植物的生长,对空气温湿度的调节能力薄弱,生态平衡受到破坏。而透水的路面材料能够很好地改善传统路面的这些弱点。透水性沥青混凝土路面已在美国有所应用,多孔路面可以吸收车轮摩擦路面发出的噪声,同时路面不积水,行车安全性和舒适性提高,同时对改善环境和调节生态平衡具有积极的作用。

(2) 低噪声、柔性路面材料

英国正在进行掺有橡胶材料的柔性道路实验。这种新技术是把直径 3mm 的橡胶颗粒添加到传统的沥青混凝土路面材料中去,这可以防止粗骨料石子因互相摩擦而发出的噪声。橡胶颗粒只占路面材料的 3%,其来源主要是废弃的轮胎。实验结果表明,掺入路面材料中的橡胶颗粒,不仅能减小 70% 的路面噪声,还能吸收光线,增加行驶舒适性和安全性。尽管这种路面材料比传统的沥青混凝土造价要高 10%,但是在全人类共同关注地球环境的今天,这种既可利用废旧轮胎、又能大幅度减小噪声、属于环保型的路面材料将大有发展前途。1998 年 7 月 1 日为英国的"国家噪声宣传日",正是在这一天,英国第一段橡胶柔性路面进行了实用性的铺设实验。

法国也已进行这种柔性路面材料的开发,而且应用于工程实际。从 1995 年起,法国每年大约铺设 100km 这种橡胶柔性道路,主要应用于居民区的繁忙街道和医院等地方,取得了良好的环保效果。

2003 年 6 月在北京市区主路试铺了 1 200m 低噪声大空隙率透水沥青路面,与普通沥青路面相比,噪声平均降低 4 分贝,同时还可有效排除路表积水,避免水滑和水漂现象。

4.3.2 水工工程中的应用

沥青材料具有憎水性、延性以及与矿质材料之间良好的粘结性,所以沥青混凝土在水工结构物中被广泛地应用,例如用作防渗层、排水层、护岸稳定层、接缝止水处理等。使用沥青混凝土建造的防水、防渗、透水结构物,具有不开裂、不透水、不溃散、能保持连续性并能传递荷载等优点,既安全又经济,受到人们的重视。沥青混凝土在水工结构物中主要用于以下部位。

1. 防水层沥青混凝土

用于大坝的沥青混凝土心墙(图 4-11(a))、斜墙(图 4-11(b))、水平底板,以及渠道和人工湖的底衬等防渗部位,要求具有较高的密实性与不透水性,孔隙率一般为 2%~3%,渗透系数为 $(10^{-7} \sim 10^{-10})$ mm/s,骨料多为连续级配,沥青用量约为 6%~9%。

沥青混凝土作为水工的防渗结构主要有以下优点:①具有不透水性。这是对防渗结构最基本的要

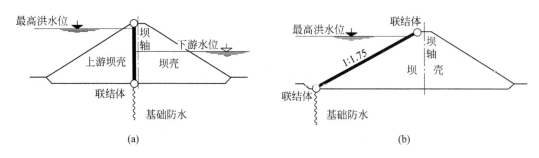

图 4-11　用于大坝的沥青混凝土心墙和斜墙示意图

求。通过优化配比,掺入矿粉填料,碾压密实等方法可以获得不透水的沥青混凝土。②具有连续性并能传递荷载。沥青混凝土变形能力强,不需要设置接缝,所以连续性好,作为沥青混凝土心墙或斜墙除了用作防渗屏障以外,还能将水库的水压力传给坝体,并能适应坝体的位移,而不影响其防渗能力和稳定性。③能承受动荷载。沥青混凝土较水泥混凝土具有更好的柔性,用作坝体防渗结构能够承受地震等动荷载的作用。日本学者笠原、石崎等人研究了沥青混凝土的应力与应变以及抗震性能,指出只要芯墙能适应坝体的位移,承受静水压力和地震荷载,沥青混凝土就能承担防渗的需要。美国学者布雷茨通过研究证明了沥青混凝土承受动载的能力。当坝体承受像 1940 年美国加利福尼亚州地震中心的强震作用时,沥青混凝土显示出弹性变形能力,经过 200 次重复剪切和拉伸加载实验,被压实的沥青混凝土结构没有出现不利影响。

三峡枢纽工程的重要组成部分之一茅坪溪防护大坝(土石坝)坝体采用碾压式沥青混凝土心墙防渗,两岸岸坡采用沥青混凝土防渗墙防渗,防渗体总长度 1 840.00m,其中沥青混凝土防渗墙长 887.75m,厚 0.5~1.2m。采用新疆克拉玛依炼油厂生产的水工沥青。该坝最大坝高 104.00m,坝顶高程为 185.00m,是国内最大的碾压式沥青混凝土心墙,也是我国沥青混凝土心墙首次用于高坝。

2. 排水层沥青混凝土

用于防水层下的排水层,有良好的透水性。压实后的孔隙率约为 40%~60%,多采用孔隙率大的开级配骨料,沥青用量约为 2%~4%。

3. 反滤层或找平层沥青混凝土

用于防渗体的基层,形成一强固层,便于摊铺机运行,且保证防渗体的稳定。该层多采用粗骨料,孔隙率较大,沥青用量为 3.5%~5.0%。

4. 保护层沥青混凝土

用于防渗体表层,保护防渗层,延长使用寿命,一般采用沥青砂浆或胶浆。

5. 水下沥青混凝土

在防波堤、丁坝、大坝防冲击区等抛石体部位,沥青混凝土可用来灌注水下堆石体或预制混凝土构件的接头,这样可以提高堆石体的抗冲击能力。例如我国的钱塘江堤,日本的西尾防波堤、荷兰的格雷韦林根大坝防冲区、意大利米兰坝的截水墙等都采用了沥青混凝土或沥青砂浆。我国钱塘江下游某抛石丁坝,在坝坡脚抛石体内灌注水下沥青混凝土,用来加强抛石体的整体性以抵御涌潮袭击。实践证明:在水下将沥青混凝土灌注在抛石体的缝隙中,对防止抛石的翻动效果较好。

6. 防护性沥青混凝土

在水库大坝、海岸等易受水流冲刷部位,用沥青混凝土预制或现场浇注防渗或不防渗沥青混凝土作为防护层,能经受波浪、扬水压力和潮汐引起的冲刷力,抵御侵蚀、剥蚀、水压和冰压等。

思 考 题

1. 沥青混凝土与普通水泥混凝土的性能有哪些差异?
2. 沥青混凝土的组成材料有哪些?各起什么作用?
3. 沥青混凝土中的粗细骨料及矿粉填料的粒径范围各为多少?
4. 分析密实-悬浮型、骨架-空隙型、密实-骨架型等不同结构形式的沥青混凝土的受力及变形特征?
5. 影响沥青混凝土内聚力和摩擦角的内因和外因有哪些?
6. 什么是沥青混凝土的劲度模量?劲度模量受哪些因素影响?
7. 石油沥青的三大组丛是什么?分别对沥青的总体性能有何影响?
8. 石油沥青的三大技术指标是什么?分别反映沥青的哪些性能?
9. 测定石油沥青的技术指标时对实验条件有何要求?
10. 石油沥青在使用过程中为什么会发生老化现象?
11. 矿粉填料在沥青混凝土中起提高粘滞性、增加温度稳定性的作用,试叙述其机理。
12. 用于道路和水工的沥青混凝土在技术性质要求上主要有哪些异同?
13. 查阅有关文献,综述钢桥面铺装用沥青混合料现存的问题和改进思路。

第5章 砌体材料

5.1 概述

砌体是由块体和砂浆砌筑而成的整体结构。由于其原材料来源广泛、价格便宜、耐久性和热工性能良好、施工简单，砌体结构具有很强的生命力，从古老的砖、石砌体逐渐发展为现代的空心砌块砌体、配筋砌体，而成为世界上都受重视的一种建筑结构体系。根据砌体中是否配置钢筋，砌体可分为无筋砌体和配筋砌体。对于无筋砌体，按照所采用的块体又分为砖砌体、石砌体和砌块砌体。砌体材料包括块体（砖、石材、砌块）、砂浆以及钢筋、灌注用浆或混凝土。本章主要论述这些材料及其砌体的基本特点。

砖和砌块这两种块体的主要差别是尺寸，砌块比砖大。我国对这两者的定义是：三个边长分别等于或小于 360、240、115mm 的为砖，其中任何一个边长超过上述限制者为砌块。

我国每年墙体材料总能耗约占建材工业总能耗的 50%。1990 年，我国的墙体材料产量折合普通砖约 4 500 亿块，其中新型墙体材料（包括烧结空心砖、各种废渣砖和非粘土砖、砌块、加气混凝土）只占 4.5%。到 2000 年，在城市新建房屋中，新型墙体材料的使用比例要争取达到 50%。欧美国家实心粘土砖一般只占 10% 以内，新型墙体材料占 90% 以上。

5.1.1 砖

1. 分类

我国使用的砖主要有烧结普通砖、承重粘土空心砖（简称空心砖）和非烧结硅酸盐砖。

1) 烧结普通砖

烧结普通砖是以粘土、页岩、煤矸石、粉煤灰为主要原料，成型为标准尺寸的单元，然后在 900~1 200℃ 下焙烧而成的制品，是一种以二氧化硅（一般重量百分比为 55%~65%）和氧化铝（10%~25%）为主，并与多达 25% 的其他成分结合而组成的陶瓷体，其中含有微晶态的莫来石、玻璃态物质和石英。

粘土成分和煅烧时的化学变化还影响砖的最终颜色。决定砖体色泽的是氧化铁的价位：在氧化气氛下煅烧时，它以三价铁的氧化物存在，呈棕红色；在煅烧的最后阶段，通过限制空气量或向窑内喷入适量燃料驱除氧气，即在还原气氛下煅烧，则铁将以二价铁氧化物存在,或以三价铁和二价铁氧化物混合存在,这样得到的产品呈青蓝色或青黑色。

2) 承重粘土空心砖

孔洞率大于15%的砖称为空心砖。空心砖按孔洞方向分竖孔空心砖与水平孔空心砖两种(见图5-1)。前者孔洞垂直于承压面,孔洞率大于15%,容重一般为1 400kg/m³左右;后者孔洞平行于承压面,孔洞率一般大于30%,容重约为1 100kg/m³。竖孔空心砖通常用于砌筑承重墙(一般用于六层以下建筑物),又称承重空心砖。为了避免使砖的强度下降过多,承重砖的孔洞率不宜超过40%。水平孔空心砖多用于非承重墙,如多层建筑的内隔墙或框架结构的填充墙等。其孔洞率应不小于40%,可达60%或更大。大孔洞空心砖的优点为尺寸大、表观密度小、隔热性能较好。这种砖砌体还可在孔洞内配筋。制砖时,若在粘土内掺入适量的锯屑、稻壳等植物纤维,焙烧后可制得微孔砖,不但有足够的强度、自重减小,而且隔热、隔声性能改善。

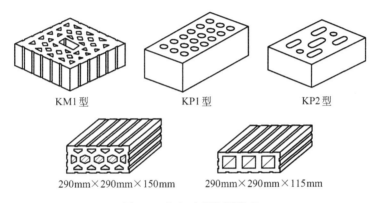

图5-1 空心砖的孔洞类型

与实心砖相比,空心砖可减轻结构自重,砖体尺寸大,可节约砌筑砂浆用量、缩短工时,并可减少粘土、电力及燃料消耗量,改善建筑物的隔热与隔声性能。在我国,粘土空心砖比普通烧结砖节省粘土用量20%～30%、燃料消耗10%～20%、减轻墙体自重10%～35%、减少砌筑砂浆用量20%～25%、提高砌筑工效20%～40%、降低墙体总造价约20%。

20世纪60年代以来,国外用作楼盖梁及板的空心砖类型和规格越来越多,有的作承重用,有的作楼板的填充层,还有的在孔洞内设置钢筋,做成配筋空心砖楼板、梁,或做成预应力空心砖楼板、梁。

粘土砖是一种传统材料,需要消耗大量粘土、破坏良田。因此,国内外还广泛采用非烧结硅酸盐砖,包括灰砂砖、粉煤灰砖和煤渣砖。它们是以含二氧化硅为主的硅质原料(如砂、粉煤灰、煤渣),配以少量石灰、石膏,经搅拌、成型、在高温和高压或常压下养护(分别称为蒸压或蒸养)而成的实心砖。灰砂砖和蒸压粉煤灰砖产生强度的机理与烧结砖不同:它们以磨细SiO_2与$Ca(OH)_2$在蒸压条件下水热合成的水化硅酸钙晶体为胶凝组分,将未反应的砂或粉煤灰粘结在一起而形成强度。

2. 规格

各个国家由于建筑模数不同,标准砖的尺寸也有差异。我国烧结普通砖的标准尺寸为240mm×115mm×53mm。

空心砖还没有一个统一的标准尺寸和孔型,孔洞率差别也很大(10%～40%)。在我国标准《承重粘土空心砖》(JC 196—1975)中推荐了三种规格:KM1、KP1和KP2(见图5-1)。K表示空心,M表示模数制,P表示可与普通砖匹配。该标准中只规定三种砖的尺寸而未规定孔型。KM1的规格为190mm×190mm×90mm,KP1为240mm×115mm×90mm,KP2为240mm×180mm×115mm,孔洞率一般为20%。它们与普通砖组合,即可用于砌筑120~500mm厚的砖墙。水平孔空心砖的主要规格为190mm×190mm×90mm和190mm×190mm×140mm。

5.1.2 砌块

砌块也分实心、空心和微孔砌块三种。每种类型中又有多种多样的形式,可以在风格上和功能上适应砌体结构的不同要求。但加气混凝土砌块只能是实心的。

我国生产的空心砌块以混凝土空心小砌块为主。它是以水泥为胶凝材料,普通砂、石为骨料,按一定比例加水搅拌,经振动、振动加压或冲压成型,并经养护而成的空心墙体材料。由于成品砌块需要承受自重,并能经受挤压时的任何移动和振动,因此,和普通混凝土相比,砌块采用非常干、水泥用量低、骨料粒径小的拌和物。空心砌块的表观密度一般为实心砌块的一半左右。小型砌块的主要规格为390mm×190mm×190mm,配以几种辅助规格(见图5-2)。

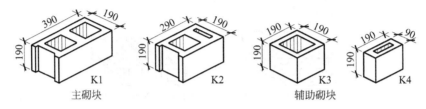

图 5-2 混凝土空心小砌块示例

实心砌块的表观密度一般在1 500~1 600kg/m³以上,并以粉煤灰硅酸盐砌块为主,它以粉煤灰、石灰、石膏为原材料,加上水和骨料经搅拌成型与蒸汽养护而成,与硅酸盐砖的生产类似,工艺简单。这类产品可用于一般工业与民用建筑的承重结构或围护结构,不宜用于经常处于高温下的受酸性腐蚀介质侵蚀的建筑物。主要规格为:长880mm或1 180mm,宽180、190、200、240mm,厚380mm。

微孔砌块通常采用加气混凝土和泡沫混凝土制成。北京等地区生产的加气混凝土砌块,以胶凝材料(通常为水泥、石灰)、硅质原料、水和发气剂(通常为铝粉)为原材料,经拌和、浇注、发气、切割和蒸压养护而成。其表观密度仅400~600kg/m³,抗压强度可达3~4MPa,可用于建造三层住宅及单层工业厂房。由于密度小,可制成大尺寸板材,进一步减轻结构自重。

5.1.3 石材

在建筑中还可采用重质岩石及轻质岩石(以表观密度1 800kg/m³为划分界限)作为砌体材料。天然石材作为结构材料而言,具有较高的强度、硬度及耐磨、耐久性等优良性能,且天然石材可以兼做饰面材料。但由于其价格高、抗震性能差、地域性强,作为结构材料已经逐步为混凝土所代替,现在多利用其装饰功能。重岩石材如花岗岩、砂岩、石灰石等,具有高强度、高抗冻性和抗渗性,可用于基础砌体和重要房屋的贴面层。在产石的山区多因地制宜采用重岩毛石砌筑墙壁(个别有达6层的),但由于重岩的传热性高,用于建造采暖房屋时,墙厚要很大,因此一般不经济。轻质岩石容易加工,导热系数小,但抗压强度较低,耐久性较差。

5.1.4 砌筑砂浆

砌筑砂浆(以下简称砂浆)在砌体中起着非常重要的作用,它将砌体内的块体连成一个整体,并因抹平块体表面而使应力分布较为均匀。块体与砂浆的协同作用基本决定了砌体的力学性能。此外,砂浆填充了块体之间的缝隙,减少了砌体的透气性,因而提高其隔热性能,还可提高其抗冻性。当灰缝中配筋时,砂浆还起到保护钢筋免受腐蚀的作用。

砂浆按其成分可分为:无塑性掺和料的(纯)水泥砂浆、有塑性掺和料(石灰膏或粘土浆)的混合砂浆,以及不含水泥的石灰砂浆、粘土砂浆和石膏砂浆等非水泥砂浆。砂浆的组成材料与混凝土基本相同,只是没有粗骨料,因此可认为砂浆是细骨料混凝土。与混凝土不同,砂浆中除了水泥,还普遍掺石灰膏或粉煤灰,以改善砂浆的和易性,并使其具有良好的弹性。石灰膏用量多时,要降低砂浆强度。

新拌砂浆应具有良好的和易性,包括流动性和保水性,使砌筑时砂浆易于在粗糙的块体表面上铺展成均匀的薄层,而且能和底面紧密粘结,以保证砌体强度、提高劳动生产率。砂浆流动性大小的选择,与块体材料的性质及施工方式、天气有关。多孔及吸水性强的块体,或在干热天气里砌筑时,要求流动性较大。保水性指新拌砂浆保持水分,以及各组分不易分离的性质。砌筑时,块体要吸走一部分水分。吸走的水分适量,对灰缝中砂浆的强度和密实性有利。但如果砂浆的保水性差,新铺在块体面上的砂浆水分很快被吸去,则使砂浆难以抹平,而影响灰缝的平整度,进而影响应力传递的均匀性。若被吸走的水分过多,砂浆不能正常硬化,砌体强度则会大大降低。在砂浆中掺加塑化剂,可以改善其和易性。混合砂浆的保水性比纯水泥砂浆好,可减少砂浆中水分蒸发,有利于水泥水化,满足块体的吸水要求。同时,由于石灰膏或粉煤灰的凝固比水泥慢,有利于使因收缩产生的发丝裂纹愈合,因此可以提高砂浆与块体的界面粘结强度。

砂浆用砂的要求与混凝土相似。但由于砂浆层较薄(一般为10mm左右),砂的最大粒径需相应减小,例如,砖砌体用砂以中砂为宜,粒径不得大于2.5mm,抹面及勾缝砂浆应用细砂。

5.1.5 灌注混凝土或稀砂浆

配筋砌体采用细石混凝土或稀砂浆灌注砌块孔洞,凡是配筋的地方均要求灌注,以获得良好的整体性。灌注用混凝土或稀砂浆与普通混凝土的不同之处在于:碎石最大粒径较小(10mm);流动性大,坍落度控制在200~250mm。砌块吸水性越强时,坍落度越大。根据砌块孔洞和空腔宽度大小,采用细灌注混凝土或粗灌注混凝土灌注。前者即不加碎石的稀砂浆,但应限制石灰用量;后者在细石混凝土中加入更多的水,典型的配合比为水泥:松散潮湿的砂 = 1:(2.5~3),外加足够的水,使坍落度在200~250mm。

稀砂浆的最小灌浆孔洞通常不小于38mm×50mm或20mm宽,在双层墙之间的空腔内一般采用较低的灌注高度。前者主要用于空腔宽度大于38mm和砌块孔洞尺寸大于38mm×75mm的情况,典型体积配合比为:水泥:砂:碎石=1:(2.5~3):(1~2),外加足够的水,使坍落度在200~250mm。当空腔和孔洞最小尺寸超过150mm,可采用高流动性的普通混凝土灌注,骨料粒径允许达到25mm。

5.2 砌体与砌体材料的结构

5.2.1 砌体的整体结构

砖、砌块和砂浆(可能还有配筋)或灌注混凝土构成了砌体结构。因此,砌体结构的强度是上述几种材料及整体粘结作用的函数,即不仅取决于块体和砂浆的强度,还在相当大的程度上取决于界面的粘结强度。

虽然从宏观上看,砌体是一个整体,但实际上它并不是连续的整体,也不是完全的弹性材料。由于砌体内砂浆水平灰缝的厚度、饱满度和密实性不均匀、块体的形状与表面不规整、尺寸不准确(见图 5-3),使得块体处于复杂的受力状态。每块块体并不是支承在其整个底面,而仅支承在刚性大的局部面积上;灰缝内的砂浆不完全与砖面接触,而为空气所隔离。所以,虽然砌体在整体上是承受垂直于底面的局部荷载作用,但由于每个块体的受力不均匀且无规律,荷载不但在块体内产生压应力,还引起弯矩和剪应力。

块体组成的砌体可看作是两种材料层交替而成。图 5-4 表示砖和砂浆受压时的应力-应变曲线。可以看出砂浆具有一定的弹塑性性质,而砖基本是刚性的。假定受相同应力时,块体产生的横向变形小于砂浆,由它们复合而成的砌体柱体的变形在两者之间(见图 5-5)。低强

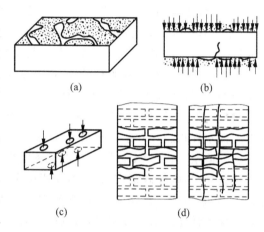

图 5-3 块体在砌体中的受力特性
(a) 界面不均匀性示意图;(b) (a)中局部放大 2 000 倍;
(c) 单块块体受力示意图;(d) 块体在砌体中受力示意图

度砂浆的变形受到块体这种刚性材料的限制,因此处于三向受压状态;反之,由于存在刚性较小的砂浆灰缝,块体的横向变形增大。所以,虽然是轴心受压,但块体在水平方向上承受拉力。而且,随着砂浆变形率增大,块体受到的弯剪应力和横向拉应力也增大,砌体强度降低。前苏联规范中考虑到轻质砂浆的变形较大,将砌体强度减小 15%。

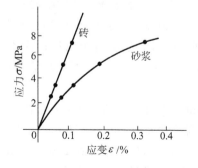

图 5-4 砖和砂浆的受压应力-应变曲线

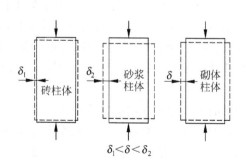

图 5-5 砖、低强度砂浆及砌体变形的比较

由于块体与砂浆之间的界面粘结力较弱，水平灰缝厚度及其饱满度、块体面的光洁度与潮湿程度，都对块体—砂浆界面粘结强度有显著影响。砌体受压时，灰缝越厚，砂浆的横向变形越大，块体内的拉应力随之增大，砌体强度就越低（见图5-6）。对于空心砖砌体，由于孔洞使砖内受横向拉应力的面积减小，因此随灰缝厚度增加，空心砖砌体抗压强度受影响较大。实际工程中，为兼顾施工，要求砖砌体的水平灰缝厚度为10mm左右，不得小于8mm，也不得大于12mm，空心砖砌体的灰缝厚度则控制在11mm左右。灰砂砖和蒸压粉煤灰砖由于主要矿物组成为水化硅酸钙结晶，本身结构均匀密实，表面比较光滑，与砂浆的粘结强度不如表面粗糙、有一定吸水性的烧结粘土砖。因此，虽然灰砂砖本身可以达到较高的强度等级，但砌体的整体受力性能仍然受影响。水平灰缝厚度t(mm)对砖砌体和空心砖砌体抗压强度的影响系数ψ_t和ψ_{th}分别见下式

$$\psi_t = 1.4/(1+0.04d) \tag{5.1}$$

$$\psi_{th} = 2/(1+0.1d) \tag{5.2}$$

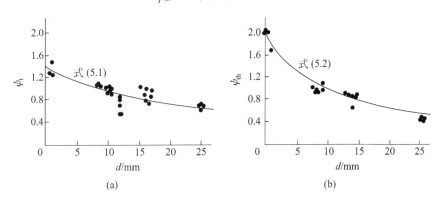

图 5-6 灰缝厚度对砖砌体和空心砌体抗压强度的影响
(a) 砖砌体；(b) 空心砖砌体

由于块体砌筑时的含水率波动较大，影响界面粘结，也就影响砌体的各项强度性能。砖在砌筑时的含水率ξ_w对砌体抗压强度ψ_w的影响系数见图5-7。可见砌体抗压强度随着砖含水率的增大而提高。这是因为，虽然砂浆本身的强度因为其水灰比增大而受到负面影响，但砖面上多余的水分有利于砂浆的硬化，处于砖面之间的砂浆如同在潮湿状态下养护，砂浆强度的提高进而提高了砌体强度；另外，多余的水分还可提高砂浆的流动性，使其在砖面上铺得更均匀，有利于改善砌体内的复杂应力状态，更充分地发挥砖的强度，从而也提高整体强度。砖的含水率以8%~10%为宜。对于灰砂砖和粉煤灰砖，因其吸水率低，故要求控制其含水率为5%~8%。

无筋混凝土空心砌块砌体主要靠大墙体的厚度和自重来抵抗外来的水平和垂直荷载，除采用高强度的块体和砂浆外，通常砌体强度较低，尤其是抗拉和抗剪强度低，抗震性能差，且墙、柱截面尺寸大，材料用量多，自重大，不适应建筑物高层化的趋势。配筋灌孔大大提高了砌块砌体的整体性，砌体强度与变形能力均显著改善，把原来的脆性材料变为具有良好延性的弹塑性材料，使其抗震性能提高，墙体厚度减薄，并可用于多层和高层建筑。例如，在1981年美国洛杉矶大地震中，未经抗

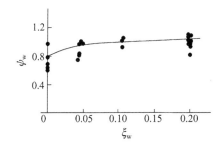

图 5-7 含水率对砖砌体抗压强度的影响

震加固的422幢无筋砌体楼全部破坏,经抗震加固的404幢无筋砌体楼中只有78幢破坏,而凡是采用配筋砌块砌体的建筑都没有破坏。

5.2.2 砖的孔结构

工程师主要关心的是块体的力学性能、吸水性、渗透性以及耐久性。所有这些性能由砌体材料的孔结构控制。块体内的孔包括微孔和像空心砖中的宏观孔洞。粘土砖的孔隙率波动很大,可从1%～50%。孔隙率取决于粘土成分、煅烧的温度与时间。孔的典型尺寸大约为1～10μm,几乎没有孔径小于0.2μm的微孔。因此,比表面积较小,只有约200～500m²/kg。微孔的存在使砖会因毛细作用而吸水,吸水率与孔隙率成正比。砖应该有适当的含水率和吸水率,这样既能吸收多余的水并提供潮湿的养护环境,使砂浆强度提高,又不至于使砂浆迅速失水而和易性变差及影响硬化。

块体的抗压强度随孔隙率的增大而降低(图5-8),但也受粘土成分和煅烧的影响,并对产品中的缺陷敏感。竖孔空心砖在孔洞率为25%～40%时,对砖的抗压强度影响仍很小。这是因为在生产孔洞较大的砖时,挤压成型的压力增大,砖的四壁及肋部密实性提高,抵消了由于孔洞引起的强度降低。但对于水平孔空心砖,由于荷载的方向与挤压孔洞的方向成直角,砖的强度受孔洞率影响显著。

砖的密度ρ取决于粘土的成分,在2 250～2 800kg/m³之间,多为2 600kg/m³左右。

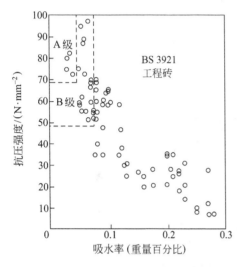

图5-8 砖的抗压强度与吸水性之间的关系

5.3 砌体及砌体材料的力学性能

在我国的《砌体结构设计规范》中,根据抗压极限强度大小,将砌体材料划分为:

(1) 烧结普通砖、非烧结硅酸盐砖和承重空心砖的等级为:MU30、MU25、MU20、MU15、MU10和MU7.5,数字表示以MPa为单位的抗压极限强度。

(2) 砌块的强度等级为:MU15、MU10、MU7.5、MU5和MU3.5。空心砖或空心砌块的抗压强度按毛面积计算。

(3) 石材的强度等级为:MU100、MU80、MU60、MU50、MU40、MU30、MU20、MU15和MU10。

(4) 砂浆的强度等级:按立方体砂浆试件的28天抗压强度分为:M15、M10、M7.5、M5、M2.5、M1、M0.4。对常用配合比((1:2)～(1:3))的石灰砂浆,龄期一个月的抗压强度为0.4MPa,6个月为0.6MPa,1年为0.8MPa。

国外砖的抗压强度一般均达30～60MPa,且能生产高于100MPa的砖。国外砂浆的抗压强度也较高。如美国ASTM C270规定的3类砂浆均为石灰混合砂浆,抗压强度分别为25.5、20和13.8MPa。

5.3.1 砌体轴心受压应力状态

根据裂缝的产生和发展,可将砌体的轴心受压破坏过程分为3个阶段(见图5-9):裂纹在单块块体内的产生(见图5-9(a)),裂纹连通穿过多个块体(见图5-9(b)),裂纹失稳扩展使砌体破坏(见图5-9(c))。在均匀的轴心压力作用下,砌体内的块体并不处于均匀受压状态,而是处于复杂的受力状态,受到较大的弯、剪和拉应力共同作用。因此,砖砌体的破坏不是砖的受压破坏,而是砖受弯、剪、拉复杂应力破坏的结果。这是砌体受压性能不同于其他建筑材料的基本点。

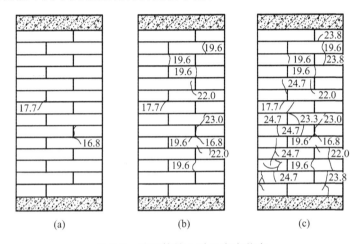

图5-9 砖砌体轴心受压应力状态

砖砌体在轴心受压破坏时,一个重要的特征是单块砖先开裂,且砌体的抗压强度总是低于所用砖的强度。造成这种差异的原因有三点。最关键的是块体-砂浆界面结构的不均匀性,其次是强度测试方法失真。以115mm×115mm×120mm的砖做试件,中间只用一道仔细抹平的水平灰缝粘结,因此试件的受力状态远比实际砌体中的情况有利。三是砂浆和砖两种材料的弹性模量和横向变形不等,砖的横向变形一般较小,砌体受压时,它们相互约束,砖内产生横向拉应力;砂浆的弹性使砖如同弹性地基上的梁,基底的弹性模量越小,砖的变形越大,其内部产生的弯、剪应力也越高;在砌筑时,与水平灰缝相似,垂直灰缝一般也都不能充分填实,砖在此也易产生应力集中。

5.3.2 砌体轴心受拉应力状态

图5-10表示承受轴心拉力的砌体。按照外力N_t作用于砌体的方向,砌体的轴心受拉可分为三种情况:沿齿缝截面(Ⅰ—Ⅰ截面)轴心受拉(见图5-10(a)),沿块体截面(Ⅱ—Ⅱ截面)轴心受拉(见图5-10(b))以及沿水平通缝截面(Ⅲ—Ⅲ截面)轴心受拉(见图5-10(c))。

砌体的轴心抗拉强度主要取决于灰缝中砂浆与块体的粘结强度,当受拉作用方向平行于水平灰缝时,取决于其切向粘结强度。一般情况下,当块体强度较高而砂浆强度较低时,块体的抗拉强度大于砂浆-块体的切向粘结强度,砌体沿齿缝截面破坏;当块体强度较低而砂浆强度较高时,块体抗拉强度小于切向粘结强度,砌体将沿块体截面破坏。当受拉作用方向垂直于水平灰缝方向时,砌体轴心抗拉强度主

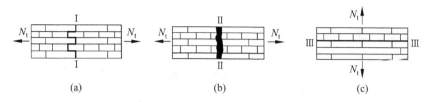

图 5-10 砌体轴心受拉破坏特征

要取决于砂浆-块体的法向粘结强度。由于灰缝中砂浆与块体的法向粘结强度很低,且非常不均匀,砌体将沿水平通缝截面破坏,工程中一般不允许采用这种受力状态不良的构件。

砌体沿齿缝截面破坏时,其轴心抗拉强度还与砌筑方式有关。通常砌体竖向灰缝中的砂浆不饱满,同时该缝内的砂浆收缩,因此一般不考虑竖向的抗拉能力,认为由水平灰缝承担全部拉力。因此,对砌筑方式的影响本质上是砂浆-块体的粘结面积。

5.3.3 砌体弯曲受拉应力状态

与上述轴心受拉类似,砌体的弯曲受拉也可分为三种情况(见图 5-11):沿齿缝截面弯曲受拉、沿块体截面弯曲受拉和沿通缝截面弯曲受拉。

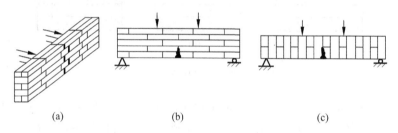

图 5-11 砖砌体弯曲受拉破坏特征

5.3.4 块体和砂浆强度对砌体强度的影响

国内外大量的实验研究证明:块体和砂浆的强度是影响砌体强度的主要因素。要想提高砌体整体的抗压强度,提高块体强度比提高砂浆强度有效。一般说来,对于砖砌体,当砖的强度不变,而砂浆强度等级提高一级时,砌体抗压强度只提高 15% 左右,且此时砂浆的水泥用量增加较多。但砌体强度受砂浆的影响也很大。砖砌体强度一般为砖强度的 25%~50%,混凝土空心砌块砌体一般为砌块强度(按毛面积计)的 35%~55%。

当砌体受剪应力时,可能产生剪摩、剪压和斜压三种不同的剪切破坏形态。只有在斜压破坏时,砌体沿压力方向开裂,块体强度才显著影响砌体抗剪强度。而砂浆强度在三种破坏方式下对砌体抗剪强度均有直接影响。

世界上许多国家规范中给出的砌体抗压强度公式都是经验性的,一些理论方法尚未反映砌体的弹塑性。我国的砌体结构设计规范中,对砌体的各种强度平均值(MPa)计算公式规定如下(式中,f_1 为块体抗压强度平均值;f_2 为砂浆抗压强度平均值)。

1. 轴心抗压强度 f_m

$$f_m = k_1 f_1^\alpha (1 + 0.07 f_2) k_2$$

式中，α 为与块体高度有关的参数；k_1 为块体类别和砌体砌筑方法有关的参数；k_2 为砂浆强度较低或较高时对砌体抗压强度的修正系数。

2. 沿齿缝截面破坏的轴心抗拉强度 $f_{t,m}$

$$f_{t,m} = k_3 \sqrt{f_2}$$

式中，k_3 为与块体类型有关的系数。

普通烧结粘土砖沿块体截面破坏的轴心抗拉强度 $f_{t,m}$

$$f_{t,m} = 0.212 (f_1)^{1/3}$$

3. 沿齿缝和通缝截面破坏的弯曲抗拉强度 $f_{tm,m}$

$$f_{tm,m} = k_4 \sqrt{f_2}$$

式中，k_4 为与块体类型和破坏方式有关的系数。

普通烧结粘土砖沿块体截面破坏的弯曲抗拉强度 $f_{tm,m}$

$$f_{tm,m} = 0.318 (f_1)^{1/3}$$

4. 抗剪强度 $f_{v0,m}$

$$f_{v0,m} = k_5 \sqrt{f_2}$$

式中，k_5 为与块体类型有关的系数。

可见，砂浆强度是决定砌体各项强度的主要因素。另一方面，块体类型作为构成砌体的另一半材料也有较大的影响。

5.3.5 砌体材料对砌体弹性模量的影响

在我国的砌体结构设计规范中，对不同强度砂浆砌筑的砌体的弹性模量，采取与砌体抗压强度成正比的关系。但对于普通混凝土砌块，弹性模量受所用骨料品种的影响很大；对于加气混凝土砌块，则受加气程度的影响大；对石砌体，由于石材的弹性模量和强度均大大高于砂浆，砌体受压变形主要由砂浆引起，因此仅按砂浆强度来确定石砌体的弹性模量。

5.4 砌体材料的耐久性

5.4.1 体积变化

当砖暴露于湿空气中会产生湿胀，湿胀随时间逐步增大但速度减缓，总的湿胀大致随时间的对数而增长。例如，在 1 050℃ 下煅烧的机制砖 10d 湿胀为 0.02%、100d 为 0.04%、1 000d 为 0.06%。湿胀率与粘土的矿物学性质、砖的孔隙率和煅烧温度有关,但受暴露条件的影响并不很大。用石灰含量高的粘土烧成的砖,一般由于玻璃态物质少而湿胀率低。在工程中应避免使用出窑不到两天的粘土砖,并在结构设计中考虑到湿胀因素。

对于砌体结构而言,必须控制块体的干燥收缩,否则将严重影响砂浆-块体界面的粘结强度。干缩较大是混凝土空心砌块不同于粘土砖和天然石材的一个显著特点,这容易造成墙体开裂,这是目前混凝土空心砌块建筑的最大通病之一。为减少砌体干缩,美国和我国规范都将砌块分为相对含水率控制型和相对含水率不控制型两种。这两类砌块的划分不是按砌块的绝对含水量,而是根据使用地区年平均相对湿度,规定了不同砌块的最大含水率。砌块含水率与其线性干缩的对应关系见表5-1。气候越干燥,砌块的最大允许含水率也就越小。实际中,应根据当地具体时刻的相对湿度来控制。

表 5-1 控制含水率砌块的最大含水率与其线性干缩的关系

线性干缩/%	允许最大含水率(以吸水率的百分数表示)		
	年平均相对湿度 >75%(潮湿)	年平均相对湿度 50%~75%(中等潮湿)	年平均相对湿度 <50%(干燥)
≤0.03	45	40	35
0.03~0.045	40	35	30
0.045~0.065	35	30	25

非烧结硅酸盐砖由于其主要矿物组成水化硅酸钙有一部分是非晶态的凝胶体,部分是含水较多的托勃莫来石晶体(一般化学式为 $5CaO \cdot 6SiO_2 \cdot 5H_2O$),体积稳定性不如烧结砖的无水结晶产物。因此,为了保证不在墙内发生裂缝,建议4层以上房屋不要用这种材料砌筑。

硅酸盐砌块和混凝土砌块的体积变化主要受组成材料(主要是骨料)、配合比(主要是胶凝材料用量)和制造工艺的影响。注意养护、防止砌块在使用前经受急剧的温湿度变化以及防止砌块在使用中变得过分潮湿,就可显著减小其干燥收缩。

砖是刚性较大的材料,徐变远比砂浆小。当承受相同的恒载时,硅酸盐砖的徐变比烧结粘土砖的大,这与前者的组成矿物的结晶度低有关。砖砌体的最大徐变比混凝土要小得多,有的实验结果认为只有混凝土徐变的20%~25%。

5.4.2 冻害

冻害是湿砖暴露在冻结条件下容易遭受的物理破坏,是恶劣条件下砖破坏的主要原因。抗冻性是评价砖的耐久性的主要指标。砌体材料的耐久性不足时,在使用期间,经多次冻融循环后将产生表面剥蚀。有时可达相当严重的地步。曾有一幢用红砖砌筑的三层房屋,整个墙面剥落一层,最深处达20~30mm。

与混凝土的冻融循环破坏作用相似,砖中冻害的发生也是由于孔隙中水的结冰在其中产生导致开裂的应力,其表现是砖表面爆裂或剥落。强度较高、孔隙率较低的砖一般可抵抗冻害,但是许多低强度的多孔砖也具有同样的抵抗力。有迹象表明,砖对冻害的敏感性与其比表面积之间存在良好的相关性。

经常压蒸养生产的粉煤灰砖或煤渣砖因其水化反应程度低、胶凝组分含量少,微观结构不致密,可冻水含量高,所以在易受冻融和干湿交替作用的部位使用必须慎重。

5.4.3 化学侵蚀

砖对酸、碱和常见的大多数化学物质一般都有很强的抵抗力,只是在恶劣的环境条件下才受侵蚀。然而在严重的酸性条件下要特别注意,例如在化工厂。我国沿海地区因海水及空气中含有盐、碱等腐蚀性介质,粘土砖砌体的腐蚀问题较内地突出。内地盐碱地区也如此。例如,位于海南、西沙等地的粘土砖墙,三年左右就明显腐蚀。广东省设计院在设计沿海地区房屋时,一般都采用石墙或混凝土砌块墙。

5.4.4 粉化和可溶性盐含量

砖砌体(尤其是新砌体)有时出现一种生成白色粉化物。这是砖内部的可溶性盐由水带到表面经蒸发而沉积下来的,其中以钠、钾、镁和钙的硫酸盐为主。砖所含硫酸盐的量通常为 0.1%～1%,最高可达 5%。少量的可溶性盐就足以产生粉化。由于粉化盐中往往含有大量的硫酸盐,应注意它对砖块之间的砌筑砂浆可能产生的侵蚀作用(参见第 3 章),在露天环境并且砖砌体长期处于潮湿状态时尤其要注意。

混凝土砌块的粉化则是由碳酸盐引起的。水分蒸发携带至表面的钠、钾和钙的氢氧化物与大气中的二氧化碳反应而形成碳酸盐。通过蒸压养护、使用矿物掺和料、避免砌块过早受干燥作用、注意养护,以及正确设计、施工和维护砌体结构,都可减少粉化的发生。

5.5 砌体材料的其他物理性能

5.5.1 热工性能

砖的导热性取决于其中晶体和玻璃态组分的比例以及孔隙率。表观密度 2 400kg/m³(孔隙率约 8%)的干燥普通粘土砖的导热系数大约为 1.2W/(m·K),而表观密度为 1 600kg/m³ 的多孔砖则减小到约 0.4W/(m·K)。

一般蒸压加气混凝土和轻质混凝土砌块的导热性较低。但是,混凝土空心砌块的保温隔热性能却不如粘土砖,这是目前混凝土空心砌块建筑的另一大通病。190mm 单排孔混凝土空心砌块墙体的热阻为 0.17～0.21m²K/W,仅相当于 146mm 厚粘土砖墙的效果,常见 240mm 厚粘土砖墙的热阻则为 0.316m²K/W。砖和砌块的导热性随含水率增大而急剧上升。

大多数粘土砖的热膨胀系数在 $(5～7)×10^{-6}/K$;混凝土砌块为 $(8～12)×10^{-6}/K$;加气混凝土和人造轻骨料砌块,其值约为 $8×10^{-6}/K$。

5.5.2 耐火性

由于粘土砖本身是煅烧而成的,因此其耐火性比混凝土优越得多。热应力可使粘土砖产生爆裂,在很高的火灾温度下,可能使其玻璃化,引起表面的轻微熔融,但这对耐火性影响并不严重。空心砖和多孔砖砌体的耐火性比同样厚度的实心砖稍低,但一般具有较好的抗热冲击性和高温下较好的抵抗热传导的能力。

灰砂砖等非烧结硅酸盐砖和粉煤灰砖因为其主要矿物组成水化硅酸钙、氢氧化钙和未反应的石英在105℃以上后就逐步失水、进而分解，因此，应避免用于长期受热温度高于200℃的部位。

与普通混凝土相似，混凝土砌块有很好的耐火性。

思 考 题

1. 根据砌筑用块体的使用特点，试设计其强度测试方法。

2. 曾经有人做过这样的实验：如果以7级瓦工砌出的砖墙强度为100%，则5～6级瓦工的水平为70%，3～4级瓦工的为50%。导致这种施工水平差异的技术原因是什么？

3. 古罗马采用火山灰和石灰修建的建筑物有的至今犹存，但当人们采用水泥去修补之后，反而很快又产生粉化等侵蚀现象，这是为什么？

第6章 高分子建筑材料

高分子建筑材料是指以高分子材料为主要成分或者作为辅助添加剂,在建筑工程中使用的各类材料,又称为化学建材。高分子材料作为建材中主要成分使用的包括建筑塑料、建筑涂料、建筑胶粘剂、防水密封材料等,作为辅助添加剂的包括各种减水剂、增稠剂及聚合物改性砂浆中添加的高分子乳液或可再分散聚合物胶粉等。

由于高分子材料具有密度低、比强度(强度与质量之比)高、易加工成型、耐水、耐候、耐化学腐蚀及良好的装饰性等特点,已经成为继水泥、钢材、木材之后发展最为迅速的第四大类建筑材料,具有良好的发展前景。

6.1 高分子材料概述

高分子化合物是一类具有很高分子量的化合物,通常介于 $10^4 \sim 10^6$。一个大分子往往是由许多($10^3 \sim 10^5$ 数量级)相同的、简单的结构单元通过共价键重复连接而成。因此高分子化合物又称为聚合物。重复结构单元又简称重复单元。比如聚氯乙烯分子是由许多氯乙烯结构单元重复连接而成。

6.2 高分子材料化学合成

从材料的来源来分类,高分子材料可以分为天然高分子材料和合成高分子材料。

天然高分子材料是指来源于自然界的植物或者动物,可以直接使用或者经过一定化学改性的高分子材料。这一类材料比如:淀粉、纤维素及干酪素等。

合成高分子材料则是以石油、天然气和煤为主要原料,经过一系列化学反应制备合成单体并进一步聚合而成的具有高分子量的材料。聚合反应通常有加聚反应和缩聚反应两种。

加聚反应是指不饱和单体或者环状单体加成聚合的反应,得到的高分子称为加聚物。这种反应不析出小分子副产物。各种聚烯烃比如聚乙烯(PE)、聚丙烯(PP)、聚氯乙烯(PVC)、聚苯乙烯(PS)等都是由加聚反应制成的。缩聚反应则是由带有两个或者两个以上官能团(—OH、—Cl、—NH$_2$、—COOH 等)的单体,由于官能团间的反应而相互链接并析出水、醇、氨或氯化氢等低分子副产物的反应,得到的聚合物称为缩聚物。如环氧树脂、酚醛树脂、脲醛树脂等都属缩聚物。

绝大多数高分子是重复单元通过化学键连接的链状结构,称为高分子链。高分子链中重复的结构单元数目称为聚合度。高分子链的化学组成不同,则材料的化学物理性能也不同。例如:

(1) 分子主链全部是碳原子以共价键连接的碳链高分子,它们多数由加聚反应制得,如常见的聚乙烯、聚苯乙烯等。这类高分子不易水解,化学稳定。

(2) 分子主链由两种或两种以上的原子如氧、氮、碳等以共价键连接的杂链高分子,比如聚酯、聚酰胺、酚醛树脂等。这类聚合物是由缩聚反应或开环聚合制得。其特点是链刚性大、耐热性和力学性能较高,可用作工程塑料。因主链带有极性,较易水解、醇解或酸解。

(3) 主链中含有硅、磷、锗、铝、钛等元素的高分子称为元素高分子,这类聚合物一般具有无机物的热稳定性及有机物的弹性和塑性。比如有机硅高分子树脂因其特有的耐高低温性、高弹性和高憎水性,在建筑材料中有着非常广泛的应用。

6.3 聚合物的结构及物理状态

高分子结构包括高分子链结构及聚集态结构。链结构是指单个高分子的结构与形态。聚集态结构则是指高分子材料整体的内部结构,包括晶态结构、非晶态结构等。

6.3.1 高分子的分子链结构

高分子链主要有线型、支链型和交联型三种结构,如图6-1所示。

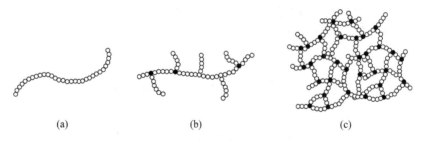

图 6-1 高分子的链结构示意图
(a) 线型;(b) 支链型;(c) 交联型

一般高分子都是线型的,分子链可以是卷曲成团,也可以伸展成直链。分子间靠范德华力结合,在受热或受力条件下可以发生分子间相互滑移,因此线型聚合物可以加热熔融或者在适当溶剂中溶解,易于加工成型。

支链型高分子的化学性质和线型高分子相似,可以加热熔融或溶于溶剂。但支链对物理性能的影响明显。比如由于支链破坏了分子规整性而降低了结晶度,从而降低了材料的强度和模量。

交联型聚合物可以看作是许多线型或支链型大分子由化学键连接而成的体型结构。交联程度小的网状结构,受热可软化但不熔解,适当溶剂也可以使其溶胀,但不可溶解。比如各种硫化后的橡胶包括天然橡胶、丁苯橡胶等均属于这种交联度浅的体型高聚物,故具有良好的弹性。交联度高的体型结构,加热不软化,也不易被溶剂溶胀。因此具有优异的耐热性、化学稳定性,机械强度大、硬度高,表现为刚性材料。比如环氧树脂、酚醛树脂等。

6.3.2 高分子的凝聚态结构

分子间作用力决定物质的很多物理化学性质,比如沸点、熔点、溶解度、粘度等。传统的低分子物质有固、液、气三态。随着温度、压力的变化,可以发生三种状态的转化。而高分子物质的聚集态则只有固态(晶态和非晶态)和液态,没有气态。由于分子量巨大,高分子间的分子间相互作用力已经超过了组成它的化学键的键能(见图 6-2)。因此在加热过程中,高分子物质在气化之前就发生分解了。

1. 内聚能

内聚能或者内聚能密度可以用来表征分子间的相互作用力。内聚能定义为:为克服分子间的作用力,把 1mol 液体或者固体分子移到其分子间引力范围之外所需要的能量。内聚能密度就是单位体积的内聚能。

一般讲,内聚能密度小于 290MJ/m³ 的高聚物,都是非极性高聚物,分子间作用较弱,使这些材料易于变形,富有弹性,可用作橡胶(见图 6-3);内聚能密度大于 420MJ/m³ 的高聚物,由于分子链上有强极性基团,分子间作用力大,因而有较好的耐热性和机械强度,结晶取向后,使强度更高,常用作纤维材料;内聚能密度介于 290~420MJ/m³ 之间的高聚物,分子间作用力居中,适合于作塑料使用。常见几种聚合物材料的力学性能示于表 6-1。

图 6-2 高分子链间的相互作用力(范德华作用力)

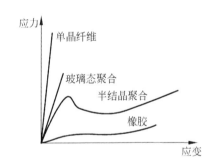

图 6-3 不同高分子聚合物的应力-应变曲线

表 6-1 典型聚合物材料的力学性能

	伸长率/%	抗拉强度/(N/cm²)	模量/(N/cm²)
橡胶	500~1 000	2 000	<70
塑料 软塑料	20~800	1 500~7 000	20 000
硬塑料	0.5~3	3 000~8 500	70 000~35 000
纤维	10~50	>35 000	>35 000

2. 结晶与非晶态-熔点与玻璃化温度

有些聚合物处于完全无定型状态,有些聚合物则可以高度结晶。高分子的结晶能力取决于分子链的结构规整性、柔顺性、对称性、分子间力等多种因素。但由于聚合物分子量巨大,结晶度不能达到

100%，往往是晶区和非晶区的混合体系。球晶是高聚物结晶最常见的结晶形式。根据Flory的"无规线团模型"，非晶态的聚合物中，分子链呈无规线团，线团分子间相互无规则缠结，整个聚集态结构呈均相。

熔点T_m是结晶聚合物的主要热转变温度，而玻璃化温度T_g则是无定型聚合物的特征热转变温度。二者都是聚合物使用时耐热性的重要指标。

对于结晶聚合物，温度在T_m以下，呈一定程度分子有序的结晶结构；在T_m以上，则是完全无规则的高分子融体。对于无定型聚合物，当温度在T_g以下时，聚合物处于玻璃态，呈坚硬的刚性固体状，在外力作用下只发生很小的形变（见图6-4）；当温度升高到T_g以上时，形变急剧增加，随后达到相对稳定，聚合物成为柔软的弹性体，称为橡胶态（高弹态）；当温度进一步升高时，则形变逐渐增大，材料成为粘性的流体，称为粘流态，这个转变温度称为粘流温度。

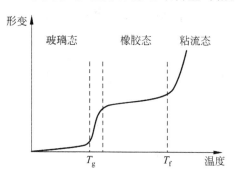

图6-4　一定应力下非晶态高聚物的温度-形变曲线

6.3.3　高分子溶液

高分子以分子状态分散在溶剂中形成的均相混合物称为高分子溶液。高分子溶液的粘度随浓度和分子量的增大而增大。在稀溶液中，高分子链呈相互分离的卷曲无规线团或者伸展链；浓度增大时，分子线团相互接近并穿插交叠，溶液粘度增大；当浓度继续增大，分子链间产生物理交联点，体系则形成不能流动的半固体状态，称为冻胶或凝胶。如在聚合物中混入增塑剂，则是一种更浓的溶液，呈固体状并有一定的机械强度。

很多高分子建筑材料都是以高分子溶液的形式使用并发挥作用的。典型的比如增稠剂，就是利用水溶性高分子可以大大提高水相粘度的功能，用来对水泥砂浆或涂料油漆进行增稠增粘而使用的。高分子溶液的粘度依赖于溶液中高分子的浓度及其分子量。常用来作为增稠剂的高分子材料有甲基纤维素醚等纤维素的改性产品、淀粉类增稠剂、聚丙烯酸、聚丙烯酰胺或者水溶性聚氨酯等合成的水溶性高分子材料。被广泛使用的聚羧酸盐类高效减水剂也是一类水溶性高分子材料。使用时是通过形成高分子水溶液而发挥功效的。

6.3.4　高分子乳液

高分子乳液是指聚合物以微小粒子形状分散在另一种连续相液体介质中的稳定的两相体系。聚合物粒子大小通常介于50~800nm，有的聚合物乳液粒子可以大到几到几十微米。区别于高分子溶液，在高分子乳液中，高分子不是以分子尺度溶解在溶剂中，而是以颗粒形状分散在介质中的。其中每一个颗粒又包含有1~10 000个高分子链。

高分子乳液可以通过多种化学或物理方法制得。化学方法包括通过乳液聚合、分散聚合、微乳液聚合及反相乳液聚合等直接聚合而得，最主要的还是乳液聚合方法。物理方法则包括通过高速剪切作用将聚合物在介质中分散成微小粒子等。

1. 高分子乳液的组成

连续相介质可以是水或者其他有机溶剂，工业上应用最广泛的是以水为介质的水性高分子乳液。

作为分散粒子相的聚合物材料，其主要聚合单体包括苯乙烯、醋酸乙烯酯、丙烯酸丁酯、甲基丙烯酸甲酯、丁二烯和丙烯月青等。乳液合成过程中，往往还需要共聚少量的功能单体。比如为了增加乳液稳定性，往往以丙烯酸、丙烯酰胺、甲基丙烯酸等与主单体共聚合；具有双官能团的丙烯酸酯或者二乙烯基苯等则可以作为交联单体使用；带有—OH 官能团的一些单体可以提供聚合物更高的亲水性等。工业中应用最为广泛的乳液包括有：丁苯乳液（丁二烯-苯乙烯共聚物）、苯丙乳液（苯乙烯-丙烯酸酯共聚物）、纯丙乳液（丙烯酸酯共聚物）及 EVA 乳液（乙烯-醋酸乙烯酯共聚物）等几种。

高分子乳液中聚合物粒子相与介质相之间的相界面巨大（可以高达 $100m^2/mL$），界面能极高，因此高分子乳液是热力学非稳定或者亚稳定体系。为了使聚合物乳液具有较好的稳定性，往往需要使聚合物乳液粒子的表面带有一定的电荷或者一些高亲水基团，利用同种电荷的相互排斥或者空间位阻效应来提供乳液粒子一定的稳定性。通常工业上采用添加各种表面活性剂、保护胶体或者将带有高亲水性基团（如氨基或者羟基）的单体与主单体共聚等方法来赋予聚合物粒子一定的稳定性。根据聚合物乳液所使用表面活性剂的种类或者粒子表面电荷的性质，乳液可以分为阴离子型、阳离子型及非离子型乳液三种。在很多应用中，粒子的表面性质是影响乳液应用性能的关键因素。

另外，在聚合物乳液的制备过程中，往往需要引发剂、中和剂等多种其他组分。因此在高分子乳液中也多含有这些组分的反应产物，比如过硫酸盐引发剂生成的—SO_4^- 等。

2. 高分子乳液的基本性质

在许多实际应用中，高分子乳液中的水分会蒸发而形成聚合物薄膜，最终是以聚合物薄膜的形式而发挥功能的。聚合物薄膜的诸多性质是决定乳液应用的重要因素，比如高分子的玻璃化温度，聚合物膜的强度、伸长率、粘着强度、透明度、憎水性等。这些性质依赖于聚合物的化学组成、分子量、乳液中高分子微球粒子的形貌及聚合物薄膜的形貌等诸多因素。如下是一些高分子乳液在应用中需要关注的性能指标：

1) 固含量

固含量是指乳液中含有聚合物的质量百分含量。通常工业应用的乳液固含量介于 40%～60%之间。

2) 最低成膜温度

最低成膜温度是指乳液在水分挥发过程中，能够形成均匀连续的高分子薄膜的最低温度。一般来讲，最低成膜温度接近于高分子的玻璃化温度。

3) 粘度

粘度是影响聚合物应用性能的重要因素。乳液的粘度取决于乳液固含量、聚合物粒子的粒径及粒径分布。乳液粘度与高分子的分子量无关。

4) 乳液所用乳化剂类型

阴离子型乳液最为常见。

5) 挥发有机物含量

即 VOC（volatile organic compounds）含量。是指乳液中含有的沸点等于或低于 250℃的化学挥发物质的质量含量。在很多应用场合（比如室内涂料）中，VOC 含量是影响健康和环保的重要指标。

3. 高分子乳液的工业应用

高分子乳液在工业中的应用非常广泛。在纸张表面涂层、各种装饰涂层及保护涂层中作为成膜材料使用；在防水材料中作为粘结成分使用；高分子乳液也可直接应用作为各种粘合剂，比如粘结胶带、包装胶、地毯粘结剂等；在无纺布及地毯制造过程中，用作纤维粘结剂；添加到水性沥青乳液进行沥青改性；高分子乳液也可直接以乳液形式或者经喷雾干燥制成可再分散聚合物胶粉，加入到水泥砂浆或混凝土中，以改善其抗开裂性能、耐水性、粘结强度、抗压抗折强度等诸多物理、力学性能。

6.4 高分子的物理化学性能

6.4.1 力学性能

高分子材料在已知材料中，具有最宽的力学性质可变范围，包括从粘性液体、弹性橡胶体到刚性固体，为不同的应用提供了广阔的选择余地。描述高分子材料力学性能的几种常用指标有：拉伸强度、弯曲强度、冲击强度、弹性模量及泊松比等。一些常见高分子材料的力学性能如表 6-2 所示。

表 6-2 一些材料的拉伸强度和弯曲强度

材料名称	缩写	拉伸强度/(N/mm²)	断裂伸长率/%	拉伸模量/(N/mm²)	弯曲强度/(N/mm²)	弯曲模量/(N/mm²)
高密度聚乙烯	HDPE	21.6~38.2	60~150	823~931	24.5~39.2	1 078~1 372
聚苯乙烯	PS	34.5~62.1	1.2~2.5	2 746~3 432	61~96.5	
聚甲基丙烯酸甲酯	PMMA	89.6~117.2	2~10	3 138.2	89.6~117.2	
尼龙 66	PA66	81.4	60	3 138~3236	98.1~107.9	2 844~2 942
聚碳酸酯	PC	65.7	60~100	2 158~2 354	96.1~104	1 961~2 942
聚甲醛	POM	60.8~66.7	60~75	2 746	89.2~90.2	2 550
聚四氟乙烯	PTFE	13.7~24.5	250~350	392.3	10.8~13.7	
钢铁		400~1 900		40 000~210 000		
铝		73~600		60 000~80 000		

高分子材料的应力-应变性能受温度影响很大。非晶态高聚物的模量随温度升高而降低。高聚物的弹性模量依赖于分子结构、链柔顺性及结晶度等因素。一般来讲，分子量大、分子极性大、取向度高、结晶度高或交联度高的高聚物，其弹性模量较高。冲击强度是衡量材料韧性的一种强度指标，通常定义为试样受冲击载荷而折断时单位截面积所吸收的能量。

6.4.2 热性能

高聚物材料的力学性能对温度有很高的依赖性。结晶熔点 T_m、玻璃化转变温度 T_g、粘流温度 T_f、热分解半寿命温度 T_h 都是聚合物材料在使用过程中几个重要温度指标。几种高聚物的特征温度示于表 6-3 中。

热分解半寿命温度是指在聚合物在恒温真空中加热 40~45min，其重量因热分解而减少一半的温度,用来评价聚合物的热温定性。一般 T_h 愈高,则热稳定性愈好。

表 6-3 一些材料的特征温度

材料名称	结晶熔点 T_m/℃	玻璃化转变温度 T_g/℃	粘流温度 T_f/℃	热分解半寿命温度 T_h/℃	使用上限温度 /℃
聚乙烯	146	−68	100～130	404	75～120
聚丙烯	200(等规)	−10(全同),−20(无规)	170～175	387	75～120
聚苯乙烯	243 (等规)	100	112～146	364	60～90
聚氯乙烯	212 (等规)	87	165～190	140	
聚甲基丙烯酸甲酯		105(无规),115(间同),45(全同)		238	70～90
聚异戊二烯	23(顺式),74(反式)	−73(顺式),−60(反式)		323	
聚碳酸酯	295 (双酚 A 型)	150	220～230	300～310	70～90
尼龙 66	280	50	264	270	80～100
聚四氟乙烯	327	130		509	170～260
钢铁	1 535				470～700
铝	660				150～270

聚合物材料的导热性较差,约为金属材料的 1/1 000～1/100。一般聚合物的导热系数为 0.1～0.3W/(m·K),泡沫塑料的导热系数则更低,约为 0.01～0.04W/(m·K)。多数高分子材料的热膨胀系数远大于金属、混凝土等无机材料。

6.4.3 高聚物的化学稳定性

绝大多数聚合物材料具有良好的化学稳定性,可以耐受多种化学试剂腐蚀老化。如果聚合物材料中存在很高的内应力时,一些腐蚀性或渗透性液体可能诱导材料产生裂纹并最终导致材料破坏;有的聚合物材料中含有残余的不饱和双键,在长期紫外线照射下可能导致材料降解;一些聚酯高分子材料由于酯基的存在,其耐酸碱、耐水性较差。一些聚合物材料在20℃下,几种化学试剂的耐受性如表6-4所示。

表 6-4 几种化学试剂的耐受性

聚合物名称	缩写	稀酸溶液	浓酸溶液	稀碱溶液	浓碱溶液	汽油	矿物油
聚乙烯	PE	+	0+	+	0+	0	0
聚四氟乙烯	PTFE	+	+	+	+	+	+
聚苯乙烯	PS	+	+	+	+	+	+
聚氯乙烯	PVC	+	+	+	+	+	+
聚酰胺(如尼龙66)	PA	−	−	+	0+	+	+
聚甲基丙烯酸甲酯	PMMA	+	−	+	−	+	+
酚醛树脂	PF	+	−	0+	−	+	+
不饱和聚酯	UP	+	0−	0+	0−	+	+
聚氨酯	PU	+	−	+	−	+	+
环氧树脂	EP	0−	0	+	0	+	+

注:−表示不耐受,+表示耐受,0表示有条件耐受,0−表示较不耐受,0+表示较耐受。

6.4.4 高聚物的电性能和光学性能

通常高分子材料的分子结构中没有可自由移动的电子和离子,因而导电能力很低。多数聚合物都是良好的绝缘体。一些带有强极性基团的高分子、共轭高分子材料或者经过掺杂的复合高分子材料可具有一定的导电性,可以用作高分子导电材料或者半导体材料。

大多数非晶态高分子材料都是透明的,对可见光有很高的透光率。聚甲基丙烯酸甲酯对可见光的透光率高达 92%,被称为有机玻璃。

6.5 高分子的加工成型

聚合物材料从材料的使用状态来分类,大概有以下几种:
(1) 硬质或弹性的聚合物材料,包括各种板材、管材等各种型材或者薄膜等。
(2) 发泡聚合物材料,包括硬质发泡材料和软质弹性发泡材料。
(3) 流体高分子材料,包括高分子融体、溶液及高分子乳液。如油漆、涂料和胶粘剂等。
(4) 塑性高分子材料,比如各种密封材料等。

聚合物材料在制造过程中采用的主要成型加工方法如表 6-5 所示。

表 6-5 聚合物材料的主要成型加工方法

成型	机械加工	加工修饰	装配
注射	车削	锉削	焊接
挤出	铣削	磨削	粘结
吹塑	钻削	抛光	机械连接
模压	锯削	涂饰	其他
压延	冲切	印刷	
发泡	其他	表面金属化	
层压		其他	
涂层			
浇注			
其他			

6.6 高分子在建筑材料中的应用

6.6.1 建筑塑料

与传统的水泥混凝土、钢材、木材等相比,高分子建筑塑料具有节能、自重轻、耐水、耐化学腐蚀、外观美丽以及安装方便等优点,已经广泛地应用于各个建筑领域。目前,已广泛使用的建筑塑料有给排水系统、电器护套系统、热收缩管系统、塑料门窗系列、板材、壁纸、地板卷材、地板毡、装饰装修材料、卫生洁具和家具等。在制备上，塑料以天然树脂或合成树脂为主要材料，在一定温度和压力下塑制成型。

1. 塑料的基本组成

塑料主要由以下几种成分组成：

（1）树脂是塑料中的主要组分，在单组分塑料中树脂含量接近100%，多组分塑料中树脂的含量约占30%～70%。树脂分为天然树脂和合成树脂，在现代塑料工业中主要采用合成树脂。合成树脂是用化学方法合成的高分子化合物，在塑料中起着粘结的作用。塑料的性质主要取决于合成树脂的种类、性质和数量。用于热塑性塑料的树脂主要有聚氯乙烯、聚苯乙烯等，用于热固性塑料的树脂主要有酚醛树脂、环氧树脂等。

（2）填料又称为填充料。适量地加入填料，对于降低塑料的成本，提高和改善塑料的性能具有重要的意义。填料一般为化学性质不活泼的粉状、片状和纤维状的固体物质。常用的有粉状填料如滑石粉、木粉、石灰石粉、炭黑等，片状填料如棉布、纸张、木材单片等，纤维状填料如石棉纤维、玻璃纤维等。

（3）增塑剂可以增加塑料的柔顺性和可塑性，减小材料的脆性。增塑剂为分子量小、熔点低、难挥发的有机化合物。常用的增塑剂有邻苯二甲酸二甲酯、邻苯二甲酸二辛酯、二苯甲酮、樟脑等。需要注意的是增塑剂会降低塑料制品的机械性能和耐热性能，所以在选择增塑剂的种类合加入量时，应根据塑料的使用性能来决定。

（4）稳定剂的加入可以防止某些塑料在外界环境作用下的过早老化，延长塑料的使用寿命。塑料在热、光、氧及其他因素的长期作用下，会过早地发生降解、氧化断链、交链等现象，而使塑料的性能降低，丧失机械强度，甚至不能继续使用。这种因结构不稳定而使材料变质的现象，称为老化。在塑料中，稳定剂的添加量虽然少，但往往是必不可少的重要成分之一。稳定剂应是耐水、耐油、耐化学侵蚀的物质，能与树脂相容，并在成型过程中不发生分解。常用的稳定剂有抗氧化剂和紫外吸收剂等。

（5）固化剂可以在聚合物中生成交联键，使聚合物材料的耐热性能得到极大提高，由受热可塑的线型结构变成体型的热稳定结构。固化剂的种类很多，随塑料品种及加工条件的不同而异。酚醛树脂的固化剂有六亚基四酯；环氧树脂的固化剂有胺类、酸酐类和高分子类化合物如乙二胺、间苯二胺；聚酯树脂的固化剂为过氧化物类。

（6）着色剂可以使塑料具有绚丽的色彩和光泽。着色剂除满足色彩要求外，还应具有分散性好，附着力强，不与塑料成分发生化学反应，不退色等特性。

（7）润滑剂的加入是出于加工成型的要求。它可以防止在加工过程中将模具粘住，能改善塑料在加工成型时的流动性和脱模性。常用的润滑剂有硬脂酸钙、石蜡等。

除以上的组分外，根据塑料制品的用途，还可以加入相应的添加剂使塑料具有特定的性能。例如加入金属银、铜微粒等可制成导电塑料；加入磁铁粉，可制成磁性塑料；加入放射性物质与发光材料，可制成发出浅绿、淡蓝色柔和冷光的发光材料；加入香酯类物质，可制成发出香味的塑料制品；加入可以减缓或阻止燃烧的物质如三氧化锑、氢氧化铝等，能提高塑料的阻燃性和自熄性。

2. 建筑塑料的特性

塑料建材的广泛应用得益于它具有以下的优越性能：

1）密度低、比强度高

高分子材料的密度一般在$0.9\sim2.2\text{g/cm}^3$之间，泡沫塑料的密度可以低到0.1g/cm^3以下，因而在建筑中应用塑料代替传统材料，可以减轻建筑物的自重，而且给施工带来了诸多方便。由于低密度，塑料制品的比强度（强度与密度之比值）超过了钢、铝，成为优质的轻质高强材料。由于这一特性，塑料还可应用于航空航天等许多军事领域。

2) 优良的加工性能

塑料可以采用多种方法加工成型，加工性能优良。无论是薄膜、片状材料，还是模制品、异型材，都可以采取相应的方法进行制备。同金属材料的加工相比，塑料的加工能耗低，加工方便且效率高。

3) 导热性低

塑料的热导率很小，为金属的 1/600～1/500，是良好的绝热保温材料。但应当注意到塑料一般都具有受热变形的问题，有时甚至产生分解。普通热塑性塑料的热变形温度仅为 60～120℃，热固性塑料的耐热性稍高一些，但一般也不超过 150℃。塑料的热膨胀系数较大，在使用过程中应该考虑到这一点，以防止热应力的积累导致材料的破坏。

4) 耐腐蚀性好

大多数塑料对酸、碱、盐等化学药品具有较高的稳定性，比金属材料和一些无机材料好。但热塑性塑料可被某些有机溶剂所溶解，热固性塑料则不能被溶解，仅可能会出现一定的溶胀。

5) 良好的装饰性能

现代先进的塑料加工技术可以把塑料加工成各种建筑装饰材料，如塑料墙纸、塑料地板、塑料地毯以及塑料装饰板等。塑料可以任意着色，且花色鲜艳持久。种类繁多，花式多种多样的塑料制品，可适应不同的装饰要求。此外还可以用各种表面加工技术进行印花和压花，制备仿真天然装饰材料，如木材、花岗石等，图像十分逼真。

6) 多功能性

塑料是一种多功能材料。一方面可以通过调整配合参数及工艺条件制得不同性能的材料，如刚度较大的建筑板材和柔软富有弹性的密封材料。另一方面，又可通过添加剂来调控塑料的特殊功能，如防水性、隔热隔声性、耐化学腐蚀等。

但在实际应用中，也应注意到塑料不利的一面：

1) 耐热性差

如前所述，塑料的导热性低，但同时也存在受热变形甚至分解的情况，在施工、使用和保养时，应注意这一特性。

2) 易燃

塑料遇火易燃，防火性较差。有的塑料点火即燃，蔓延迅速，放热剧烈，这种情况会导致火灾并难以控制。有的塑料会在燃烧时产生大量烟雾，甚至排出有毒气体。许多重大的火灾伤亡事故，都是由于毒害作用而致人死亡。在设计和施工时应给予特别注意，选用阻燃性好的塑料，或采取必要的消防和防范措施。

3) 易老化

塑料容易老化，引起老化的原因包括化学因素如氧、化学试剂和物理因素如光、热、辐射和机械力，在这些因素作用下，高聚物会发生降解（聚合度降低）或交联（发生支化、环化、交联等形成网状结构），导致制品发粘变软，丧失机械强度或僵硬变脆失去弹性。通过适当的配方和加工，如在塑料中加入抗老化和抗氧化的光稳定剂等，可以使塑料延缓老化，从而延长塑料的使用寿命。

4) 刚度小

塑料是一种弹性材料，弹性模量低，只有钢材的 1/20～1/10，且在荷载的长期作用下易产生蠕变。

但碳纤维增强塑料的强度和变形性大为提高,甚至超过钢材,在航天、航空领域中得到了广泛的使用。

3. 常用的建筑塑料

塑料几乎已应用于建筑物的每个角落,美化了环境,提高了建筑物的功能,还节省能源。

按用途塑料可分为通用塑料和工程塑料两种。通用塑料产量大、用途广、成型性能好、价廉,如聚乙烯、聚丙烯、酚醛树脂等。工程塑料有良好的力学性能和尺寸稳定性,在高温或低温下具有良好的性能,可作为工程构件如 ABS 塑料。

从加工成型的角度来看,塑料分为热塑性塑料和热固性塑料两类。前者在建筑高分子材料中占 80% 以上,以热塑性树脂为基本材料,一般具有线型或支链结构,受热时会软化而受压进行模塑加工,冷却至软化点以下能保持模具形状。其质轻、耐磨、润滑性好、着色力强,但耐热性差、易变形、易老化。常用的热塑性塑料有聚乙烯、聚氯乙烯、聚丙烯、聚苯乙烯等。热固性塑料以热固性树脂为主要材料,加工成型后成为不溶不熔状态,一般具有网状体型结构,受热后不会再软化,强热会分解破坏。热固性塑料的耐热性、刚性、稳定性较好。常用的热固性塑料有酚醛树脂、环氧树脂、聚氨酯、聚酯、脲醛树脂等。

1) 热塑性塑料

(1) 聚乙烯塑料是一种产量极大,用途广泛的热塑性塑料。总的来说,聚乙烯密度较小($0.910 \sim 0.965 \text{g/cm}^3$),具有良好的化学稳定性,常温下不与酸、碱作用,在有机溶剂中也不溶解,具有良好的抗水性和耐寒性。但聚乙烯耐热性较差,在 110℃ 以上就变得很软,故一般使用温度不超过 110℃。按密度不同,聚乙烯分为高密度聚乙烯(HDPE)、中密度聚乙烯、低密度聚乙烯(LDPE)。低密度聚乙烯比较柔软,熔点和抗拉强度较低,伸长率和抗冲击性较高,适于制造防潮防水工程中用的薄膜。高密度聚乙烯较硬,耐热性、抗裂性、抗腐蚀性较好,可制成给排水管道、燃气管、绝缘材料、卫生洁具、中空制品、衬套、钙塑泡沫装饰板、油罐或作耐腐蚀涂层使用。超高分子量聚乙烯(分子量>150万),由于大分子的缠绕,冲击强度拉伸强度大大提高,具有高耐磨性、自润滑性,使用温度可高达 100℃ 以上。

(2) 聚氯乙烯是一种多组分的塑料,由氯乙烯单体加成聚合得到,目前产量仅次于聚乙烯塑料。聚氯乙烯的密度为 $1.20 \sim 1.60 \text{g/cm}^3$,耐水性、耐酸性、电绝缘性好,硬度和刚性都较大,有很好的阻燃性。在聚氯乙烯中加入 30%～50% 增塑剂时会形成软质聚氯乙烯,这种材料比较柔软并具有弹性,可挤压或注射成板材、型材、薄膜、管道、地板砖、壁纸等。还可以将聚氯乙烯树脂磨细成粉悬浮在液态增塑剂中,制成低粘度的增塑溶胶,喷塑或涂于金属构件、建筑物面作为防腐、防渗材料。软质聚氯乙烯塑料制成的密封带,其抗腐蚀能力甚至优于金属止水带。在聚氯乙烯中加入稳定剂和外润滑剂时会形成硬质聚氯乙烯,是建筑上常用的塑料建材。这种材料力学强度较高,并具有良好的耐老化和抗腐蚀性能,但使用温度较低。硬质聚氯乙烯适于制作排水管道、外墙覆面板、天窗和建筑配件等。

(3) 聚苯乙烯是无色透明具有玻璃光泽的材料。由于质硬而脆、耐磨和耐热性差,通常使用的聚苯乙烯塑料是通过共聚、共混、添加助剂等方法生产的改性聚苯乙烯。ABS 是由丙烯腈、丁二烯、苯乙烯三种单体加聚得到的热塑性塑料,它具有质硬、刚性大、冲击强度高、耐磨性好、电绝缘性高、应用广泛等优点,使用温度为 $-40 \sim 100℃$。AAS 是由丙烯腈、丙烯酸酯、苯乙烯加聚得到的三元共聚物,由于不含双键的丙烯酸酯代替了丁二烯,因此 AAS 的耐候性比 ABS 高 8～10 倍。HIPS 高抗冲聚苯乙烯中加入了合成橡胶,极大地提高了材料的抗冲强度和拉伸强度。

(4) 聚丙烯塑料是目前发展最快的塑料品种,由丙烯单体在催化剂($TiCl_3$)作用下聚合得到。聚丙烯塑料主要用作管道、容器、建筑零件、耐腐蚀板、薄膜、纤维等。

(5) 这种塑料俗称有机玻璃,透光率高达90%~92%,紫外线透过率约为73%,质轻,密度为1.18~1.19g/cm³,只有无机玻璃的一半,而耐冲击强度是普通玻璃的8~10倍,不易碎裂,使用温度为-40~80℃。有机玻璃有良好的耐老化性,在热带气候下长期曝晒,其透明度和色泽变化很小,可制作采光天窗、护墙板和广告牌。将聚甲基丙烯酸甲酯的乳液涂刷在木材、水泥制品等多孔材料上,可以形成耐水的保护膜。

(6) 聚碳酸酯的机械强度,特别是抗冲击强度是目前工程塑料中最高的品种之一,它的模量高,具有优良的抗蠕变性能,是一种硬而韧的材料。聚碳酸酯的耐热性好,热变形温度为130~140℃,脆化温度为-100℃,可长期在-60~110℃下应用。此外,这种材料具有自熄性,不易燃,并具有高透光率(90%),可制作室外亭、廊、屋顶等的采光装饰材料。

2) 热固性塑料

(1) 用苯酚与甲醛缩聚可得到酚醛树脂。由于所用苯酚与甲醛的配合比不同和催化剂的类型不同,可以得到热塑性酚醛树脂和热固性酚醛树脂。热塑性和热固性酚醛树脂可以相互转化,热固性酚醛树脂在酸性介质中用苯酚处理后,可转变为热塑性树脂;而热塑性酚醛树脂用甲醛处理后,能转变成热固性树脂。酚醛树脂机械强度高、性能稳定、坚硬耐腐、耐热、耐燃、耐湿、耐大多数化学溶剂,电绝缘性良好,制品尺寸稳定,价格低廉,但色暗、性脆。可制成层压塑料、泡沫塑料、蜂窝夹层塑料、酚醛压模塑料等,用作电工器材、装饰材料、隔声隔热材料。酚醛树脂用途广泛,如俗称的"电木"就是树脂中加入木粉制备而得。将片状材料(棉布、玻璃布、石棉布、纸张等)浸以热固性酚醛树脂,可多次叠加热压成各种层压板和玻璃纤维增强塑料;还能制作酚醛树脂保温绝热材料、胶粘剂和聚合物混凝土等。

(2) 环氧树脂是大分子主链上含有多个环氧基团的合成树脂,主要有两类:缩水甘油基型环氧树脂,包括双酚A型环氧树脂、缩水甘油酯环氧树脂、环氧化酚醛、氨基环氧树脂等;环氧化烯烃类,如环氧化聚丁二烯。环氧树脂分子中含有环氧基、羟基、醚键等极性基团,因此对金属、玻璃、陶瓷、木材、织物、混凝土、玻璃钢等多种材料都有很强的粘结力,有"万能胶"之称,是当前应用最广泛的胶种之一,主要用作粘合剂、玻璃纤维增强塑料、人造大理石、人造玛瑙等,也可用于制备树脂混凝土、改性沥青混合料、桥面铺装防水层和桥梁混凝土的修补。

(3) 主链上含有—NH—CO—基团的聚合物称为聚氨酯塑料,通过异氰酸酯和醇的缩聚反应得到。原料化合物上功能基团的数目决定了产物聚氨酯的结构:线型聚氨酯由二元异氰酸酯和二元醇制备,体型聚氨酯由多元异氰酸酯和二元或多元醇制备。线型聚氨酯一般是高熔点结晶聚合物,多用于热塑性弹性体和合成纤维。体型聚氨酯多用于泡沫塑料、涂料、胶粘剂和橡胶制品。在建筑领域中,聚氨酯塑料广泛用于装饰、防渗漏、隔离、保温。此外,聚氨酯塑料还可用于油田、冷冻、水利等领域。

(4) 主链上含有酯基的聚合物称为聚酯塑料,是由多元酸和多元醇缩聚得到。同聚氨酯类似,通过改变反应化合物的功能基团数,可得到线型聚酯和体型聚酯。当用不饱和二元酸为原料时,还可得到不饱和聚酯,如邻苯型、间苯型、双酚A型、乙烯基酯型、卤代型。聚酯分子间不存在氢键作用,分子链因此柔顺性高、拉伸和压缩变形量大、熔点低。通过改变原料化合物的分子结构,可以对聚酯的物化性质进行进一步调控。如聚辛二酸乙二醇酯的熔点为63~65℃,引入苯环可增加链的刚性,提高熔点,如聚对苯二甲酸乙二醇的熔点为256℃。用双酚A与对苯二甲酸或间苯二甲酸缩聚可制备得到聚芳酯。聚芳酯具有很好的机械强度、电绝缘性能、尺寸稳定性和自润滑性,其耐水、耐稀酸、稀碱、耐热性好,如聚对羟基苯甲酸酯可以长期在310℃下使用。建筑工程中,聚酯主要用来制作玻璃纤维增强塑料、装饰板、涂料、管道等。

(5) 脲醛树脂是氨基树脂的主要品种之一,由尿素与甲醛缩聚反应得到。脲醛树脂质地坚硬、耐刮痕、无色透明、耐电弧、耐燃自熄、耐油、耐霉菌、无毒、着色性好、粘结强度高、价格低、表面光洁如玉,有"电玉"之称。脲醛树脂可制成色泽鲜艳、外观美丽的装饰品、绝缘材料、建筑小五金等,其经过发泡制得的泡沫塑料是良好的保温、隔声材料,而用玻璃丝、布、纸制成的脲醛层压板,可制作粘面板、建筑装饰板材等,是木材工业应用最普遍的热固性胶粘剂。

(6) 有机硅高分子就是聚有机硅氧烷,主链为硅氧键,侧基可以是各种有机基团,如:甲基、乙基、丙基或苯基等。有机硅聚合物根据结构和分子量的不同,可以呈现液态(硅油)、半固态(硅脂)、弹性体(硅橡胶)和树脂状流体(硅树脂)等多种形态。低分子线型的硅油是由二甲基二氯硅烷水解得到的,体型硅树脂由二甲基二氯硅烷和甲基三氯硅烷的混合物经水解制得。由于 Si—O 键有较高的键能(452kJ/mol),因此有机硅高分子有很好的耐高温性能,可在 200~250℃下长期使用,硅油常作为导热油。有机硅高分子的分子链柔顺性高,因而具有较好的耐低温性,例如有机硅油的凝固点为 -50~-80℃,在 -60℃下,硅橡胶仍保持弹性;Si—O 主链的极性不大及整个分子链的对称性好,因而有机硅高分子都有很好的疏水性及化学稳定性,耐多种酸碱及有机溶剂;有机硅高分子也具有良好的电绝缘性和耐老化性。在建筑材料中,硅油常用作清漆、润滑油、消泡剂、塑料制品和加聚的抛光剂。有机硅树脂是体型的交联热固型聚合物,具有优良的耐高温性、耐水性、电绝缘性、耐火性及耐腐蚀性。粘接力高,可用于粘接金属材料与非金属材料。硅树脂用玻璃纤维、石英粉和云母等填料增强,可制成耐热、耐水、耐腐蚀及电绝缘性能均良好的模压塑料和层压塑料制品,还可用作防水涂料、混凝土外加剂等多种领域。

(7) 玻璃纤维增强塑料俗称玻璃钢,是以不饱和聚酯、环氧树脂、酚醛树脂等胶结玻璃纤维或玻璃布制成的一种轻质高强的塑料,其中树脂的含量约占总质量的 30%~40%。玻璃钢的力学性能主要取决于纤维和树脂的强度。聚合物将玻璃纤维粘结成整体,使力在纤维间传递载荷,并使载荷均衡,从而拥有高强度。玻璃钢具有成型性好、制作工艺简单、质轻高强、透光性好、耐化学腐蚀性强、价廉等优点,主要用作装饰材料、屋面及围护材料、防水材料、采光材料、排水管等。除玻璃纤维增强材料外,近年又发展了采用性能更优越的碳纤维、硼纤维、氧化锆纤维和晶须作增强材料,使纤维增将塑料的性能更优异,可用于飞机及宇航方面的结构或零部件等。

6.6.2 建筑涂料

涂料是一类能涂覆于物体表面,并在一定条件下形成连续和完整涂膜的材料的总称。早期的涂料是以天然的油脂(如桐油、亚麻油)和天然树脂(如松香、柯巴树脂)为主要原料制成的,所以这种涂料被称为油漆。随着科技的发展,各种高分子合成树脂也逐渐用作了涂料的原料。现在通常将以合成树脂(包括无机高分子材料)为主要成膜物质的称为涂料,而将以天然油脂、树脂为主要成膜物质或经合成树脂改性的称为油漆。

建筑物用的各类材料在受日光、大气、雨水等的侵蚀后,会发生腐朽、锈蚀和粉化,采用涂料在材料表面形成一层致密而完整的保护膜,可保护基体免受侵害,延长使用寿命,美化环境。

1. 涂料的组成

涂料是由多种材料调配而成的复合物质,每种材料赋予涂料不同的性能。其组分主要包括:
1) 主要成膜物质
包括油料(植物种子和动物的脂肪)和树脂(天然树脂和合成树脂)两类。天然油料的各方面性能,特别是耐腐蚀、耐老化性能都不如许多合成树脂,因此很少用它单独作防腐蚀涂料,但它能与一些金属氧化物或金属皂化物在一起对金属起防锈作用,所以油料可用来改性各种合成树脂以制备防锈底漆。天然树脂包括沥青、天然橡胶等。合成树脂可以用前面章节中介绍的热固性和热塑性树脂,如环氧树脂、酚醛树脂、乙烯类树脂等。

2) 次要成膜物质(颜料)

颜料是涂料的重要成分之一,它以微细粉状均匀分散于涂料介质中,赋予涂料色彩和质感。在涂料中加入颜料,不仅使涂料更具有装饰性,更重要的是能改善涂料的物理和化学性能,提高涂层的机械强度、附着力、抗渗性和防腐蚀性能等,还可滤除有害光波,增进涂层的耐候性和保护性。按功能,颜料可分为着色颜料、防锈颜料(如红丹、磷酸辛、铝粉、云母)、体质颜料(如滑石粉、碳酸钙、硫酸钡)等。

3) 辅助成膜物质

包括溶剂、稀释剂和其他一些功能化辅助材料,如增塑剂(提高漆膜的柔韧性和抗冲击性)、触变剂(降低涂料在涂刷过程中的粘度以利于施工)、催干剂(加速漆膜的干燥)、固化剂、表面活性剂、防霉剂、紫外线吸收剂、防污剂等。

2. 常用建筑涂料

建筑涂料品种繁多,按其在建筑物中使用部位的不同,可以分为:内墙涂料、外墙涂料、地面涂料、顶棚涂料、屋面防水涂料等。

内墙涂料也可用作顶棚涂料,要求其色彩丰富、细腻、协调,一般以浅淡、明亮为主。由于墙面多带有碱性,屋内的湿度也较大,因此要求内墙涂料必须具有一定的耐水、耐洗刷性,且不易粉化和有良好的透气性。常用的内墙涂料包括水性涂料系列、绿色环保和抗菌性内墙乳胶漆等,如聚乙烯醇水玻璃涂料(俗称 106 涂料)、乙丙乳胶漆、乙烯醋酸乙烯酯乳液类涂料和合成树脂乳液内墙乳胶漆。

外墙涂料直接暴露在大气中,经常受到雨水冲刷,还要经受日光、风沙、冷热等作用,因此要求外墙涂料比内墙涂料具有更好的耐水、耐候和耐污染等性能。常用的外墙涂料有丙烯酸酯乳胶漆、聚氨酯系外墙涂料、砂壁状涂料、浮雕喷涂漆、氟碳涂料等。

地面涂料的主要作用是装饰与保护室内地面,使地面清洁美观。因此地面涂料应该具备良好的耐磨性、耐水性、耐碱性、抗冲击性以及方便施工等特点。常用的地面涂料有聚氨酯地面涂料、环氧树脂厚质地面涂料、环氧自流平地面涂料、聚醋酸乙烯地面涂料等。

顶棚涂料是涂敷在天花板表面的涂料,包括薄涂料、轻质厚涂料及复层涂料三类。其中薄涂料有水性乳液型、溶剂型及无机类薄涂料;轻质厚涂料如珍珠岩粉厚涂料等;复层涂料有合成树脂乳液、硅溶胶等。一般内墙涂料也可用作顶棚涂料。

此外,还有专用于防水的涂料,将在 6.6.4 节中介绍。

6.6.3 建筑胶粘剂

胶粘剂又称粘合剂、粘结剂,是一种能在两个物体表面间形成薄膜,并能把它们紧密粘结在一起的物质。粘结剂在建筑上的应用十分广泛,是不可缺少的配套材料之一。随着现代建筑工业的发展,许多装饰材料和特种功能材料在安装施工时均会涉及它们与基体材料的粘结问题。此外,混凝土裂缝和破损也常采用胶粘剂进行修补,粘结比传统方法更灵活、方便、可靠,因此粘结技术和粘结材料是发展最快的新技术之一。

1. 胶粘剂的组成

胶粘剂是一种由多组分物质组成的,具有粘结性能的材料。根据各种材料的不同粘结要求,胶粘剂的粘结性能各异,因此其组成比较复杂。除了其粘结作用的基本组成粘剂(粘料)外,为了使胶粘剂起到较好的粘结效果,一般还要加入一些配合剂。

1) 粘料

粘料是胶粘剂的基本组成,又称基料,它使胶粘剂具有粘结特性。粘料一般由一种或几种聚合物配合组成。用于结构受力部位的胶粘剂以热固性树脂为主,用于变形较大部位的胶粘剂以热塑性树脂或橡胶为主。

2) 固化剂

固化剂是调节或促进固化反应的单一物质或混合物,能使胶粘剂与粘结材料发生交联反应,使线型分子转变为体型分子,形成不溶不熔的网状结构的高聚物,常用的有酸酐类、胺类等。

3) 填料

填料一般不参加化学反应,加入填料可以降低胶粘剂的成本并改善胶粘剂的性能,如增大粘度,减小收缩性,提高强度和耐热性。常用的填料有石英粉、滑石粉、水泥以及各种金属与非金属氧化物。

4) 稀释剂

稀释剂用于调节胶粘剂的粘度、增加胶粘剂的涂敷浸润性。一般地,稀释剂的用量越大则粘结强度越小。

5) 偶联剂

偶联剂的分子一般都含有两部分性质不同的基团。一部分基团经水解后能与无机物表面很好地亲合,另一部分基团能与有机树脂反应结合,从而使两种不同性质的材料偶联起来。常用的偶联剂有硅烷偶联剂,如 KH550、KH560。

6) 增塑剂

增塑剂通常是高沸点、不易挥发的液体或低熔点的固体,其应该具有较好的与基料的相容性及耐热、耐光、抗迁移性。加入增塑剂可以增加粘合剂的流动性和可塑性,提高胶层的抗冲击韧性及其他机械性能。常用的增塑剂有磺酸苯酚、氯化石蜡等。

此外,为了满足某些特殊的要求,有时还要在胶粘剂中加入防腐剂、防震剂、稳定剂等。

2. 胶粘剂粘结机理

胶粘剂与材料之间的粘结力,一般认为来源于以下几个方面。

1) 机械粘结力

由于被粘材料表面粗糙甚至是多孔结构,胶粘剂可以渗透到表面凹槽及孔隙中,固化后形成了机械相互咬合和镶嵌作用,最终形成粘结力。

2) 化学键力

某些胶粘剂分子可与基体材料发生化学反应,以化学键作用与基体粘结在一起。化学键力比分子间作用力要大一两个数量级,因此粘结强度很高。分析证明聚氨酯胶、酚醛树脂胶及环氧胶与某些金属表面的确有化学键作用。广泛使用的硅烷偶联剂也是由于硅氧烷基团与基材表面的羟基发生了反应而形成化学键作用的。

3) 物理吸附力

即胶粘剂分子与基材分子间的范德华力或氢键作用,这种作用称为物理吸附。

4) 静电作用力

胶粘剂与基材由于带电荷的离子键作用或者极性耦合作用,在界面处产生接触电势而形成的静电吸附作用力。

5) 扩散粘结力

胶结过程中,胶粘剂分子与基材分子相互扩散甚至发生局部融合,这种粘结力称为扩散粘结力。

在实际中胶粘剂和被粘基材之间的牢固粘结,是由以上各种因素综合表现的结果。由于胶粘剂以及基材材料的不同、表面处理或粘结工艺的不同,各种粘结力对最终粘结强度的贡献也不同。

3. 常用胶粘剂

1) 热塑性树脂胶粘剂

(1) 聚醋酸乙烯酯乳液胶粘剂俗称白乳胶,无毒、无味、粘结强度高、常温下固化速度快,但耐水性和耐热性差。它可以单独使用,也可与水泥、羟甲基纤维素等复合使用。常用作非结构型胶粘剂,粘结各种非金属材料,如木材、塑料壁纸、陶瓷等,还可配制乳液涂料、乳液腻子等。

(2) 市场上常用的 107 胶就是一种聚乙醇缩甲醛胶,它无毒、无味,具有较高的粘结强度和较好的耐水性和耐老化性。用于粘结塑料壁纸和玻璃布等,也可用于配制内、外墙和地面用的涂料及腻子等。

2) 热固性树脂胶粘剂

(1) 环氧树脂与金属、木材、塑料、橡胶、混凝土等均有很高的粘结力,有万能胶之称。它粘结强度高,收缩率小(约 2%),有很好的化学稳定性和电绝缘性,能在室温至高温(150~180℃)条件下用不同的固化剂固化。但其固化后脆性较大,耐热性、耐紫外线较差,抗冲击强度较低。这些缺点可通过掺加不同的添加剂来改善。环氧树脂不仅可以用作结构胶粘剂,粘结上述材料,还可用于混凝土构件补强,裂缝修补,配制涂料和防水防腐材料等。

(2) α-氰基丙烯酸酯胶粘剂是常用的一种丙烯酸酯类胶粘剂,该胶粘剂最大的特点是快速固化,室温下在几分钟甚至几秒钟即可固化,故称瞬干胶。这种胶使用方便,胶结表面不必打毛,且容易清除,但耐热、耐水性差,不易用于大面积粘结。常用的 502 胶也属于丙烯酸酯类胶粘剂。

3) 橡胶胶粘剂

以橡胶为基料配制而成的胶粘剂称为橡胶胶粘剂。几乎所有的天然橡胶和合成橡胶都可以用来配制胶粘剂。橡胶胶粘剂富有柔韧性,有优异的耐蠕变、耐挠曲及耐冲击震动等特性,起始粘结性高,但耐热性差。常用的这类胶粘剂有氯化天然橡胶胶粘剂、氯丁橡胶胶粘剂、丁苯橡胶胶粘剂等。橡胶胶粘剂用于橡胶、金属和非金属等多种材料的粘结。

6.6.4 建筑防水材料

防水材料是建筑工程不可缺少的功能性材料,约占工程总造价的 15%;而在地下建筑中,则高达 25%~30%。其功能是防止雨水、地下水及其他水渗入建筑物或构筑物,包括防潮和防渗漏两种,前者是防止液体物质渗入建筑物内部,后者则是防止液体物质渗出建筑物。

为实现防水功能,防水材料可以分为如下几类,如表 6-6 所示。

表 6-6 防水材料分类

柔性防水			刚性防水	防渗剂
防水卷材	防水涂料	防水密封油膏		
沥青类防水卷材（包括改性沥青）合成高分子防水卷材	沥青类防水涂料 合成高分子防水涂料（包括水泥基及非水泥基）水泥基渗透结晶型防水涂料	沥青类嵌缝油膏 高聚物密封膏 定形密封条	防水混凝土 防水砂浆 瓦材	有机硅防水剂 氯化铁防水剂 金属皂类避水剂

1. 防水卷材

1）沥青类防水卷材

沥青类防水卷材分为有胎卷材和无胎卷材。有胎卷材是指用玻璃布、石棉布、棉麻织品、厚纸等作为胎体,浸渍石油沥青,表面撒一层防粘材料而制成的卷材,又称作浸渍卷材;无胎卷材是将橡胶粉、石棉粉等与沥青混炼再压延而成的防水材料,也成辊压卷材。沥青类防水卷材价格低廉、结构致密、防水性能良好、耐腐蚀、粘附性好,是目前建筑工程中最常用的柔性防水材料。广泛用于工业、民用建筑、地下工程、桥梁道路、隧道涵洞及水工建筑等很多领域。

由于沥青在低温柔性、高温稳定性、抗老化、耐疲劳等方面都存在缺陷,因此常用一些聚合物或矿物填料对沥青进行改性,比如最常见的 SBS（苯乙烯-丁二烯-苯乙烯嵌段共聚物）改性沥青、APP（无规聚丙烯）改性沥青、PVC 改性沥青、橡胶改性沥青等。

2）合成高分子防水卷材

合成高分子防水卷材是以合成高分子材料包括合成橡胶、合成树脂或二者的共混体为基料,加入适量填料和其他化学助剂,经混炼、挤出或压延而制成的卷材或片材。合成高分子防水卷材品种繁多,目前最具代表性的有合成橡胶类的三元乙丙橡胶防水卷材、聚氯乙烯防水卷材和氯化聚乙烯-橡胶共混防水卷材等。

三元乙丙（EPDM）橡胶防水卷材具有耐老化、耐热性好（大于 160℃）、使用寿命长（30～50 年）、拉伸强度高、延伸率大、可以冷施工等特点。适用于外露屋面、大跨度、耐久性要求长的防水工程。

聚氯乙烯（PVC）防水卷材以聚氯乙烯为主要原料,添加增塑剂及其他助剂和填料加工制得的卷材。其价格便宜、拉伸强度高、伸长率大、耐老化性能好（大于 25 年）。

氯化聚乙烯—橡胶共混卷材以氯化聚乙烯和橡胶共混,加入助剂混炼加工制得防水材料。这种材料具有氯化聚乙烯特有的高强度、优异的耐臭氧、耐老化性能,通过与橡胶共混兼备了橡胶的高弹性、高延展性和低温柔性。其性能接近于三元乙丙橡胶防水卷材,适用于屋面单层外露防水。

2. 防水涂料

防水涂料是指在建筑构件表面能形成抗渗性涂层,保护建筑物不被水润湿或渗透的涂料。防水涂料按照分散介质的不同可以分为溶剂型涂料和水乳型涂料两大类。

1）沥青类防水涂料

沥青类防水涂料是指以沥青为主要成膜材料制得的防水涂料。直接将沥青（未改性或改性沥青）溶于有机溶剂而配制的涂料称为溶剂型沥青涂料;将沥青分散在水中形成稳定的沥青乳液,进而配制的涂料称为水乳型沥青涂料。沥青类防水涂料属于中低档防水涂料,具有沥青类防水卷材的基本性能,价格低廉,施工简单。

2) 合成高分子防水涂料

近年来,以各种合成高分子材料为主要成膜材料的防水涂料层出不穷。防水涂料向着高性能化、多功能化的方向迅速发展,比如粉末态、反应型、纳米型、快干型等各种功能性涂料逐渐被开发并应用。这里简单介绍几种。

(1) 聚氨酯防水涂料是由带有异氰酸酯基的聚氨酯预聚体和含有多羟基或胺基的固化剂,配以其他助剂混合而成的涂料。属于一种双组分的反应型涂料。聚氨酯涂料具有优良的耐热、耐低温、耐候性,成膜后几乎不产生体积收缩,具有很高的拉伸强度和伸长率。属于高档的合成高分子防水涂料。适用于各种地下、厨浴等的防水防腐工程。

(2) 丙烯酸酯类防水涂料是指以各种丙烯酸酯类水性乳液(包括纯丙烯酸酯类或丙烯酸酯与苯乙烯共聚物)为主要成膜剂,配以填料及其他各种助剂制得的防水涂料。按照其中的填料不同,可以分为水泥基(水泥和细砂作为填料)及非水泥基(往往以 $CaCO_3$、细砂为填料)防水涂料两类。这类防水涂料,由于其介质为水,不含任何有机溶剂,因此属于良好的环保型涂料。可用于室内防水、地下室及屋顶防水。

(3) 硅橡胶防水涂料是以硅橡胶乳液及其他高分子乳液混合,添加一定的助剂或填料配制成的乳液型防水涂料。硅橡胶防水涂料具有优异的憎水性、化学稳定性和弹性。

3) 水泥基渗透结晶型防水涂料

水泥基渗透结晶型防水涂料是由硅酸盐水泥、石英砂、特殊活性物质及添加剂组成的无机粉末状防水涂料。与水作用后,硅酸盐活性离子通过载体向混凝土内部扩散渗透,与混凝土孔隙中的钙离子进行化学反应,生成不溶于水的硅酸钙结晶体填充混凝土毛细孔道,从而使混凝土结构致密,实现防水功能。这种防水材料属于刚性防水材料。

与高分子类有机防水涂料相比,这类防水材料具有一些独特的性能:可以与混凝土组成完整、耐久的整体;可以在新鲜或初凝混凝土表面施工;固化快,48h 后可进行后续施工;可以抵抗海水和其他盐分的化学侵蚀,起到保护混凝土和钢筋作用;无毒,可用于饮用水工程。

3. 防水密封材料

防水密封材料是在防水的基础上,具备防止液、气、固态物质侵入的材料。其基本功能是填充构形复杂的间隙,通过密封材料的变形或流动润湿,使缝隙和接头不平的表面紧密接触或粘结,从而达到防水密封的作用。

防水密封材料的基材主要有油基、橡胶、树脂等有机化合物和无机类化合物。并根据材料的用途和特性具有膏状、液状、粉状等不同的形式。下面介绍几种常用的防水密封材料。

1) 硅橡胶防水密封材料

硅橡胶防水密封材料是以聚硅氧烷为主要成分的非定形密封材料,是一种可以在室温下固化或加热固化的液态橡胶。它具有耐热、耐寒、防水、绝缘、耐化学介质、耐臭氧、耐紫外线、耐老化、耐某些有机溶剂和稀酸等优良特性,密封性能持久,硫化后的密封胶在 $-50 \sim 250\ ℃$ 内可长期保持弹性。硅橡胶防水密封材料广泛适用于建筑工程的预制构件嵌缝密封、防水堵漏。

2）丙烯酸酯防水密封材料

这是以聚丙烯酸酯橡胶或溶液型聚丙烯酸酯为主要成分的非定形密封材料。它具有良好的耐水、耐溶剂、耐热、耐油、耐紫外辐射、耐氧降解等特性，使用温度可高达180℃，甚至可短时间或间断在200℃下使用而不变性。丙烯酸酯密封胶具有橡胶的弹性和柔软性，嵌缝时用热施工方法，但冷流动性差，不能用于伸缩大的变形缝。常用的有乳液型聚丙烯酸酯和溶剂型丙烯酸酯两类，前者通过水分蒸发或吸收而固化，固化时间短，含水量小，体积收缩小，储存稳定性好；后者通过溶剂蒸发固化，施工时需加热到50℃，固化时间长，体积收缩大，但对各种基材的粘接力好，使用年限可达20年。丙烯酸酯类防水密封材料适用于钢、铝、木门窗与墙体、玻璃间的接缝密封，以及刚性屋面、内外墙、管道、混凝土构件的接缝密封。

3）聚氨酯遇水膨胀橡胶密封材料

聚氨酯遇水膨胀橡胶材料主要以聚醚多元醇为原料，制成亲水性聚氨酯预聚体。其中，醚单元含量需达到一定的份额，当与水接触时，水分就会扩散并停留在亲水性基团的区域，造成材料的膨胀，达到密封防漏的效果，同时由于部分区域膨胀造成橡胶内外的渗透压差，有利于水向橡胶内部的渗透，稳定密封效果。国产821AF和821BF都属于这类产品，适用于各种混凝土构件裂缝、施工缝的灌浆防水堵漏，隧道掘井建筑中破裂带止水和软基加固，以及水塔、水池、地下室的防水堵漏。

6.6.5 聚合物改型砂浆混凝土

水泥砂浆和混凝土（为简化叙述，本节统称混凝土）是应用最为广泛的一类建筑材料之一，其结构如图6-5所示。这类材料强度高但相对变形率低，是典型的刚而脆的材料。利用聚合物对水泥混凝土进行改性，可以在一定程度上复合水泥基材料的刚性和有机高分子材料的韧性，赋予混凝土许多新的性能，比如更高的变形率，更好的抗开裂性和耐水、耐候性等。目前聚合物改性混凝土主要包含以下几类，如表6-7所示。

表 6-7 聚合物改性的水泥混凝土分类

名 称	英文名称	缩写	组 成	常用聚合物或单体	性能及应用
水泥混凝土	cement concrete	CC	水泥＋骨料＋水	—	—
聚合物浸渍混凝土	polymer impregnated concrete	PIC	可聚合的单体或者预聚物作为浸渍液填充硬化后的混凝土中的毛细孔，然后通过加热、辐射或催化等方法进行聚合或交联	甲基丙烯酸甲酯、苯乙烯、醋酸乙烯酯等	表面修饰、密封、耐酸碱等
聚合物胶结混凝土	polymer concrete	PC	可交联的树脂＋无机集料（小于20mm）或填料（1～30μm）聚合物树脂为其中的胶结材料	环氧树脂、酚醛树脂、呋喃树脂及不饱和聚酯等	道路桥梁的工程结构及修补
聚合物水泥混凝土（若聚合物为环氧树脂，则称为环氧水泥混凝土）	polymer cement concrete (epoxy cement concrete)	PCC (ECC)	水性聚合物乳液＋通常的水泥混凝土组分。聚合物和水泥共同起胶结作用	包括各种橡胶类乳液、热塑性及热固性树脂乳液	修补砂浆、改善粘结强度、韧性、抗开裂、耐水性、化学稳定性等

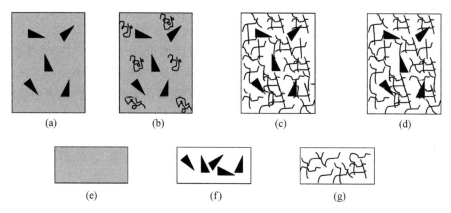

图 6-5 聚合物改性水泥混凝土的结构示意图
(a) 水泥混凝土(CC);(b) 聚合物浸渍混凝土(PIC);(c) 聚合物胶结混凝土(PC);
(d) 聚合物水泥混凝土(PCC);(e) 硬化后水泥;(f) 集料或填料;(g) 聚合物

(1) 聚合物浸渍混凝土就是一种用可聚合的有机单体或预聚物浸渍填充混凝土孔隙并聚合固化而成的有机-无机的复合材料。由于聚合物填充了混凝土内部的孔隙和微裂缝,显著增加了混凝土的密实度,提高了不同相间的结合强度,减小了应力集中,因而具有高强、耐蚀、抗渗、耐磨、抗冲击等优良的物理力学性能。与未浸渍的基材相比,浸渍混凝土的抗压强度可提高 2～4 倍,可高达 150MPa;抗拉强度提高 3 倍,达到 25MPa;冲击强度可提高 7 倍。

(2) 聚合物胶结混凝土是以聚合物为胶结材料的混凝土(砂浆),又称树脂混凝土。这种混凝土主要特点是:强度高,抗压强度可高达 80～100MPa,抗拉强度可达 8～10MPa;密实度高,几乎不吸水;耐磨性好;抗冲击性好;绝缘性能好;化学稳定性高。

(3) 聚合物水泥混凝土(PCC)是在拌和混凝土混合料时加入水性聚合物乳液,硬化后水泥和聚合物共同起胶结作用。常用的聚合物乳液有以下三类:①橡胶乳液:如天然橡胶乳液、丁苯乳液、氯丁胶乳等;②热塑性树脂乳液:如丙烯酸酯类乳液包括苯丙乳液及纯丙乳液,聚醋酸乙烯酯类的 EVA(乙烯-醋酸乙烯共聚物)乳液等;③热固性树脂乳液:如环氧树脂乳液。

聚合物乳液的加入,对新拌砂浆混凝土的性能及凝结后砂浆混凝土的性能两方面形成影响或改善。①对新拌砂浆混凝土性能的改善:提高了砂浆对基材的粘结强度;改善工作性及可操作时间;一些聚合物乳液对砂浆有塑化减水效果,从而减少孔隙率;聚合物乳液的加入往往带有一定的引气作用,导致新拌混凝土的含气量较高(可高达 10%～20%),但只要采用优质的消泡剂,含气量可以降到 2% 以下。②对凝结后砂浆混凝土性能的改善:由于聚合物填充混凝土孔隙,降低了水和盐离子(特别是氯离子)的渗透性,因此改善了混凝土的耐久性,比如耐腐蚀性、抗冻性及耐水性等;提高抗拉强度、抗压强度、抗折强度、抗冲击性及变形性能等力学性能;改善了砂浆的抗开裂性;聚合物的添加,大幅度提高了水泥砂浆的耐磨损性。

聚合物水泥砂浆混凝土可以应用在很多领域,比如修补砂浆、瓷砖粘结剂、抹面砂浆等。由于掺加聚合物而提高了混凝土的韧性及抗冲击性,这对作为承受动载荷的路面和桥梁用的混凝土是非常有利的。

思 考 题

1. 什么是高分子材料？高分子的链结构有哪几种？
2. 简述高分子结晶熔点和玻璃化温度的物理意义。
3. 简述建筑塑料的特点。举例分析热塑性塑料和热固性塑料的区别。
4. 描述建筑涂料的组成及它们的作用。
5. 简述胶粘剂的粘结机理。
6. 简单介绍几种常用的合成高分子防水涂料。

附录

实验部分

实验部分是该课程的实践环节,其主要目的是:

(1) 使学生通过实验,增强对建筑材料的感性认识,加深对建筑材料的组成、结构与性能之间关系的认识。

(2) 了解对建筑材料提出的各项性能指标和相关的基础知识,学习建筑材料的质量检验和评价方法。

(3) 使学生通过在实验课程中的实验和观察、课后的文献调研和思考,培养观察实验现象和提出、分析问题的能力。

实验Ⅰ 建筑材料的基本性质实验

Ⅰ.1 实验目的

认识建筑材料的一些基本性质,如材料密度、表观密度、体积密度和堆积密度的定义和测定方法;材料密实度与孔隙率的定义及相互关系;材料填充率和空隙率的定义及相互关系;材料吸水率的定义及测定方法;材料强度的定义及影响因素;材料弹性和塑性的定义;材料脆性和韧性的定义;以及混凝土试样在三点抗弯状态下荷载-挠度曲线的获取方法。

Ⅰ.2 材料的密度、表观密度、体积密度和堆积密度的定义

1) 密度(density)

材料在绝对密实状态下单位体积的质量称为材料的密度 ρ_0。材料在绝对密实状态下的体积是指不包括材料内部孔隙的固体物质本身的体积,亦称实体积。

2) 表观密度(apparent density)

材料在自然状态下单位体积的质量称为材料的表观密度 ρ_a。材料在自然状态下的体积是指材料的实体积与材料内部所含全部孔隙之和。

3) 体积密度(volume density)

材料在包含实体积、开口和封闭孔隙的状态下单位体积的质量称为材料的体积密度 ρ_v。

4) 堆积密度(bulk density)

散粒材料在自然堆积状态下单位体积的质量称为堆积密度 ρ_b。散粒材料在自然状态下的体积,是指既含颗粒内部的孔隙,又含颗粒之间空隙在内的总体积。

Ⅰ.2.1 材料密度的测定

1. 主要设备

(1) 李氏瓶

(2) 物理天平(称量 100g,感量 0.01g),烘箱,筛子(孔径 0.20mm),温度计等。

2. 实验步骤

(1) 将试样破碎、磨细后,全部通过孔径为 0.20mm 的筛子,再放入烘箱中,在不超过 105℃ 的温度下,烘干至恒重,取出后置于干燥器中冷却至室温备用。

(2) 将无水煤油注入李氏瓶(见图Ⅰ-1)至凹颈下 0~1ml 刻度线范围内,用滤纸将瓶颈内液面上部

内壁吸附的煤油仔细擦净。

(3) 将注有煤油的李氏瓶放入恒温水槽内,使刻度线以下部分侵入水中,水温控制在 20±5℃,恒温 30min 后读取液面的初始体积 V_1(以弯月面下部切线为准),精确到 0.05ml。

(4) 从恒温水槽中取出李氏瓶,擦干外表面,放置于物理天平上,称得初始质量 m_1。

(5) 用小勺将物料徐徐装入李氏瓶,下料速度不得超过瓶内液体浸没物料的速度,以免堵塞,直至液面上升接近 20ml 的刻度线为止。

(6) 排除瓶中的气体,以左手指捏住瓶颈上部,右手指托住瓶底,左右摇动或转动,使其中气泡上浮。每 3~5s 观察一次,直至无气泡上升为止,同时将瓶倾斜并缓缓转动,以便使瓶内煤油将粘附在瓶颈内壁上的物料洗入煤油中。

(7) 再次将李氏瓶放置于物理天平上,称出加入物料后的最终质量 m_2,再将瓶放入恒温水槽中,在相同水温下恒温 30min,然后读出第二次体积读数 V_2。

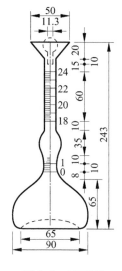

图 Ⅰ-1 李氏瓶
(单位:mm)

3. 材料密度的计算

(1) 按式(Ⅰ.1)计算材料的密度(精确至 0.01g/cm³),单位 g/cm³

$$\rho_0 = \frac{m_2 - m_1}{V_2 - V_1} \tag{Ⅰ.1}$$

(2) 以两次实验结果的平均值作为密度的测量结果。两次实验结果的差值不得大于 0.02g/cm³,否则应重新取样进行实验。

Ⅰ.2.2 砖的体积密度的测定

1. 主要设备

电子秤(称量 6kg,感量 50g),直尺(精度 1mm),烘箱等。

2. 实验步骤

(1) 将每组 5 块砖放入 105℃ 的烘箱中烘至恒重,取出冷却至室温,称重 m(g)。

(2) 量取并计算砖的体积 V(mm³)。对于砖这种六面体试件,应在其长、宽、高各方向测量三处,取其平均值得 a,b,c,单位为 mm。则砖的体积如式(Ⅰ.2)所示

$$V = abc \tag{Ⅰ.2}$$

3. 砖的体积密度的计算

(1) 砖的体积密度按式(Ⅰ.3)计算,单位为 kg/m³

$$\rho_v = \frac{m}{V} \times 10^6 \tag{Ⅰ.3}$$

(2) 砖的体积密度以 5 块试件测定结果的平均值来表示,计算精度至 10kg/m³。

Ⅰ.3 材料的密实度与孔隙率

Ⅰ.3.1 密实度(dense degree)

密实度 D 是指材料体积内被固体物质填充的程度,也就是固体物质的体积 V 占总体积 V_0 的百分率。如式(Ⅰ.4)所示

$$D = \frac{V}{V_0} \tag{Ⅰ.4}$$

Ⅰ.3.2 孔隙率(porosity)

孔隙率 P 是指材料体积内孔隙体积占材料总体积 V_0 的百分率。如式(Ⅰ.5)所示

$$P = \frac{V_0 - V}{V_0} = 1 - \frac{V}{V_0} = 1 - D \tag{Ⅰ.5}$$

按孔隙的特征,材料的孔隙可分为开口孔隙和闭口孔隙两种,二者孔隙率之和等于材料的总孔隙率。

Ⅰ.4 材料的填充率和空隙率

Ⅰ.4.1 填充率(stuffing ratio)

填充率 D' 是指散粒材料在某堆积体积 V'_0 中,被其颗粒填充的程度。如式(Ⅰ.6)所示

$$D' = \frac{V_0}{V'_0} \tag{Ⅰ.6}$$

Ⅰ.4.2 空隙率(interstice ratio)

空隙率 P' 是指散粒材料在某堆积体积中,颗粒之间的空隙体积占堆积体积 V'_0 的比率。如式(Ⅰ.7)所示

$$P' = \frac{V'_0 - V_0}{V'_0} = 1 - D' \tag{Ⅰ.7}$$

Ⅰ.5 材料吸水率的定义及其测定

Ⅰ.5.1 材料吸水率的定义

材料在水中吸收水分的性质称为吸水性。材料的吸水性可用吸水率来表示,吸水率有两种表示方法:
1) 质量吸水率 W_m
材料在吸水饱和时,内部所吸收水分的质量占干燥材料总质量的百分率。

2) 体积吸水率 W_v

材料在吸水饱和时,内部所吸收水分的体积占干燥材料自然体积的百分率。

工程用建筑材料一般采用质量吸水率。质量吸水率与体积吸水率间存在如式(Ⅰ.8)所示关系

$$W_v = W_m \rho_a \qquad (Ⅰ.8)$$

由于材料中所吸收的水分是通过开口孔隙所吸入的,因此,材料的开口孔隙率越大,则材料的吸水率越大。材料吸水饱和时的体积吸水率就是材料的开口孔隙率。

1.5.2 砖的质量吸水率和体积吸水率的测定

1. 主要设备

电子秤(称量6kg,感量50g),直尺(精度1mm),烘箱等。

2. 实验步骤

(1) 取有代表性的砖试件,每组3块。将试样放入烘箱中,在不超过105℃的温度下,烘至恒重,取出冷却后,称量其质量 m_0(g)。

(2) 将试件放入盛水的容器中,并使得试件的各面均留有空隙,以使得水能够自由地进入试件内。然后加水至试件高度的1/3处,过24h后在加水至试件高度的2/3处,再过24h后加满水,并再放置24h,这样逐次加水以使得试件孔隙中的空气能逐渐逸出。

(3) 取出一块试件,抹去表面水分,称其质量 m_1(g),用排水法测出试件的体积 V_0(cm³)。为检查试件是否吸水饱和,可将试件再次侵入水中至高度的3/4处,24h后重新称重,两次质量之差应不超过1%。

(4) 用以上两种方法分别测出另外两块试件的质量和体积。

3. 结果计算

(1) 按式(Ⅰ.9)和式(Ⅰ.10)分别计算两种吸水率

$$W_m = \frac{m_1 - m_0}{m_0} \qquad (Ⅰ.9)$$

$$W_v = \frac{m_1 - m_0}{V_0} \frac{1}{\rho_水} \qquad (Ⅰ.10)$$

(2) 取三个试件的吸水率计算其平均值(精确至0.01%)。

Ⅰ.6 材料的力学性质

材料的力学性质主要是指材料在外力作用下,有关抵抗破坏和变形的能力的性质。

Ⅰ.6.1 材料的强度

材料在外力作用下,抵抗破坏的能力称为材料的强度。根据外力作用形式的不同,材料的强度可分为:抗压强度、抗拉强度、抗剪强度和抗折强度等。材料的这些强度是通过静力实验来测定的,所以称为

静力强度。材料的静力强度是通过标准试件的破坏实验而测得的。

材料的抗压、抗拉和抗剪强度如式（Ⅰ.11）所示

$$f = \frac{P}{A} \tag{Ⅰ.11}$$

式中，f 为材料的极限强度（抗压、抗拉和抗剪）（N/mm²）；P 为试件破坏时的最大荷载（N）；A 为试件的受力面积。

材料的抗弯强度和试件的几何外形及荷载的施加方式有关。对于矩形截面的条形试件，当其二支点间的中间作用一集中荷载时，其抗弯极限强度 f_{tm} 按式（Ⅰ.12）计算

$$f_{tm} = \frac{3Pl}{2bh^2} \tag{Ⅰ.12}$$

当在试件支点的三分点处作用两个集中荷载时，其抗弯极限强度 f_{tm} 按式（Ⅰ.13）计算

$$f_{tm} = \frac{Pl}{bh^2} \tag{Ⅰ.13}$$

以上两式中，f_{tm} 为材料的抗弯强度（N/mm²）；P 为试件破坏时的最大荷载（N）；l 为试件两支点间的距离（mm）；b、h 分别为试件截面的宽度和高度（mm）。

Ⅰ.6.2 影响材料强度的因素

材料的强度除与其组成、结构等内在因素有关外，还与试件的表面形态、尺寸和形状、含水状态、温度环境和加载速度等有关。

以脆性材料的单轴受压为例，当试件受压时，实验机的压板和试件承压面紧密接触，同时，一般情况下，实验机压板的弹性模量要大于试件的弹性模量，故在该状态下，实验机的压板与试件承压面间产生了横向摩擦阻力，实验机的压板约束了试件承压面及其毗连部分的部分横向膨胀变形，从而抑制了试件的破坏，使得所获得的强度值较高，且使得试件破坏成如图Ⅰ-2(a)所示的两个顶角相接的截头角锥体。如在两者的接触面上涂以润滑剂或放置一片变形能力较强的塑料板，则在试件受压时，由于实验机的压板与试件承压面间的摩擦力较小，从而使得试样可较自由地进行横向膨胀变形，这样就在试件的承压面上产生了垂直于加载方向的拉应力，从而降低试件测试强度并使得试件出现纵向裂缝而破坏，如图Ⅰ-2(b)所示。

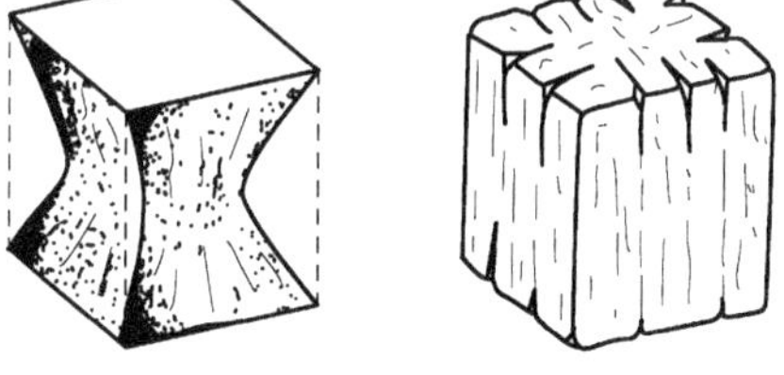

如实验时采用棱柱体或圆柱体（一般高度为边长或直径的 2~3 倍）试件，其测定抗压强度值要比立方体试件低。同时，就立方体试件来说，小试件的抗压强度要大于大试件的抗压强度。出现该现象的原因，是由于在实验机的压板与试件承压面间存在横向摩擦阻力，同时，越靠近试件承压面该摩擦阻力的影响就越显著，大约在距试件承压面为 $\sqrt{3}a/2$（a 为试件的直径或边长）以外的部分，该摩擦阻力的影响即将消失。因此，在试件高度的中间部分，距离承压面越远，受摩擦阻力的影响越小而易于破坏。所以棱柱体或圆柱体试件的强度值比立方体试件的要低。同样，大试件的中间部分所受摩擦阻力的影响较小，故其测定强度值较小试件要低。同时，试件较大时，在其中出现缺陷的几率也较大，这也是大试件测试强度值较低的原因。

图Ⅰ-2　材料的承压面状态对破坏形态的影响

实验时的加荷速率也是影响材料测试强度的原因之一。材料的破坏是在变形达到一定程度时发生的。当加荷速率较快时,材料变形的增长落后于荷载的增长,故破坏时的强度较高。反之,则强度较低。

此外,材料的强度与实验时的湿度有关。对于混凝土而言,在抗压状态下,干燥的混凝土相对于潮湿的混凝土常显示出更高的强度,这一方面可能与CSH凝胶在失水的过程中使得凝胶粒子之间的键合力增大有关,另一方面可能与在受压的过程中,混凝土试件中的水分子具有润滑作用,使得混凝土中的组分之间易于滑动有关,同时,也可能是与混凝土在受压的过程中,其中的水分发生迁移,产生内部孔隙压力所致。但在抗折和抗拉状态下,干燥的混凝土相对于潮湿的混凝土常显示出较低的测试强度,这可能是由于混凝土中水分的扩散速率较低,因而在试件的干燥过程中产生了湿度梯度,从而使得混凝土的表面受张力而产生微裂纹,该裂纹在受压状态下会愈合从而不会产生较大影响,但会显著降低混凝土的抗拉和抗折强度。可以设想,如果以十分缓慢的速率使得混凝土试样干燥,则可期望获得较高的测试强度。

可见,材料的强度会受到诸多因素的影响,因此,为了得到可以进行比较的实验结果,就必须采用规定的标准实验方法对材料的强度进行测试。

Ⅰ.6.3 材料的弹性和塑性

材料在外力作用下产生变形,当外力撤销后,能够完全恢复原来形状的性质称为弹性。同时,这种完全恢复的变形称为弹性变形。产生弹性变形的原因,是因为作用于材料的外力改变了材料质点间的平衡位置,但此时外力并未超过质点间的相互作用力,外力所做的功,转变为材料的内能(弹性能),当外力除去时,内能做功,质点恢复到原来的平衡位置,变形消失。

在外力的作用下材料产生变形,如果撤销外力后,仍保持变形后的形状和尺寸,并且不产生裂纹的性质称为塑性。同时,这种不能恢复的变形称为塑性变形。产生塑性变形的原因是由于作用在材料上的外力超过了材料质点间的作用力,或由于在长时间的持续应力作用下,使材料的部分结构或构造受到破坏,亦即外力所做的功,未转变为弹性能而消耗于材料中部分结构或构造的破坏,因而这种变形不能恢复。

实际上,完全的弹性或塑性材料是不存在的。多数材料在受力较小的情况下,表现为弹性变形。但当受力超过一定的限度后,即表现为塑性变形。即大多数材料为弹塑性体。

Ⅰ.6.4 材料的脆性和韧性

当外力达到一定限度后,材料突然破坏,而破坏时并无明显的塑性变形,材料的这种性质称为脆性。脆性材料的抗压强度比抗拉强度往往要高很多倍,这对承受震动和冲击作用是不利的。混凝土、砖、石材、玻璃和陶瓷等都属于脆性材料。

在冲击、震动荷载作用下,材料能够吸收较大的能量,同时也能产生较大的变形而不致破坏的性质称为韧性。建筑钢材和木材等都属于韧性材料。

Ⅰ.6.5 混凝土在抗弯状态下的荷载-挠度曲线测定

通过测定混凝土在抗弯状态下的荷载-挠度曲线,了解混凝土在受力时的变形性能。

1. 主要设备仪器

200kN 电液伺服控制抗折实验机,位移传感器(测量范围:±5mm,分辨率:0.001mm)。

2. 实验步骤

(1) 根据预先设计的混凝土配合比,制备、成型 100mm×100mm×400mm 的不同组成、不同强度等级的混凝土棱柱体试件,试件在标准状态下养护至规定龄期。取出试件,保持试件处于潮湿状态直至实验开始。

(2) 采用三点弯曲模式,两个下支撑轴的跨距 350mm,上压头处于中心位置,上压头与下支撑轴必须保持平行。

(3) 将混凝土试件的侧面放在两个下支撑轴上,两端超出各 25mm。开动实验机,使上压头下降至试件上方约 1~2mm 处停止。将位移传感器固定在实验机台面的适当位置,位移传感器的探头顶在实验机上压头的适当位置,保证其在实验过程中不会移位或受损。

(4) 确认位移传感器与实验机控制器的连结正确无误。采用位移控制模式加载,根据试样的组成和强度等级等因素设定加载速度,对于混凝土材料,通常不大于 0.1mm/min。

(5) 使实验机按照设定程序自动运行,开始加载,随着试件变形增加,试件承受的荷载逐渐增加,经过峰值,然后下降,直到接近零值,或试件发生明显开裂为止。

(6) 根据记录的数据绘制各试件的荷载-挠度曲线,并分析混凝土的材料组成对其强度、韧性和断面形态的影响。

思 考 题

1. 简述材料密度、表观密度、体积密度和堆积密度之间的区别和联系。
2. 根据材料破坏理论和影响材料测试强度的因素,讨论材料强度按规定方法测量的必要性。
3. 分别测定的不同强度等级混凝土在抗弯状态下的荷载-挠度曲线,分析混凝土的材料组成对其极限抗折强度、韧性和破坏形态的影响。

实验 Ⅱ 水泥与外加剂实验

Ⅱ.1 实验目的

了解水泥标准稠度用水量、凝结时间和安定性的测定方法；了解减水剂与水泥的相容性及评价方法；了解水泥胶砂的成型和强度测定方法以及水泥强度等级分类的依据。

Ⅱ.2 水泥实验的一般规定

Ⅱ.2.1 取样

水泥出厂前按同品种、同强度等级编号和取样。袋装水泥和散装水泥应分别进行编号和取样，每一编号为一取样单位。水泥出厂编号按年生产能力规定为：

(1) 200×10^4 t 以上，不超过 4 000t 为一编号；
(2) $120 \times 10^4 \sim 200 \times 10^4$ t，不超过 2 400t 为一编号；
(3) $60 \times 10^4 \sim 120 \times 10^4$ t，不超过 1 000t 为一编号；
(4) $30 \times 10^4 \sim 60 \times 10^4$ t，不超过 600t 为一编号；
(5) $10 \times 10^4 \sim 30 \times 10^4$ t，不超过 400t 为一编号；
(6) 10×10^4 以下，不超过 200t 为一编号。

取样方法按 GB 12573 进行。可连续取，亦可从 20 个以上不同部位取等量样品，总量至少 12kg。取样后，将每一编号所取水泥混合样通过 0.9mm 方孔筛，其后均分为实验样和封存样后分别进行实验和封存。

Ⅱ.2.2 实验室条件

室内温度应为 20 ± 2℃，相对湿度不低于 50%；养护箱温度为 20 ± 1℃，相对湿度不低于 90%。实验用水泥、标准砂、拌和水、试模及其他实验用具的温度应与实验室温度相同；实验用水必须是洁净的淡水。

Ⅱ.3 水泥标准稠度用水量测定

Ⅱ.3.1 主要仪器设备

(1) 水泥净浆搅拌机。由主机、搅拌叶和搅拌锅组成，叶片以双转双速转动。
(2) 维卡仪。测量水泥标准稠度用试杆的有效长度为 50 ± 1mm，直径为 10 ± 0.05mm。测定凝结时间用直径为 1.13±0.05mm 的试针。测定初凝时试针的有效长度为 50±1mm，测定终凝时试针的有效长度为 30±1mm。滑动部分（滑杆、指针及试杆或试针）的总质量为 300±1g。

（3）盛装水泥净浆的试模为深 40±0.2mm、顶内径 65±0.5mm、底内径 75±0.5mm 的截顶圆锥体。每只试模应配一个大于试模，厚度大于等于 2.5mm 的平板玻璃底板。

Ⅱ.3.2 实验步骤

1. 实验前的准备工作

（1）检查维卡仪的金属棒是否能自由滑动。
（2）调整维卡仪的试杆接触玻璃板时指针对准其零点。
（3）检查水泥净浆搅拌机是否运转正常。

2. 水泥净浆的拌制

用水泥净浆搅拌机搅拌，用湿布擦拭搅拌锅和搅拌叶片，将拌和水倒入搅拌锅内，然后在 5～10s 内将称量好的 500g 水泥试样加入水中，在该过程中要防止水和水泥溅出。拌和时，先将搅拌锅固定在搅拌机的锅座上，然后升至搅拌位置，再启动搅拌机，低速搅拌 120s 停 15s，同时将叶片和锅壁上的水泥浆刮入锅内，接着高速搅拌 120s 后停机。

3. 水泥标准稠度用水量的测定步骤

拌和结束后，立即将搅拌好的净浆装入已置于玻璃底板上的试模内，用小刀插捣并用手在桌面上上下振动数次，使气泡排出并刮平。然后迅速将试模和底板移到维卡仪上，并将其中心定在试杆下。将试杆降至净浆表面，拧紧螺丝 1～2s 后，突然放松螺丝，让试杆垂直自由沉入浆体中，当试杆停止下降或释放试杆 30s 后，记录试杆距底板的距离，然后升起试杆，并立即擦净。整个操作过程应在搅拌后 1.5min 内完成。以试杆沉入净浆并距底板 6±1mm 的水泥净浆为标准稠度净浆，其拌和用水量为该水泥的标准稠度用水量，按水泥质量的百分比计。

Ⅱ.4 水泥凝结时间的测定

Ⅱ.4.1 主要仪器设备

该实验所用仪器设备基本与测定水泥标准稠度用水量所用设备相同，只是此时将维卡仪上的试杆更换为相应的试针。

Ⅱ.4.2 实验步骤

测定前调制维卡仪，使得试针接触玻璃底板时，指针对准零点。
按标准稠度用水量制备标准稠度的水泥净浆，并立即一次装入试模，用手振动数次后刮平，然后放入湿气养护箱内,记录水泥全部加入水中的时间,作为凝结时间的起始时间。

初凝时间的测定：试件在湿气养护箱内养护至加水后 30min 时进行第一次测定。测定时,从湿气养护箱内取出试模放到试针下,调节试针使之正好与浆体表面接触,拧紧螺丝 1~2s 后,突然放松螺丝,使试针垂直自由地沉入浆体中,观察试杆停止下沉或释放试杆 30s 时指针的读数。当试针沉至距底板 4±1mm 时,水泥达到初凝状态。由水泥全部加入水中至初凝状态的时间为水泥的初凝时间,用"min"表示。

终凝时间的测定：为了准确观察试针沉入的状态,在终凝针上安装了一个环形附件。在完成初凝时间测定后,立即将试模连同浆体以平移的方式从玻璃板取下,翻转 180°,直径大端向上,小端向下放在玻璃板上,再放入湿气养护箱内继续养护,临近终凝时间时每隔 15min 测定一次,当试针沉入试体 0.5mm,即环形附件开始不能在试体上留下痕迹时,水泥达到终凝状态。由水泥全部加入水中至终凝状态的时间为水泥的终凝时间,用"min"表示。

Ⅱ.5 水泥安定性的测定

Ⅱ.5.1 主要仪器设备

1）雷氏夹

由铜质材料制成。当一根指针的根部先悬挂在一根金属丝或尼龙丝上,另一根指针的根部再挂上质量为 300g 的砝码时,两根指针的针尖距离增加应在 17.5±2.5mm 的范围内。当去掉砝码后,针尖的距离能恢复至悬挂砝码前的状态。

2）煮沸箱

有效容积约为 410mm×240mm×310mm,篦板结构应不影响实验结果,篦板与加热器之间的距离大于 50mm。箱的内层由不易锈蚀的金属材料制成,能在 30±5min 内将箱内的实验用水由室温加热至沸腾状态并保持 3h 以上,整个实验过程中不需补充水量。

3）雷氏夹膨胀值测定仪

标尺最小刻度为 0.5mm。

Ⅱ.5.2 实验步骤

每个试样需成型两个试件,每个雷氏夹需配备质量约 75~80g 的玻璃板两块,将预先准备好的雷氏夹放入已稍涂油的玻璃板上,并立即将已制好的标准稠度净浆一次装满试模,装模时一只手轻轻扶持试模,另一只手用宽约 10mm 的小刀插捣数次,然后抹平,盖上稍涂油的玻璃板,接着立刻将试件移至湿气养护箱内养护 24±2h。

调整好沸煮箱内的水位,使之能保证整个煮沸过程中都超过试件高度,不需中途添补实验用水,同时又能保证在 30±5min 内加热至沸腾。

从玻璃板上取下雷氏夹试件,先测量试件指针尖端间的距离,精确到 0.5mm,接着将试件放入沸煮箱水中的篦板上,指针朝上,试件之间互不交叉,然后在 30±5min 内加热至沸腾并恒沸 180±5min。

沸煮结束后,立即放掉箱中的热水,打开箱盖,待箱体冷却至室温,取出雷氏夹,测量试针指针尖端的距离,精确到 0.5mm,当两试件煮后指针尖端增加距离的平均值不大于 5.0mm 时,即认为该水泥安定性合格。当两个试件的指针尖端增加距离相差超过 4.0mm 时,应取同一样品立即重新做一次实验,仍超过 4.0mm 则该水泥安定性不合格。

Ⅱ.6 胶凝材料与减水剂的相容性实验

在现代混凝土技术中,由水泥和各种矿物掺和料按不同比例组成的复合胶凝材料得到广泛的应用。在制备低水胶比的高性能混凝土时,为了使得拌和物获得需要的工作性,通常需要在其中添加减水剂。但在水胶比很低时,并不是每一种符合国家标准的胶凝材料在使用特定的减水剂时都可获得同样的流变性能。同样,也并不是每一种符合国家标准的减水剂对特定胶凝材料的影响都是一样的,这说明胶凝材料和减水剂之间存在相容性问题。当胶凝材料和减水剂之间的相容性不好时,不仅影响减水剂的减水率,更重要的是会造成拌和物坍落度迅速损失,以致使得新拌混凝土不能正常地运输和浇注。

Ⅱ.6.1 "微型坍落度实验"测定胶凝材料——减水剂拌和物的流动度

1. 主要仪器设备

(1) 水泥净浆搅拌机。
(2) 截锥圆模(微型坍落度筒):上口直径 36mm、下口直径 64mm、高 60mm、壁厚 5mm,内壁光滑无接缝的金属制品。
(3) 玻璃板:400mm×400mm,厚 5mm。
(4) 电子秤(称量:500g,感量:0.1g),钢直尺(300mm),秒表,刮尺等。

2. 实验步骤

将截锥圆模置于水平玻璃板上,先用湿布擦拭截锥圆模内壁和玻璃板,然后将湿布覆盖它们的上方。

按照预先规定的比例称取水泥和各种矿物掺和料(如磨细矿渣、粉煤灰、硅灰和沸石粉等),倒入用湿布擦拭过的搅拌锅内,胶凝材料总量为 300g。

按照预先规定的比例加入减水剂,然后加水搅拌 3min(普通减水剂加入 150g 水,高效减水剂加入 87g 水)。

将拌和好的净浆迅速注入截锥圆模内,刮平,将截锥圆模按垂直方向迅速提起,30s 后量取相互垂直的两直径,并取它们的平均值作为此胶凝材料净浆的流动度。

将测量流动度后的净浆重新收集于容器内,并用湿布覆盖容器的端口,静置 30min 后,重新倒入搅拌锅内,快速搅拌 1min,再次测定其流动度。

变换胶凝材料的组成或比例,以及减水剂的掺量,重复上述过程。

3. 结果评定

以减水剂的掺量为横坐标,净浆流动度为纵坐标作图。随减水剂掺量增大,净浆流动度随之增大。当净浆流动度不再随减水剂掺量增加而增加时,即达到该减水剂的饱和点。

比较不同胶凝材料与不同减水剂组合加水后 5min 和 35min 时的净浆流动度差别,可以判断其相容性好坏,也可比较各种水泥或矿物掺和料对相容性的影响。

Ⅱ.7 胶砂扩展度实验

Ⅱ.7.1 主要仪器设备

(1) 水泥胶砂搅拌机。
(2) 截锥圆模:上口直径 70mm、下口直径 100mm、高 60mm,内壁光滑无接缝的金属制品,带有模套。
(3) 圆柱捣棒,由金属制成,直径 20mm、长约 185mm。
(4) 电子秤(称量:1kg,感量:1g),钢直尺(300mm),秒表,刮尺等。

Ⅱ.7.2 实验步骤

首先称取 750g 粒径为 0.1~0.2mm 的洁净石英砂,倒入胶砂搅拌机的加砂漏斗内。然后把水加入水泥胶砂搅拌机的搅拌锅内,再按照预先确定的比例称取水泥和各种矿物掺和料(如磨细矿渣、粉煤灰、硅灰和沸石粉等),倒入搅拌锅内,胶凝材料总量为 300g。然后立即开动搅拌机,低速搅拌 30s 后,在第二个 30s 开始的同时均匀地将砂加入,再高速搅拌 30s。之后停止 90s,在第一个 15s 内用一胶皮刮具将叶片和锅壁上的胶砂刮入锅中间。其后,在高速下继续搅拌 60s 后停机。

在制备胶砂的同时,用潮湿棉布擦拭跳桌台面、试模内壁、捣棒以及与胶砂接触的用具,将试模放在跳桌台面中央并用潮湿棉布覆盖。

将拌和好的胶砂迅速分两层装入截锥圆模内,第一层装至截锥圆模高 2/3 处,用小刀在相互垂直两个方向各划 5 次,用捣棒自边缘向中心均匀插捣 15 次,接着装入第二层砂浆,装至高出截锥圆模约 20mm,用小刀在相互垂直两个方向各划 5 次,再用捣棒自边缘向中心均匀插捣 10 次。捣压后胶砂应略高于截锥圆模。捣实深度,第一层捣至胶砂高度的 1/2,第二层捣实不超过已捣实底层表面。装胶砂和捣实过程中,应用手扶住截锥圆模,以免截锥圆模移动。

捣实完毕,取下模套,将小刀倾斜,从中间向边缘分两次以近似水平的角度抹去高出截锥圆模的胶砂,并擦去落在桌面上的胶砂。随即将截锥圆模垂直向上轻轻提起。立即开动跳桌,以每秒一次的频率,在 25±1s 内完成 25 次跳动。

用直尺测量胶砂底部的扩展直径,取相互垂直的两直径的平均值为该用水量时的砂浆扩展度。计算结果取整数,单位为 mm。从胶砂加水开始到测量扩散直径结束,应在 6min 内完成。

当砂浆扩展度为140±5mm时的用水量即为基准砂浆扩展度的用水量。

按照预先确定的比例再次称取水泥和各种矿物掺和料共计300g和750g粒径为0.1~0.2mm的洁净石英砂,加入一定比例的减水剂,按基准砂浆扩展度的用水量加水,重复上述步骤测出掺入减水剂的胶砂扩展度。

将测量扩展度后的胶砂重新收集于容器内,并用湿布覆盖容器的端口,静置30min后,重新倒入搅拌锅内,快速搅拌1min,再次测定其扩展度。

变换胶凝材料的组成与减水剂的掺量,重复上述过程。

Ⅱ.7.3 结果评定

以减水剂的掺量为横坐标,胶砂扩展度为纵坐标作图。随减水剂掺量的增加,胶砂扩展度随之增加。当砂浆扩展度不再随减水剂掺量增加而增加时,即达到减水剂的饱和点。

比较不同胶凝材料与不同减水剂组合加水后5min和35min时的胶砂扩展度差别,可以判断其相容性好坏,也可比较各种水泥或矿物掺和料对相容性的影响。

Ⅱ.8 水泥胶砂强度实验

Ⅱ.8.1 主要仪器设备

(1) 搅拌机。双速行星式水泥胶砂搅拌机。

(2) 胶砂搅拌机自动控制程序为:低速搅拌30±1s,再低速搅拌30±1s,同时自动加砂开始(30±1s内全部加完),然后高速搅拌30±1s停90±1s,高速搅拌60±1s后结束。

(3) 伸臂式胶砂振动台。也允许使用振动频率为2 800~3 000次/min,全波振幅为0.75±0.02mm的胶砂振动台,台面装有卡具。

(4) 试模。可拆卸的三联模,模内腔尺寸为40mm×40mm×160mm。

(5) 水泥电动抗折实验机。加载速率50±10N/s。

(6) 压力实验机和抗压夹具。压力实验机最大荷载以200~300kN为宜,在较大的4/5量程范围内使用时记录的荷载应有±1%的精度,并具有按2 400±200N/s的加荷能力。抗压夹具由硬钢制成,加压板受压面积为40mm×40mm。

Ⅱ.8.2 胶砂组成

1) 砂

符合ISO 679中5.1.3要求的ISO标准砂。其颗粒分布在表Ⅱ-1规定的范围内。砂的含湿量小于0.2%。标准砂可以单级分包装,也可以各级预配合以1 350±5g量的塑料袋混合包装。

表Ⅱ-1　ISO基准砂颗粒分布

金属丝网筛方孔边长/mm	累计筛余/%	金属丝网筛方孔边长/mm	累计筛余/%
2.0	0	0.5	67±5
1.6	7±5	0.16	87±5
1.0	33±5	0.08	99±1

2）水泥

实验用水泥应储存在不与水泥起反应的气密容器中，容器应基本装满。

3）水

采用可饮用水。

Ⅱ.8.3　胶砂的制备

1）配合比

胶砂的灰胶比为1∶3，水灰比为1∶2。一锅胶砂成型三条试体。每锅材料需要量为：水泥450±2g，标准砂1 350±5g，水225±1g。

2）配料

水泥、砂、水和实验用具的温度与实验室温度相同。称量用的天平精度为±1g。当用自动滴管加225ml水时，滴管的精度应达到±1ml。

3）搅拌

使搅拌机处于工作状态，把水加入锅里，在加入水泥，把锅放在固定架上，上升至固定位置。然后立即开动机器，低速搅拌30s后，在第二个30s开始的同时均匀地将砂子加入。当各级砂是分装时，从最粗粒级开始，依次将所需的每级砂加完。随后在拌和胶砂30s，停拌90s，在第一个15s内用一胶皮刮具将叶片和锅壁上的胶砂刮入锅中，然后在高速下继续搅拌60s。各个搅拌阶段的时间误差应在±1s以内。

4）胶砂成型

胶砂制备后应立即成型。将试模擦净，模板四周与底座的接触面上应涂黄油，并紧密装配以防止漏浆。试模的内壁要均匀地涂刷一薄层机油，以方便后期的拆模。然后将试模及模套固定在振实台上，用一个适当的勺子从搅拌锅内取胶砂，并分两层装入试模。装第一层时，每个槽里约放300g胶砂，用大播料器垂直架在模套顶部，沿每个模槽来回一次将料层播平，振实60次。再装入第二层胶砂，用小播料器播平，再振实60次。振实完毕后取下试模，用一直尺以近似90°的角度架在试模的一端，沿试模长度方向以横向锯割动作向另一端移动，将超过试模部分的胶砂刮去，并用同一直尺以近乎水平的角度将试体表面抹平。在试模上作标记或用字条标明试件编号。

Ⅱ.8.4　试件养护

（1）将成型好的试件连模放入标准养护箱内养护，在温度为20±1℃，相对湿度大于90%的条件下养护20~24h。

（2）将试件从养护箱内取出，用防水墨汁编号，编号时应将每组模中三条试件分编在两个以上的龄期里。拆模时应注意不得损伤试件。硬化较慢的水泥需延期拆模并标明拆模时间。

（3）作好标记的试件应立即水平或竖直放入水槽中养护,保持其水温为 20±1℃,试件间要留有间隙,以让水与试件的六个面接触。养护期间试件之间间隔或试件上表面的水深不得小于 5mm,养护至规定龄期。

Ⅱ.8.5 水泥胶砂抗折强度的测定

（1）各龄期的试件必须在规定的时间(7d±2h、28d±8h)内进行强度实验,从水中取出一组三条试件,揩去试件表面沉积物,用湿布覆盖至实验时为止。

（2）清洁抗折实验机夹具的支撑圆柱表面粘着的杂物。将试件放入抗折夹具内,使试件侧面与圆柱接触,试件长轴垂直于支撑圆柱。

（3）调节抗折实验机零点与平衡,开动机器,以 50±5N/s 的速度加荷,直到试件折断,记录破坏荷载 F_f(N)。保持两个半截棱柱处于潮湿状态直至对它们进行抗压实验。

（4）按式(Ⅱ.1)计算抗折强度 R_f(精确至 0.1MPa)

$$R_f = \frac{3}{2}\frac{F_f L}{b^3} \tag{Ⅱ.1}$$

式中,F_f 为折断时施加于棱柱体中部的荷载,单位为 N;L 为支撑圆柱中心距,$L=100$mm;b 为棱柱体正方形截面的边长,$b=40$mm。

抗折强度结果取三块试件的平均值,当三个强度值中有超出平均值±10%时,应剔除后取平均值作为抗折强度实验结果。

Ⅱ.8.6 水泥胶砂抗压强度的测定

（1）抗折实验后的六个半截棱柱体应立即进行抗压强度实验。实验在压力实验机上用抗压夹具进行。清除试件受压面与加压板间的碎渣,以试件的侧面作受压面,并将夹具置于压力机压板中央。棱柱体露在压板外的部分约 10mm。

（2）开动实验机,以 2.4±0.2kN/s 的速度均匀地施加荷载直至破坏,记录破坏荷载 F_c(N)。

（3）按式(Ⅱ.2)计算试件的抗压强度(精确至 0.1MPa)

$$R_c = \frac{F_c}{A} \tag{Ⅱ.2}$$

式中,A 为试件的受压面积,即 $A=40\text{mm}\times 40\text{mm}=1\,600\text{mm}^2$。

以一组三个棱柱体上得到的六个抗压强度测定值的算术平均值作为抗压强度实验结果。如果六个测定值中有一个超过六个平均值的±10%,就应剔除这个结果,而以剩下的五个测定值的平均值作为抗压强度的实验结果。如果五个测定值中再有超过它们的平均值的±10%时,此组结果作废。

Ⅱ.8.7 水泥的强度等级评定

按照国家标准 GB 175 的规定,水泥强度等级按规定龄期的抗压强度和抗折强度来划分,各强度等级水泥的各龄期强度不得低于表Ⅱ-2 所列数值。

表Ⅱ-2 水泥强度等级评价标准

品 种	强度等级	抗压强度		抗折强度	
		3d	28d	3d	28d
硅酸盐水泥	42.5	17.0	42.5	3.5	6.5
	42.5R	22.0		4.0	
	52.5	23.0	52.5	4.0	7.0
	52.5R	27.0		5.0	
	62.5	28.0	62.5	5.0	8.0
	62.5R	32.0		5.5	
普通硅酸盐水泥	42.5	17.0	42.5	3.5	6.5
	42.5R	22.0		4.0	
	52.5	23.0	52.5	4.0	7.0
	52.5R	27.0		5.0	
矿渣硅酸盐水泥 火山灰硅酸盐水泥 粉煤灰硅酸盐水泥 复合硅酸盐水泥	32.5	10.0	32.5	2.5	5.5
	32.5R	15.0		3.5	
	42.5	15.0	42.5	3.5	6.5
	42.5R	19.0		4.0	
	52.5	21.0	52.5	4.0	7.0
	52.5R	23.0		4.5	

思 考 题

1. 根据全班各组的胶凝材料和减水剂的相容性实验结果,评价不同品种减水剂的减水效果,以及不同组成的胶凝材料体系与不同品种减水剂的相容性,并探讨影响胶凝材料和减水剂之间相容性的因素。

2. 根据全班各组的水泥胶砂强度测试结果,讨论不同品质水泥的强度特性。

3. 在进行水泥胶砂强度测定时,为什么要保持试件处于潮湿状态?为什么要保持恒定的加载速度?为什么不能用试件的成型面作为受力面?

实验Ⅲ 混凝土用砂、石实验

Ⅲ.1 实验目的

依据现行国家标准《建筑用砂》(GB/T 14684—2001)、《建筑用卵石、碎石》(GB/T 14685—2001)、《普通混凝土用砂、石质量及检验方法标准》(JGJ 52—2006)，了解建筑用砂、卵石和碎石的颗粒级配、表观密度、堆积密度和空隙率等参数的测定方法，为下一步的混凝土配合比设计提供原材料参数。

Ⅲ.2 取样方法和检验规则

所取砂、石样品应具有代表性。将取回的砂（或石子）试样在潮湿状态下拌匀后摊成厚度约20mm的圆饼（砂）或圆锥体（平等石子），在其上画十字线，分成大致相等的四份，除去其对角线的两份，将其余两份按同样的方法再持续进行，直至缩分后的材料量略多于实验所需量为止。

砂的检测项目有颗粒级配、表观密度、堆积密度、含泥量和泥块含量、氯离子含量、含水率、吸水率、碱活性、有机物含量、云母含量、轻物质含量、坚固性质量损失、硫酸盐及硫化物含量、压碎值指标、贝壳含量和人工砂的石粉含量及MB值等。

石的检测项目有颗粒级配、表观密度、堆积密度、含泥量和泥块含量、含水率、吸水率、碱活性、有机物含量、坚固性质量损失、SO_3含量、压碎值指标、岩石强度和针片状颗粒含量等。

Ⅲ.3 砂的筛分析实验

Ⅲ.3.1 主要仪器设备

（1）砂筛：公称直径为0.160、0.315、0.630、1.25、2.50、5.00、10.0mm的方孔筛，并附有筛底和筛盖。
（2）物理天平（称量1kg，感量1g）、烘箱、浅盘、毛刷等。
（3）摇筛机：电动振动筛，振幅0.5±0.1mm，频率50±3Hz。

Ⅲ.3.2 实验步骤

（1）试样先用孔径为10.0mm的筛筛除大于10mm的颗粒（算出其筛余百分率），然后用四分法缩分至每份不少于550g的试样两份，放在烘箱中于105±5℃烘至恒重，冷却至室温。
（2）准确称取试样500g。将筛子按筛孔由大到小叠合起来，附上筛底。将砂样倒入最上层（公称直径为 5.00mm)筛中。

(3) 将整套砂筛置于摇筛机上并固紧,摇筛 10min;也可用手筛,但时间不少于 10min。

(4) 将整套筛从摇筛机上取下,逐个在清洁的浅盘中进行手筛,筛至每分钟通过量不超过试样总量的 0.1% 为止。通过的砂粒并入下一号筛中,并和下一号筛中的试样一起过筛。按此顺序进行,直至各号筛全部筛完为止。

(5) 各号筛上的筛余量均不得超过按式(Ⅲ.1)计算得出的筛余量,否则应将该筛余试样分成两份或数份,再次进行筛分,并以其筛余量之和作为该号筛的筛余量

$$m_r = \frac{A\sqrt{d}}{300} \tag{Ⅲ.1}$$

式中,m_r 为某号筛上的筛余量(g);d 为筛孔边长(mm);A 为筛的面积(mm^2)。

(6) 称取各号筛上的筛余量(精确至1g)。筛分后如每号筛上的筛余量与底盘上的筛余量之和,与原试样量相差超过 1% 时,须重做实验。

Ⅲ.3.3 结果计算与评定

(1) 计算分计筛余百分率,各号筛上筛余量除以试样总重量(精确至 0.1%)。

(2) 计算累计筛余百分率,每号筛上孔径大于和等于该筛孔径的各筛上的分计筛余百分率之和(精确至 0.1%),绘制砂的筛分曲线。

(3) 按式(Ⅲ.2)计算砂的细度模数 μ_f(精确至 0.01)

$$\mu_f = \frac{(\beta_2 + \beta_3 + \beta_4 + \beta_5 + \beta_6) - 5\beta_1}{100 - \beta_1} \tag{Ⅲ.2}$$

式中,μ_f 为砂的细度模数;$\beta_1, \beta_2, \cdots, \beta_6$ 分别为公称直径 $5.00, 2.50, \cdots, 0.160$mm 方孔筛上的累计筛余。

取两次实验测定值的算术平均值作为实验结果,精确至 0.1。当两次实验所得的细度模数之差大于 0.20 时,应重新取试样进行实验。

砂按细度模数 μ_f 分粗、中、细和特细四种规格,其规定范围为:粗砂 $\mu_f = 3.7 \sim 3.1$,中砂 $\mu_f = 3.0 \sim 2.3$,细砂 $\mu_f = 2.2 \sim 1.6$,特细砂 $\mu_f = 1.5 \sim 0.7$。由所测细度模数按上述规定来评定该砂样的粗细程度。

(4) 除特细砂外,砂的颗粒级配可按公称直径 0.630mm 筛孔的累计筛余量,分为三个级配区,如表Ⅲ-1 和图Ⅲ-1 所示。且砂的颗粒级配应处于表Ⅲ-1 中的某一区内,但砂的实际级配与表Ⅲ-1 中的累积筛余相比,除公称直径为 5.00mm 和 0.630mm 的累计筛余外,其余公称粒径的累计筛余可稍有超出分界线,但总超出量不应大于 5%。

表Ⅲ-1 砂的颗粒级配区

筛孔的公称直径/mm	累计筛余/%		
	Ⅰ区	Ⅱ区	Ⅲ区
5.00	10~0	10~0	10~0
2.50	35~5	25~0	15~0
1.25	65~35	50~10	25~0
0.630	85~71	70~41	40~16
0.315	95~80	92~70	85~55
0.160	100~90	100~90	100~90

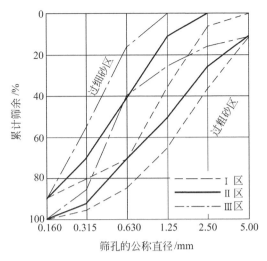

图Ⅲ-1　砂的颗粒级配区曲线

配制混凝土时宜优先选用Ⅱ区砂。当采用Ⅰ区砂时，应提高砂率，并保持足够的水泥用量，满足混凝土的和易性；当采用Ⅲ区砂时，宜适当降低砂率；配制泵送混凝土，宜选用中砂。

Ⅲ.4　砂的表观密度测定

Ⅲ.4.1　主要仪器

天平(称量1 000g,感量1g)、容量瓶(500mL)、烘箱、干燥器、料勺、烧杯、温度计等。

Ⅲ.4.2　实验步骤

(1) 称取烘干试样300g(m_0)，装入盛有半瓶冷开水的容量瓶中，摇动容量瓶，使试样充分搅动以排除气泡。塞紧瓶塞，静置24h。

(2) 打开瓶塞，用滴管添水使水面与瓶颈500mL刻度线平齐。塞紧瓶塞，擦干瓶外水分，称其重量m_1(g)。

(3) 倒出瓶中的水和试样，清洗瓶内外，再装入与上述水温相差不超过2℃的冷开水至瓶颈500ml刻度线。塞紧瓶塞，擦干瓶外水分，称其重量m_2(g)。

Ⅲ.4.3　结果计算

(1) 按式(Ⅲ.3)计算砂的表观密度ρ(精确至10kg/m³)

$$\rho = \left(\frac{m_0}{m_0 + m_2 - m_1} - \alpha_t\right) \times 1\,000 \qquad (Ⅲ.3)$$

式中，α_t为水温对砂的表观密度影响的修正系数，如表Ⅲ-2所示。

表Ⅲ-2　不同水温对砂表观密度影响的修正系数

水温/℃	15	16	17	18	19	20
α_t	0.002	0.003	0.003	0.004	0.004	0.005
水温/℃	21	22	23	24	25	—
α_t	0.005	0.006	0.006	0.007	0.008	—

(2)砂的表观密度以两次实验结果的算术平均值作为测定值,如两次结果之差大于20kg/m³时,应重新取样进行实验。

Ⅲ.5　砂的堆积密度与空隙率测定

Ⅲ.5.1　主要仪器

(1)案秤(称量5kg,感量5g)、烘箱、漏斗或料勺、直尺、浅盘等。
(2)容量筒:金属圆柱形,容积1L,内径108mm,净高109mm,筒壁厚2mm,筒底厚度为5mm。

Ⅲ.5.2　实验步骤

(1)先用公称直径5.00mm的筛子过筛,然后取经过缩分的试样不少于3L,装入浅盘,在温度为105±5℃的烘箱中烘干至恒重,取出并冷却至室温,并分成大致相等的两份备用。

(2)称取容量筒的质量m_1(kg)。然后将容量筒置于浅盘内的下料斗下面,使下料斗正对中心,下料斗的出料口距容量筒口不应超过50mm(见图Ⅲ-2)。

(3)用料勺将试样装入下料斗,并徐徐落入容量筒中直至试样装满并超出筒口为止。用直尺沿筒口中心线向两个相反方向将筒上部多余的砂样刮去。称出容量筒连同砂的总质量m_2(kg)。

(4)容量筒容积校正:以20±2℃的饮用水装满容量筒,用玻璃板沿筒口滑移,使其紧贴水面盖住容量筒,擦干筒外壁水分,然后称取其质量m_2'(kg),倒出水并称出擦干后的容量筒和玻璃板总质量m_1'(kg),按式(Ⅲ.4)计算其容积V(L)

$$V = m_2' - m_1' \quad\quad (Ⅲ.4)$$

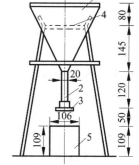

图Ⅲ-2　砂堆积密度实验装置
1—漏斗;2—φ20管子;3—活动门;
4—筛子;5—容量筒

Ⅲ.5.3　结果计算

(1)砂的堆积密度ρ_L按式(Ⅲ.5)计算(精确至10kg/m³),单位kg/m³

$$\rho_L = \frac{m_2 - m_1}{V} \times 1\,000 \quad\quad (Ⅲ.5)$$

(2) 砂的空隙率按式(Ⅲ.6)计算(精确至1%)

$$\nu_L = \left(1 - \frac{\rho_L}{\rho}\right) \times 100\% \tag{Ⅲ.6}$$

(3) 取两次实验的算术平均值作为实验结果。

Ⅲ.6 砂的含水率测定

Ⅲ.6.1 主要仪器设备

天平(称量1kg,感量1g)、烘箱、浅盘等。

Ⅲ.6.2 实验步骤

(1) 由密封的砂样品中称取各重500g的试样两份,分别装入已知质量的干燥容器 m_1(g)中称重,称出试样连同浅盘的总质量 m_2(g)。然后将容器连同试样放入温度为105±5℃的烘箱中烘干至恒重。

(2) 称量烘干后的砂试样与浅盘的总质量 m_3(g)。

Ⅲ.6.3 结果计算

(1) 按式(Ⅲ.7)计算砂的含水率 w_{WC}(精确至0.1%)

$$w_{WC} = \frac{m_2 - m_3}{m_3 - m_1} \times 100\% \tag{Ⅲ.7}$$

(2) 以两次实验结果的算术平均值作为测定结果,通常也可采用炒干法(参见JGJ 52—2006)代替烘干法测定砂的含水率。

Ⅲ.7 石子筛分析实验

Ⅲ.7.1 主要仪器设备

1) 石子套筛

孔径为2.50、5.00、10.0、16.0、20.0、25.0、31.5、40.0、50.0、63.0、80.0、100.0mm的方孔筛,并附有筛底和筛盖,筛框直径为300mm。

2) 天平及案秤

天平的称量5kg,感量5g;秤的称量20kg,感量20g。

3) 摇筛机

电动振动筛,振幅(0.5±0.1)mm,频率(50±3)Hz。

Ⅲ.7.2 实验步骤

(1) 按试样粒级要求选取不同孔径的石子筛,按孔径从大到小叠合,并附上筛底。

(2) 将试样缩分并烘干或风干后,称取表Ⅲ-3所规定的最少试样量,倒入最上层筛中并加盖,然后进行筛分。

表Ⅲ-3 不同粒径的石子筛分时所需试样的最少质量

石子公称直径/mm	10.0	16.0	20.0	25.0	31.5	40.0	63.0	80.0
试样最少质量/kg	2.0	3.2	4.0	5.0	6.3	8.0	12.6	16.0

(3) 将套筛置于摇筛机上紧固并筛分,摇筛10min,取下套筛,按孔径大小顺序逐个再用手筛,筛至每分钟通过量小于试样总量的0.1%为止。当每只筛上的筛余厚度大于试样的最大颗粒值时,应将该筛上的筛余试样分成两份,再次进行筛分。通过的颗粒并入下一号筛中,并和下一号筛中的试样一起过筛;如此顺序进行,直至各号筛全部筛完为止。

(4) 称取各筛余的质量,精确至试样总重量的0.1%。各筛的分计筛余量和筛底剩余量的总和与筛分前测定的试样总量相比,其相差不得超过1%。

Ⅲ.7.3 结果计算与评定

(1) 计算石子分计筛余百分率(精确至0.1%)和累计筛余百分率(精确至1%)。

(2) 根据各筛的累计筛余百分率,按表Ⅲ-4评定该石子的颗粒级配。

(3) 根据公称粒级确定石子的最大粒径。

表Ⅲ-4 碎石或卵石的颗粒级配范围

级配情况	公称粒级/mm	累计筛余,按质量/% 方孔筛筛孔边长尺寸/mm										
		2.36	4.75	9.5	16.0	19.0	26.5	31.5	37.5	53	63	75	90
连续粒级	5~10	95~100	80~100	0~15	0	—	—	—	—	—	—	—	—
	5~16	95~100	85~100	30~60	0~10	0	—	—	—	—	—	—	—
	5~20	95~100	90~100	40~80	—	0~10	0	—	—	—	—	—	—
	5~25	95~100	90~100	—	30~70	—	0~5	0	—	—	—	—	—
	5~31.5	95~100	90~100	70~90	—	15~45	—	0~5	0	—	—	—	—
	5~40	—	95~100	70~90	—	30~60	—	—	0~5	0	—	—	—
单粒级	10~20	—	95~100	85~100	—	0~15	0	—	—	—	—	—	—
	16~31.5	—	95~100	—	85~100	—	—	0~10	0	—	—	—	—
	20~40	—	—	95~100	—	80~100	—	—	0~10	0	—	—	—
	31.5~63	—	—	—	—	95~100	—	75~100	45~75	—	0~10	0	—
	40~80	—	—	—	—	—	95~100	—	70~100	—	30~60	0~10	0

Ⅲ.8 石子的表观密度实验(简易方法)

Ⅲ.8.1 主要仪器

台秤(称量20kg,感量20g)、广口瓶(1 000ml,磨口,并带玻璃片)、实验筛(公称直径为5.00mm的方孔筛)、烘箱、毛巾、刷子等。

Ⅲ.8.2 实验步骤

(1) 实验前,筛除试样中公称粒径为5.00mm以下的颗粒,缩分至略大于表所规定试样量的两倍,冲洗干净后,分成两份备用。

(2) 按表Ⅲ-5规定的试样量称取试样。

表Ⅲ-5 表观密度所需的试样最少质量

最大公称粒径/mm	10.0	16.0	20.0	25.0	31.5	40.0	63.0	80.0
试样最少质量/kg	2.0	2.0	2.0	2.0	3.0	4.0	6.0	6.0

(3) 将石子试样一份,浸水饱和后装入广口瓶中,装试样时广口瓶应倾斜放置。注入饮用水,用玻璃片覆盖瓶口,并上下左右摇晃、排尽气泡。

(4) 气泡排尽后,再向瓶中注入饮用水至水面凸出瓶口边缘,然后用玻璃盖板沿瓶口紧贴水面迅速滑移并盖好,擦干瓶外水分,称出试样、水瓶和玻璃盖板的总质量m_1(g)。

(5) 将瓶中的试样倒入浅盘中,放在105±5℃的烘箱中烘至恒重,取出后放在带盖的容器中冷却至室温,称取质量m_0(g)。

(6) 将瓶洗净注入饮用水,用玻璃板贴紧瓶口滑行盖好,擦干瓶外水分后称取质量m_2(g)。

Ⅲ.8.3 结果计算

(1) 按式(Ⅲ.8)计算出石子的表观密度ρ(精确至10kg/m³)

$$\rho = \left(\frac{m_0}{m_0 + m_2 - m_1} - \alpha_t\right) \times 1\,000 \qquad (\text{Ⅲ}.8)$$

式中,α_t为水温对石子表观密度影响的修正系数,其值同表2-3。

(2) 以两次实验结果的算术平均值作为测定值,两次结果之差应小于20kg/m³,否则应重新取样进行实验。

Ⅲ.9 石子堆积密度与空隙率实验

Ⅲ.9.1 主要仪器设备

(1) 台秤(称量100kg,感量100g)、烘箱、平口铁锹等。
(2) 容量筒:容积为10L($d_{max} \leqslant 25mm$ 时)、20L($d_{max}=31.5mm$ 或 $d_{max}=40.0mm$ 时)或30L($d_{max}=63.0mm$ 或 $d_{max}=80.0mm$ 时)。

Ⅲ.9.2 实验准备

按表Ⅲ-6的规定称取试样,放入浅盘,在105±5℃的烘箱中烘干。也可将试样摊在清洁的地面上风干,拌匀后分成两份备用。

表Ⅲ-6 石子堆积密度所需的试样最少质量

最大公称粒径/mm	10.0	16.0	20.0	25.0	31.5	40.0	63.0	80.0
试样最少质量/kg	40	40	40	40	80	80	120	120

容量筒容积校正与测定砂的堆积密度实验方法相同。

Ⅲ.9.3 实验步骤

取试样一份,用平口铁锹铲起石子试样,使之自由落入容量筒内。此时锹口距容量筒口的距离应为50mm左右。装满容重筒后除去高出筒口表面的颗粒,并以合适的颗粒填入凹陷部分,使表面凸起部分和凹陷部分的体积大致相等,称出试样与容量筒的总质量 m_2(kg)。然后,称出容量筒自身的质量 m_1(kg)。

Ⅲ.9.4 结果计算与评定

石子堆积密度和空隙率的计算与砂的堆积密度和空隙率的计算相同。其计算方法请参照上述章节。

思 考 题

1. 当配制混凝土时,砂的细度模数变化时,应如何调整砂率以使得新拌混凝土具有较好的工作性、强度和经济性?
2. 简述石子对混凝土收缩、徐变和界面过渡区品质的影响,以及石子自身特性如强度、粒形和级配等对混凝土新拌工作性、强度和体积稳定性的影响。

实验Ⅳ 混凝土配合比设计和新拌混凝土性能实验

Ⅳ.1 实 验 目 的

掌握混凝土配合比设计方法；了解水灰比和砂率等对混凝土新拌工作性和强度的影响；了解矿物掺和料和减水剂等对混凝土新拌工作性和强度发展历程的影响；了解影响混凝土耐久性的因素；了解混凝土新拌性能和强度的测定方法。

Ⅳ.2 混凝土配合比的试配与确定

Ⅳ.2.1 混凝土配合比设计

依据《普通混凝土配合比设计规程》(JGJ 55)、《高强混凝土结构技术规程》(CECS 104)和现行的教材和期刊等,进行混凝土的配合比设计。

Ⅳ.2.2 混凝土配合比试配

（1）按混凝土计算配合比确定的各材料用量进行称量,然后进行拌和及稠度实验,以检定拌和物的性能。

（2）和易性调整：若配制的混凝土拌和物坍落度（或维勃稠度）不能满足要求,或粘聚性和保水性不好时,应进行和易性调整。

（3）当坍落度过小时,需在 W/C 不变的前提下分次掺入备用的5%或10%的水泥浆,到符合要求为止；当坍落度过大时,可保持砂率不变,酌情增加砂和石子；当粘聚性、保水性不好时,可适当改变砂率。调整中应尽快拌和均匀后重做稠度实验,直到符合要求为止。从而得出检验混凝土用基准配合比。

（4）以混凝土基准配合比中的基准 W/C 和基准 $W/C\pm0.05$（对高强混凝土,该值可适当减小）,配制三组不同的配合比,其用水量不变,砂率可增加或减少1%。制备好拌和物,应先检验混凝土的稠度、粘聚性、保水性及拌和物的表观密度,然后每种配合比制作一组（3块）试件,标准养护养28d试压。

Ⅳ.2.3 混凝土配合比确定

根据实验所得到的不同水灰比 W/C 的混凝土强度,用作图或计算求出与配制强度相对应的水灰比值,并初步求出每立方米混凝土的材料用量：

1) 用水量 W

取基准配合比中的用水量值,并根据制作强度试件时测得的坍落度(或维勃稠度)值,加以适当调整。

2) 水泥用量 C

取用水量乘以经实验定出的、为达到配制强度所必须的 C/W。

3) 粗、细骨料用量 G 与 S

取基准配合比中粗、细骨料用量,并作适当调整。

配合比表观密度校正:混凝土计算表观密度为 $\rho'_{0c} = m_c + m_g + m_s + m_w$,实测表观密度为 ρ_{0c},则校正系数 δ 如式(Ⅳ.1)所示

$$\delta = \rho_{0c}/\rho'_{0c} \tag{Ⅳ.1}$$

当表观密度的实测值与计算值之差不超过计算值的 2% 时,不必校正,则上述确定的配合比即为配合比的设计值。当二者差值超过 2% 时,则需将配合比中每项材料用量均乘以校正系数 δ,即为最终定出的混凝土配合比设计值。

Ⅳ.3 混凝土实验室拌和方法

Ⅳ.3.1 一般规定

(1) 拌制混凝土的原材料应符合技术要求,并与实际施工材料相同,在拌和前材料的温度应与室温相同(宜保持 20±5℃)。

(2) 材料用量应以质量计,称量精度要求:砂、石为 ±1%,水、水泥、掺和料、外加剂均为 ±0.5%。

(3) 砂、石的质量以饱和面干状态为基准。

(4) 在实验室制备混凝土拌和物时,应记录实验室温度、各种原材料的品种、规格及每盘混凝土的配合比。

Ⅳ.3.2 主要仪器设备

(1) 混凝土搅拌机:容量 50~100L。

(2) 台秤:称量 50kg,感量 50g。

(3) 其他用具:量筒、天平、拌铲与拌板等。

Ⅳ.3.3 机械搅拌步骤

(1) 按设计的配合比称取各材料。

(2) 用按配合比称量的水泥、砂、水及少量的石子在搅拌机中预拌一次,使水泥砂浆部分粘附在搅拌机的内壁和叶片上,并刮去多余砂浆,以避免影响正式搅拌时的配合比。

(3) 依次向搅拌机内加入石子、砂和水泥,开动搅拌机干拌均匀后,再将水和减水剂徐徐加入。全部

加料时间不超过 2min,加完水后再继续搅拌 2～3min。

(4) 将拌和物自搅拌机卸出,倾倒在铁板上,再经人工拌和 2～3 次,即可做拌和物的各项性能实验或成型试件。从开始加水起,全部操作必须在 30min 内完成。

Ⅳ.4 混凝土拌和物稠度实验

该实验分坍落度法和维勃稠度法两种,前者适用于坍落度值不小于 10mm 的塑性和流动性混凝土拌和物;后者适用于维勃稠度在 5～30s 之间的干硬性混凝土拌和物。要求骨料最大料径均不得大于 40mm。

Ⅳ.4.1 坍落度测定

1. 主要仪器设备

(1) 坍落度筒:由薄钢板或其他金属板制成截头圆锥形,如图 Ⅳ-1 所示。
(2) 捣棒(端部应磨圆)、装料漏斗、小铁铲、钢直尺、馒刀等。

2. 实验步骤

(1) 首先用湿布润湿坍落度筒及其他用具,将坍落度筒置于铁板上,漏斗置于坍落度筒顶部并用双脚踩紧踏板。
(2) 用铁铲将拌好的混凝土拌和料分三层装入筒内,每层高度约为筒高的 1/3。每层用捣棒沿螺旋方向由边缘向中心插捣 25 次。插捣底层时应贯穿整个深度,插捣其他两层时捣棒应插至下一层的表面。
(3) 插捣完毕后,除去漏斗,用馒刀刮去多余拌和物并抹平,清除筒四周拌和物,在 5～10s 内垂直平稳地提起坍落度筒。随即量测筒高与坍落后的混凝土试体最高点之间的高度差,即为混凝土拌和物的坍落度值。

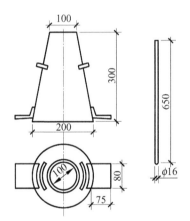

图 Ⅳ-1　坍落度筒及捣棒

(4) 从开始装料到坍落度筒提起,整个过程应在 150s 内完成。当坍落度筒提起后,混凝土试体发生崩坍或一边剪坏现象,则应重新取样测定坍落度;如第二次仍出现这种现象,则表示该拌和物和易性不好。
(5) 在测定坍落度过程中,应注意观察粘聚性与保水性。

3. 实验结果

1) 稠度
以坍落度表示,单位 mm,精确至 5mm。
2) 粘聚性
以捣棒轻敲混凝土锥体侧面,如锥体逐渐下沉,表示粘聚性良好;如锥体倒坍、崩裂或离析,表示粘聚性不好。

3) 保水性

提起坍落度筒后,如底部有较多稀浆析出,骨料外露,表示保水性不好;如无稀浆或有少量稀浆析出,表示保水性良好。

Ⅳ.4.2 维勃稠度测定

1. 主要仪器设备

(1) 维勃稠度仪

维勃稠度仪的振动频率为50±3Hz,装有空容器时台面振幅应为0.5±0.1mm(见图Ⅳ-2)。

(2) 秒表,其他仪器同坍落度实验。

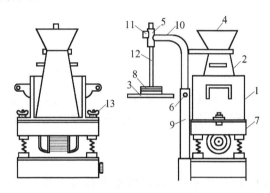

图Ⅳ-2 维勃稠度仪

1—容器;2—坍落度筒;3—透明圆盘;4—喂料斗;5—套筒;6—定位螺丝;7—振动台;
8—荷重;9—支柱;10—螺旋架;11—测杆螺丝;12—测杆;13—固定螺丝

2. 实验步骤

(1) 将维勃稠度仪放置在坚实水平的基面上,用湿布将容器、坍落度筒、喂料斗内壁及其他用具擦湿。就位后将测杆、喂料斗和容器调整在同一轴线上,然后拧紧固定螺丝。

(2) 将混凝土拌和料经喂料斗分三层装入坍落度筒,装料与捣实方法同坍落度实验。

(3) 将喂料斗转离,垂直平稳地提起坍落度筒,应注意不使混凝土试体产生横向扭动。

(4) 将圆盘转到混凝土试体上方,放松测杆螺丝,降下透明圆盘,使其轻轻接触到混凝土试体顶面,拧紧定位螺丝。

(5) 开启振动台,同时用秒表计时,当振至透明圆盘的底面被水泥浆布满的瞬间关闭振动台,并停表计时。

3. 实验结果

由秒表读出的时间(s)即为该混凝土拌和物的维勃稠度值。

Ⅳ.5 混凝土拌和物表观密度实验

1. 主要仪器设备

1) 容量筒

当骨料最大粒径不大于 40mm 时,容量筒为 5L;大于 40mm 时,容量筒内径与高均应大于骨料最大粒径 4 倍。

2) 台秤

称量 50kg,感量 50g。

3) 振动台

频率为 3 000±200 次/min,空载振幅为 0.5±0.1mm。

2. 实验步骤

(1) 润湿容量筒,称其重量 m_1(kg),精确至 50g。

(2) 将配制好的混凝土拌和料装入容量筒并使其密实。当拌和料坍落度不大于 70mm 时,可用振动台振实,大于 70mm 时则用捣棒捣实。

(3) 用振动台振实时,将拌和料一次装满,振动时随时准备添料,振至表面出现水泥浆为止。用捣棒捣实时,混凝土分两层装入,每层插捣 25 次(对 5L 容重筒),插捣第一层时捣棒应贯穿整个深度,插捣第二层时,捣棒应插透本次至下一层的表面;每一层插捣完成后用橡皮锤轻轻沿容器外壁敲打 5~10 次,进行振实,直至拌和物表面插捣孔消失并不见大气泡为止。

(4) 用镘刀将多余料浆刮去并抹平,擦净筒外壁,称出拌和料与筒的总重量 m_2(kg)。

3. 结果计算

按下式计算混凝土拌和物的表观密度 ρ_{0c}(精确至 10kg/m^3)

$$\rho_{0c} = \frac{m_2 - m_1}{V} \times 1\,000 \tag{Ⅳ.2}$$

式中,V 为容量筒体积(L)。

思 考 题

1. 通过资料调研,综述不同混凝土配合比设计方法的特点及混凝土配合比设计方法的发展趋势。
2. 简述水胶比、砂率、矿物掺和料、外加剂和骨料粒径分布对混凝土新拌工作性、强度和耐久性的影响。

实验Ⅴ 硬化混凝土力学性能实验

Ⅴ.1 实验目的

掌握混凝土试件的成型和养护方法,以及试件力学性能的测定方法。了解非标准试件测试结果与标准试件间的尺寸换算系数。

Ⅴ.2 试件的制作及养护

1. 一般规定

(1)混凝土物理力学性能实验一般以三个试件为一组。每一组试件所用的拌和物应从实验室用机械一次拌制完成。

(2)试件的成型方法应视混凝土设备条件和混凝土的稠度而定。可采用振动台、振动棒捣实。棱柱体试件宜采用卧式成型。

(3)混凝土骨料最大粒径应不大于试件最小边长的1/3。

2. 实验设备

1)试模

由铸铁、钢或不吸水材料制成,应具有足够的刚度、耐久性并便于拆装。试模内表面应刨光,其粗糙度不得大于 $3.2\mu m$。组装后各相邻面的直角误差不应大于 $\pm 0.3°$,其组装后连接面的缝隙不得大于 0.2mm,隔板与侧板的缝隙不得大于 0.4mm。

2)振动台

实验用振动台的振动频率应为 $50\pm 3Hz$,空载时振幅应为 $0.5\pm 0.02mm$。

3)振动棒

直径 25mm 高频振动棒。

4)钢制捣棒

直径 16mm,长 600mm,一端为弹头形。

5)混凝土标准养护室

温度应控制在 $20\pm 2°C$,相对湿度为 95% 以上。

3. 试件的制作

(1)在制作试件前,检查试模,拧紧螺栓并清刷干净。在其内壁涂上一薄层矿物油或不与混凝土发生反应的脱模剂;

(2)混凝土的拌制应按Ⅳ.3节中所述要求进行;

（3）根据拌和物的稠度确定成型方法，坍落度不大于70mm的拌和物宜用振动台振实，大于70mm的宜用捣棒人工捣实。

4. 振捣成型

采用振动台成型时应将混凝土拌和物一次装入试模，装料时应用抹刀沿试模内壁略加插捣并应使混凝土拌和物稍有富余。振捣时应防止试模在振动台上自由跳动，并持续到表面呈现水泥浆为止。应避免过振，以防混凝土离析。刮去多余的混凝土并用抹刀抹平。

采用插入式振动棒成型时，应将混凝土拌和物一次装入试模并应使混凝土拌和物稍有富余。振动时应在试模中心插入，振动应持续到表面呈现水泥浆为止。振动棒在停振前应随振随提并应缓慢进行，拔出后不得留有孔洞。刮去多余的混凝土并用抹刀抹平。

采用人工插捣时，混凝土拌和物应分两层装入试模，每层的装料厚度应大致相等。插捣时用捣棒按螺旋方向从边缘向中心均匀进行，插捣底层时，捣棒应达到试模底面，插捣上层时，捣棒应穿入下层深度约20～30mm。插捣时捣棒应保持垂直。然后用抹刀沿试模内壁插入数次，以防止试件产生麻面。每层的插捣次数应视试件的截面而定，一般每100cm^{2}截面积内不得少于12次。插捣后应用橡皮锤轻轻敲击模具四周，直至插捣棒留下的空洞消失为止，然后刮去多余的混凝土，并用抹刀抹平。

5. 试件的养护

成型后的带模试件宜用湿布或塑料膜覆盖，以防水分蒸发。采用标准养护的试件，应在20±5℃的室内静置一昼夜，然后拆模编号。拆模后应立即放入温度为20±2℃，湿度为95%以上，或为雾室的标准养护室中养护，在标准养护室内试件应放在支架上，彼此间隔10～20mm，并应避免水直接冲淋试件。试件养护龄期从搅拌加水开始计时。

Ⅴ.3 立方体抗压强度实验

1. 实验设备

1）压力实验机

精度（示值的相对误差）应为±1%，试件的破坏荷载应大于压力机全量程的20%且小于全量程的80%左右。实验机上、下压板应有足够的刚度，其中的一块压板应带有球形支座，使压板与试件接触均衡。

2）钢尺

量程300mm，最小刻度1mm。

2. 实验步骤

（1）试件从养护地点取出后应尽快进行实验，以免试件内部的温湿度发生显著变化。

（2）试件在测试前应将其表面与实验机的上下承压板擦拭干净，测量尺寸并检查其外观。试件尺寸测量精确至1mm，并据此计算试件的承压面积。如实测尺寸与公标尺寸之差不超过1mm，可按公称尺寸进行计算。

(3) 将试件安放在实验机下压板上,试件的中心与实验机下压板中心对准,试件的承压面应与成型时的顶面垂直。

(4) 在实验过程中应连续均匀地加载,加荷速度应为:混凝土强度等级小于 C30 时,取每秒钟 0.3～0.5MPa;当混凝土强度等级大于等于 C30,但小于 C60 时,取每秒钟 0.5～0.8MPa;当混凝土强度等级大于等于 C60 时,取每秒钟 0.8～1.0MPa。

3. 结果计算

混凝土立方体试件抗压强度按式(V.1)计算

$$f_{cc} = \frac{F}{A} \tag{V.1}$$

式中,f_{cc} 为混凝土立方体试件抗压强度(MPa);F 为破坏荷载(N);A 为试件承压面积(mm^2)。

混凝土立方体试件抗压强度计算应精确至 0.1MPa。

强度值的确定应符合下列规定:以三个试件的算术平均值作为该组试件的抗压强度值。三个测值中的最大值或最小值中如有一个与中间值的差值超过中间值的 15%,则把最大及最小值一并舍除,取中间值作为该组试件的抗压强度值。如两个测值与中间值相差均超过 15%,则此组实验结果无效。

取 150mm×150mm×150mm 立方体试件的抗压强度为标准值。混凝土强度等级小于 C60 时,用非标准试件测得的强度值均应乘以尺寸换算系数,对 200mm×200mm×200mm 的试件取值为 1.05;对 100mm×100mm×100mm 的试件取值为 0.95。当混凝土强度等级大于 C60 时,应采用标准试件。

V.4 轴心抗压强度实验

本实验目的为测定混凝土棱柱体试件的轴心抗压强度,所用设备与立方体抗压强度实验相同。混凝土轴心抗压强度实验采用 150mm×150mm×300mm 棱柱体作标准试件。其实验步骤亦与立方体抗压强度实验相同。当混凝土强度等级小于等于 C60 时,用非标准试件测得的强度值均应乘以尺寸换算系数。对 200mm×200mm×400mm 试件取值为 1.05,对 100mm×100mm×300mm 试件取值为 0.95。当混凝土强度等级大于 C60 时,应采用标准试件。

V.5 静力受压弹性模量实验

1. 目的及适用范围

测定混凝土的静力受压弹性模量(简称弹性模量),测定的混凝土弹性模量值是指应力为轴心抗压强度 40% 时的加荷割线模量。为结构物变形计算提供依据。

2. 实验设备

压力实验机;变形测量仪表,精度应不低于 0.001mm。

3. 试件制备

做混凝土弹性模量实验用的标准棱柱体试件各项要求与轴心抗压强度试件的要求相同。每次实验应制备 6 个试件。

4. 实验步骤

(1) 试件从标准养护室中取出后应及时进行实验,实验前应用湿布覆盖,避免水分蒸发。观察其外观并测量尺寸。

(2) 取 3 个试件测定混凝土的轴心抗压强度,另 3 个试件用于测定混凝土的弹性模量。在测定混凝土弹性模量时,变形测量仪表安装在试件两侧的中线上并对称于试件的两端。标准试件的测量标距 L 采用 150mm,非标准试件的测量标距应不大于试件高度的 1/2,也不应小于 100mm 及骨料最大粒径的三倍。试件安装好仪表后,应仔细调整它在实验机上的位置,使其轴心与下压板的中心对准。开动压力实验机,当上压板与试件接近时调整球座,使其均匀接触。

(3) 开动压力实验机,加荷速率与混凝土抗压实验相同,均匀加载至基准应力为 0.5MPa 的初始荷载值 F_0,保持恒载 60s 并在以后的 30s 内记录每个测点的变形读数 L_0,并连续均匀地加荷至应力为轴心抗压强度 1/3 的荷载值 F_a,保持恒载 60s 并在以后的 30s 内记录每一测点的变形读数 L_a。当单边变形值与两个位移传感器变形值的平均值相差大于 20% 时,应重新对中试件后重新实验。如果无法使差值减小到低于 20% 时,则此次实验无效。

(4) 在确认试件对中并且位移传感器读数符合上述规定后,以与加载时相同的速度卸载至基准应力 0.5MPa(F_0),恒载 60s;然后用同样的加荷和卸荷速度以及 60s 的恒载(F_0 及 F_a)至少进行两次反复预压。在最后一次预压完成后,在基准应力 0.5MPa(F_0)持续 60s 并在以后的 30s 内记录每一测点的变形读数 L_0;再用同样的加荷速度加载至 F_a,持续 60s 并在以后的 30s 内记录每一测点的应变读数 L_a。

(5) 卸除变形测量仪,以同样的速度加载至破坏。如果此时该试件的抗压强度与所测定的轴心抗压强度之差超过 20% 时,则应在报告中注明。

5. 结果计算

混凝土受压弹性模量值应按式(V.2)计算

$$E_c = \frac{F_a - F_0}{A} \frac{L}{L_a - L_0} \tag{V.2}$$

式中,E_c 为混凝土受压弹性模量(MPa);F_a 为应力为 1/3 轴心抗压强度时的荷载(N);F_0 为应力为 0.5MPa 时的初始荷载(N);A 为试件承压的面积(mm²);L 为测量标距(mm);L_a 为 F_a 时试件两侧变形的平均值(mm);L_0 为 F_0 时试件两侧变形的平均值(mm)。

混凝土受压弹性模量计算应精确至 0.1GPa。

混凝土最终弹性模量按 3 个试件的算术平均值计算。如果发现其中有一个试件的轴心抗压强度值与用以决定控制荷载的轴心抗压强度值相差超过后者的 20% 时,则弹性模量值按其余两个试件测定值的算术平均值计算;如有两个试件超过上述规定时,则此次实验无效。

Ⅴ.6 劈裂抗拉强度实验

1. 实验设备

（1）压力实验机：劈裂抗拉实验用的实验机应符合"立方体抗压强度实验"中对设备的要求。

（2）垫块、垫条和支架：混凝土劈裂抗拉强度实验采用半径为75mm的钢制弧形垫条，其横截面示意如图Ⅴ-1所示，垫块的长度应与试件相同。进行劈裂抗拉实验时在垫块与试件之间应垫以木质三合板垫层，宽度为20mm，厚度为3～4mm，长度不应短于试件边长。垫层不得重复使用。支架为钢制支架，如图Ⅴ-1所示。

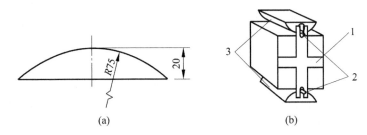

图Ⅴ-1 垫块截面及支架安装示意图
1—支架；2—垫条；3—垫块

2. 实验步骤

（1）试件从养护地点取出后，应及时进行实验。试件在实验前应先擦拭干净，测量尺寸、检查外观，并在试件中部画线定出劈裂面的位置。劈裂面应与试件成型时的顶面垂直。

（2）将试件放在实验机下压板的中心位置，在上、下压板与试件之间垫以圆弧形垫块及垫条各一条。

（3）开动实验机，当上压板与试件接近时，调整球座，使接触均衡。加载应连续均匀，当混凝土强度等级小于C30时，加载速度取每秒钟0.02～0.05MPa；当混凝土强度等级大于等于C30且小于C60时，加载速度取每秒钟0.05～0.08MPa；当混凝土强度等级大于等于C60时，加载速度取每秒钟0.08～0.10MPa。加载至试件破坏，记录破坏荷载。

3. 结果计算

混凝土劈裂抗拉强度应按式（Ⅴ.3）计算

$$f_{ts} = \frac{2F}{\pi A} = 0.637 \frac{F}{A} \tag{Ⅴ.3}$$

式中，f_{ts}为混凝土劈裂抗拉强度（MPa）；F为试件破坏荷载（N）；A为试件劈裂面面积（mm²）。劈裂抗拉强度计算应精确到0.01MPa。

取150mm×150mm×150mm的立方体试件的劈裂抗拉强度为标准值。采用100mm×100mm×100mm非标准试件测得的劈裂抗抗强度值，应乘以尺寸换算系数0.85。当混凝土强度等级大于C60时，应采用标准试件。

Ⅴ.7 抗折强度实验

1. 实验设备

抗折实验所用的实验机可以是抗折实验机、万能实验机或带有抗折实验架的压力实验机,其精度要符合对混凝土抗压强度实验对实验机的要求。所有这些实验机均应带有能使两个相等的荷载同时作用在小梁跨度三分点处的装置,如图Ⅴ-2所示。混凝土抗折实验采用150mm×150mm×600mm棱柱体小梁作为标准试件。如确有必要,允许采用100mm×100mm×400mm棱柱体试件。

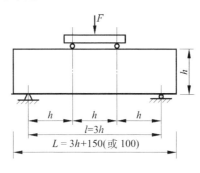

图Ⅴ-2 抗折实验装置

2. 实验步骤

(1) 试件从养护地点取出后应及时进行实验,试件在实验前应先擦拭干净,测量尺寸、检查外观。

(2) 按图Ⅴ-2要求调整支承及压头的位置,其所有间距的尺寸偏差不应大于1mm。承压面应选择试件成型时的侧面。开动实验机,当加压头与试件接近时,调整加压头及支座,使接触均衡。当混凝土强度等级小于C30时,加载速度为每秒0.02~0.05MPa;当混凝土强度等级大于等于C30且小于C60时,加载速度为每秒0.05~0.08MPa;当混凝土强度等级大于等于C60时,加载速度取每秒钟0.08~0.10MPa。加载至试件破坏,并记录破坏荷载。

(3) 加载至试件破坏,并记录破坏荷载及试件下边缘断裂位置。

3. 结果计算

(1) 若试件下边缘断裂位置处于两个集中荷载作用线之间,则试件的抗折强度 f_{tf} 按式(Ⅴ.4)计算

$$f_{tf} = \frac{Fl}{Bh^2} \tag{Ⅴ.4}$$

式中,f_{tf} 为混凝土抗折强度(MPa);F 为试件破坏荷载(N);l 为支座间距(mm);B 为试件截面宽度(mm);h 为试件截面高度(mm)。抗折强度计算应精确至0.1MPa。

(2) 以三个试件测定值的算术平均值作为该组试件的抗折强度值。三个试件中若有一个折断面位于两个集中荷载之外,则该试件的实验结果应舍弃,混凝土抗折强度值按另两个试件的实验结果计算。若有两个试件的下边缘断裂位置位于两个集中荷载作用线之外,则该组试件实验无效。

(3) 当试件尺寸为100mm×100mm×100mm非标准试件时,抗折强度应取实验抗折强度的0.85

倍。当混凝土强度等级大于等于 C60 时,应采用标准试件。

思 考 题

1. 根据全班各组对所配制混凝土强度的测定结果,分析、评价水胶比、砂率、外加剂种类及掺量、矿物掺和料种类及掺量对硬化混凝土性能的影响。

2. 为什么在强度实验中要规定加载速度？通过汇总各组实验结果分析加荷速度对混凝土强度的影响规律。

实验Ⅵ 混凝土的耐久性实验

Ⅵ.1 实验目的

掌握混凝土耐久性的定义和影响因素。了解混凝土的抗渗透性和耐久性之间的关系；了解混凝土抗渗透性的测量方法以及影响混凝土抗渗透性的因素。

Ⅵ.2 混凝土耐久性的定义

混凝土的耐久性被定义为对风化作用、化学侵蚀、磨耗或任何其他破坏过程的抵抗能力；即混凝土在其使用环境中应保持其原来的形状、性质和适用性。

Ⅵ.3 影响混凝土耐久性的因素

影响混凝土耐久性的因素可分为物理和化学原因两大类。

1) 物理原因

其一是由于磨耗、剥蚀和成穴作用造成的混凝土表面磨损和质量损失；其二是由于正常的温度梯度、盐类在孔中的结晶压力、荷载和诸如结冰和高温而引起的开裂。

2) 化学原因

其一是由于侵蚀性溶液和水泥浆体间的阳离子交换反应；其二是由于造成诸如硫酸盐膨胀、碱-集料反应和混凝土中的钢筋锈蚀等产生膨胀性产物的化学反应所导致的开裂。

可见,引起混凝土破坏的化学原因和物理原因都离不开外界水分的参与,因此,提高混凝土的抗渗透性对保证混凝土的耐久性至关重要。

Ⅵ.4 影响混凝土抗渗透性的因素

混凝土可看作是由集料、水泥浆体和两者之间的界面过渡区所构成的复合材料,因此该三相的抗渗透性直接影响着混凝土的抗渗透性。用于混凝土的集料多为天然集料,其中所含的孔隙率远远低于水泥浆体的孔隙率,因此,它们一般具有较高的抗渗透性。混凝土中水泥浆体的孔隙率取决于水胶比,混凝土中的界面过渡区由于在制备时集料周围包覆的水膜和泌水导致局部较大的水胶比、氢氧化钙晶体在其中的定向生长,以及由于干缩、温度收缩、外部应力导致的开裂,使得界面过渡区孔隙率较大,因而具有较低的抗渗透性。

由于混凝土的强度也取决于其中水泥浆体中毛细孔隙率和界面过渡区的品质,因此影响混凝土强度的诸因素也影响混凝土的渗透性,一般而言,高强度混凝土的抗渗透性较高。

渗透性是多孔材料的一种基本性质,该指标反应了材料内部孔隙的结构,即孔的孔径、数量、分布和连通性等参数。混凝土是一种多孔的、多相的非均质材料。混凝土的渗透性是指气体、液体或离子受压力、化学势或电势的作用,在混凝土中渗透、扩散或迁移的难易程度。其中,渗透是指气体或液体在压力作用下的运动;扩散是指气体或液体中的粒子在浓度差的作用下的运动;迁移是指液体中的带电粒子在电动势作用下的运动。对不同物质而言,可能以渗透、扩散或迁移的方式在混凝土内运动。混凝土的渗透性是反映混凝土材料性质的一个参数,它应与流经其中的介质无关。

Ⅵ.5 评价混凝土抗渗透性的方法

气体、液体和离子可能通过渗透、扩散或迁移的方式进入混凝土内部,同时,这些过程往往不是单独发生的,而是同时发生且相互作用的。混凝土所处的环境不同,外部介质向其中运动的方式也不同。因此,应针对混凝土的使用环境,通过适当的方法来评价混凝土的抗渗透性。

目前,评价混凝土抗渗透性的方法大致可分为三类:渗透系数法、离子扩散系数法和电参数法。

Ⅵ.5.1 渗透系数法

渗透系数法是利用流体在一定压力条件下通过被测多孔材料的孔隙,从一端向另一端逐渐渗透的原理来研究材料的抗渗透性。该方法是通过测定在一定的压力下,流体流经混凝土的稳态流量,并通过达西定律来计算该稳态流动的渗透系数来评价混凝土的抗渗透性。

下面介绍基于该方法,通过对混凝土进行压水实验来评价混凝土抗渗透性的三种方法。

1. 稳定流动法

该方法是通过测定一定的压力下,受压的水稳态流过混凝土的流量,应用式(Ⅵ.1)所示的达西定律,来计算出混凝土的渗透系数

$$Q = K\frac{A\Delta P}{\mu L} \quad \quad (Ⅵ.1)$$

式中,Q 为稳态流经混凝土的水流量;ΔP 为混凝土试样两侧的压力差;A 为混凝土试样垂直于水流方向的截面积;μ 为水的黏度;K 为混凝土试样的渗透系数;L 为平行于水流方向的试样厚度。

稳定流动法适用于测定抗渗透性较低的混凝土。同时,为提高测定的准确度,可对同一试样在不同的压差下,测定流过混凝土的稳态流量,并对结果进行线性拟合以求得混凝土的渗透系数。

2. 抗渗标号法

这是我国推荐的评定混凝土抗渗透性的标准方法。实验采用高度为50mm 的圆台形试件(试件的顶面直径为175mm,底面直径为185mm)。6 个试件为一组。实验时,混凝土抗渗仪的水压从 0.1MPa 开始,以后每隔 8h 增加 0.1MPa 水压。当 6 个试件中有 3 个试件表面出现渗水时,即可停止实验。

混凝土的抗渗等级,以每组 6 个试件中 4 个未出现渗水时的最大水压来表示。即混凝土的抗渗等级按式(Ⅵ.2)来计算

$$S = 10H - 1 \tag{Ⅵ.2}$$

式中,S 为混凝土的抗渗标号;H 为 6 个试件中有 3 个试件表面出现渗水时的水压力。

抗渗标号法的特点是操作和计算简单,适合用于工程上评价混凝土的抗渗性能。但由于实验设备所能施加的压力有限,因此高抗渗性混凝土使用该方法无法获得严格的实验结果。

3. 渗透深度法

该方法通过测定在一定的时间内,受压水渗入混凝土试样的深度,来计算混凝土的相对渗透系数,并以此来评价混凝土的抗渗透性。

实验所用混凝土试样的尺寸和设备同上述抗渗标号法。但实验时,应将混凝土抗渗仪的水压力一次加到 0.8MPa,同时开始记录实验开始时间①。在此压力下恒定 24h 后,然后降压并停止实验,并将混凝土试件从试模中取出后,使用压力机和直径为 6mm 的钢垫条,沿试件端面的两平行的直径方向将试件劈开,然后将劈开面的底边十等分并测量渗水高度。

用式(Ⅵ.3)来求解混凝土的相对渗透系数

$$K_P = \frac{h^2 \nu}{2t \Delta P} \tag{Ⅵ.3}$$

式中,K_P 为渗透深度法测定的相对渗透系数;h 为平均的渗透深度。ν 为混凝土孔隙率;t 为测定的持续时间。

同时,由于实测混凝土的孔隙率比较困难,因此可采用式(Ⅵ.4)来近似计算混凝土的孔隙率

$$\nu = \frac{V_w}{Ah} \tag{Ⅵ.4}$$

式中,V_w 为渗入混凝土试件的水的体积。渗透深度法适用于抗渗透性较高的混凝土。

Ⅵ.5.2 离子扩散系数法

扩散是当离子在溶液中有浓度差而无压力差时,离子在介质中的传输形式。这种传输形式可用菲克第一定律或第二定律来描述。

菲克第一定律用于描述离子在介质中的稳态扩散,其表达式如式(Ⅵ.5)所示

$$J = -D \frac{\partial C}{\partial x} \tag{Ⅵ.5}$$

式中,J 为离子通过介质的扩散量;D 为扩散系数;x 为离子在介质中的扩散深度;C 为离子在溶液中的浓度。

菲克第二定律用于描述离子在介质中的非稳态扩散,其表达式如式(Ⅵ.6)所示

$$\frac{\partial C}{\partial t} = D \frac{\partial^2 C}{\partial x^2} \tag{Ⅵ.6}$$

---

① 在恒压的过程中,如有试件的端面出现渗水时,即停止实验,并记录该时刻。此时,试件的渗水高度即为试件的高度;同时,当混凝土试件较密实时,可将施加的水压力改用 1.0MPa 或 1.2MPa。

式中，t 为实验持续时间。

一种物质在第二种物质中的扩散系数与第二种物质的孔隙率及材料组成和性质有关。但通常情况下，第二种物质的孔隙率越大，第一种物质在其中的扩散系数越大。因此，离子在混凝土中的扩散系数可以很好地反映混凝土的抗渗透性。

由于氯离子对混凝土的亲和力较大，可在其表面附近扩散，因此易于扩散至 2nm 以下的孔中。同时，混凝土中钢筋锈蚀等耐久性问题与氯离子的浓度有很大的关系，尤其是在沿海和使用除冰盐的地区，氯离子的扩散性受到特别的重视，因此常用氯离子在混凝土中的扩散系数来评价混凝土的抗渗透性。

离子扩散系数法又可分为氯离子自然扩散实验和氯离子电迁移实验两大类。

1. 氯离子自然扩散实验

自然扩散实验也叫做自然浸泡实验，该方法是将混凝土试件长时间地浸泡于氯盐的溶液中，然后在一定的龄期后对试件进行化学分析（如：滴定法、电极法和离子色谱法等）得出氯离子浓度与扩散距离之间的关系，再利用菲克定律计算出氯离子的扩散系数。

该方法一般是在混凝土试件的两侧形成氯离子的浓度差，这样，在实验开始后，氯离子就从高浓度区自试件的表面向内部扩散，直至透过混凝土试件并扩散至另一侧的溶液中。氯离子在透过混凝土试件之前的阶段叫做非稳态扩散阶段；当氯离子透过混凝土试件后，扩散过程相对稳定，称为稳态扩散阶段。

1) 非稳态自然扩散实验

该方法是将混凝土试件在氯盐中浸泡一定的时间后，取出试件，烘干，再沿混凝土试件暴露于氯盐溶液的侧面向内逐层切片、粉磨，再分析试件不同深度氯离子的含量，并获得氯离子的浓度和扩散距离的关系。

基于该方法的标准有：美国 AASHTO T259 盐溶液浸泡实验标准，以及在该方法的基础上欧洲的一些研究机构提出 Nord Test、NT Build 443—1994 氯离子扩散实验标准。下面介绍美国 AASHTO T259 标准提出的测定方法。

美国 AASHTO T259 标准提出的测定方法是将侧面密封、高度为 75mm 的混凝土试样，上端淹没于浓度为 3% 的 NaCl 溶液中，下端暴露于相对湿度为 50% 的环境中。对普通混凝土，该浸泡过程需持续 35d，对高强混凝土，该浸泡过程需持续 90d 或更长。在混凝土试件浸泡完成后，对试件进行如上所述的切片、粉磨和不同深度的氯离子浓度分析，并依据菲克第二定律，求解出该混凝土试件在 t 时刻距表面为 x 处的氯离子浓度，然后利用式（Ⅵ.7）得出氯离子扩散系数

$$C(x) = C_{0(x=0)} \left(1 - erf \frac{x}{2\sqrt{Dt}}\right) \quad (Ⅵ.7)$$

式中，$C(x)$ 为 t 时刻距表面为 x 处的氯离子浓度；$C_{0(x=0)}$ 为氯离子在 $x=0$ 处的浓度；D 为氯离子扩散系数；erf 为误差函数。

2) 稳态自然扩散实验

稳态自然扩散实验也叫做扩散室法。该方法是在扩散稳定后，通过测定扩散下游溶液中氯离子的浓度，获得氯离子浓度变化和扩散距离之间的关系，然后利用式（Ⅵ.8），求出该试件的氯离子扩散系数

$$D = b\frac{VL}{C_0 A} \qquad (\text{VI}.8)$$

式中,D 为氯离子扩散系数;b 为扩散过程达到稳定后,下游溶液中氯离子随时间的变化率;V 为下游室内溶液体积;L 为试件厚度;C_0 为上游室内溶液中氯离子的初始浓度;A 为试件与溶液的接触面积。

自然扩散实验是确定氯离子在混凝土中扩散系数的较真实的方法,但该方法的缺点是所需时间太长,一般需要几十天到几个月的时间,而且对低渗透性的混凝土,该方法所需时间更长,同时,对低渗透性混凝土,由于氯离子的渗透深度较小,所以可利用的切片数目也较少,这样就降低了测试结果的准确性。

2. 氯离子电迁移实验

离子在电场作用下进行的定向运动称为电迁移。当电流通过电解质溶液时,在外电场的作用下,阳离子向阴极方向迁移,阴离子向阳极方向迁移。氯离子电迁移实验是通过电场来加速氯离子在混凝土中的迁移(相对于氯离子自然扩散实验,大大缩短了实验所需时间),然后结合化学分析手段,通过确定混凝土试件中的氯离子浓度-扩散距离-时间的关系来评价混凝土渗透性。

假定外电场是恒定的,且实验过程中没有对流产生,则描述氯离子电迁移的 Nernst-Plank 方程如式(VI.9)所示

$$J = D\left(\frac{\partial C}{\partial x} + C\frac{FE}{RT}\right) \qquad (\text{VI}.9)$$

式中,J 为氯离子的流量;D 为氯离子扩散系数;C 为离子浓度;F 为法拉第常数;E 为外加电压;R 为气体常数;T 为绝对温度。

1) 稳态电迁移实验

稳态电迁移实验的装置与稳态自然扩散实验结构类似,不同之处在于溶液室内有电极,此时,氯离子扩散系数通过式(VI.10)计算

$$D = \frac{RT}{ZEF}\frac{V}{AC_0}b \qquad (\text{VI}.10)$$

式中,Z 为氯离子化合价。其他符号意义同前。

2) 非稳态电迁移实验

对于非稳态电迁移实验,扩散系数按式(VI.11)计算

$$D = \frac{RT}{ZEF}\frac{x_d - \alpha\sqrt{x_d}}{t} \qquad (\text{VI}.11)$$

式中,x_d 为氯离子渗透深度;α 由式(VI.12)求得

$$\alpha = 2\sqrt{\frac{RT}{ZEF}}erf^{-1}\left(1 - 2\frac{C_d}{C_0}\right) \qquad (\text{VI}.12)$$

式中,C_d 为实验结束后利用颜色指示剂所测定出的颜色变化区的氯离子浓度。其他符号意义同前。

VI.5.3 电参数法

电参数法是指通过各种实验方法测量混凝土材料在不同饱和溶液条件下的电阻(或电导、电导率)、电通量等电参数,来评价混凝土的渗透性。

电参数法包括直流电量法和饱盐混凝土电导率法等。

1. 直流电量法

该方法于1981年由D. Whiting提出,后来被美国AASHTO T277和ASTM C1202两个标准所采用,是目前国际上最流行的混凝土抗渗透性评价方法。

ASTM C1202方法所采用的实验装置如图Ⅵ-1所示。实验的环境要求是20~25℃。混凝土试件在成型后,放置于标准条件下养护28d或更长的龄期,取出后将其切成直径为100mm,厚度为50mm的薄片,然后用硅胶或树脂将薄片试件的侧面密封,并进行真空饱水处理,再将试件安装于测试夹具之间。试件两侧的盐池中分别注入质量浓度为3.0%的NaCl溶液和摩尔浓度为0.3mol/L的NaOH溶液,盐池中用作电极的铜网分别连接电源的负极和正极。在电极间施加60V直流电压,并每隔5~30min记录一次回路中的电流值,直至通电6h。其后,绘制时间-回路电流的关系曲线,通过积分曲线下的面积来求得在测试期间通过混凝土试样的电量,并依据表Ⅵ-1来评定混凝土的抗渗透性。

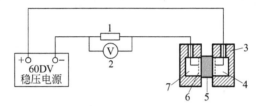

图Ⅵ-1 直流电量法实验装置示意图

1—标准电阻;2—直流数字式电流表;3—有机玻璃实验槽;4—0.3mol/L的NaOH溶液;
5—混凝土试样;6—铜网;7—3.0%质量分数的NaCl溶液

表Ⅵ-1 直流电量法混凝土试样通过的电量与渗透性之间的关系

通过的电量/库仑	混凝土渗透性评价	通过的电量/库仑	混凝土渗透性评价
>4 000	高	100~1 000	非常低
2 000~4 000	中	<100	可忽略
1 000~2 000	低		

2. 饱盐混凝土电导率法

清华大学路新瀛基于离子扩散和电迁移之间的关系,提出了饱盐混凝土电导率法(NEL方法)来评价混凝土的抗渗透性。该方法是将混凝土试件用摩尔浓度为4mol/L的NaCl溶液进行真空饱盐,并假设氯离子的迁移数为1.0,以及省略了Nernst-Einstein方程中的对流和扩散部分的流量,用饱盐混凝土试件的电导率来计算混凝土的氯离子扩散系数,并依据表Ⅵ-2及式(Ⅵ.13)来评价混凝土的抗渗透性

$$D = f \frac{RTt_{cl}Li}{Z_{cl}F^2 C_{cl}VS} \tag{Ⅵ.13}$$

式中,D为混凝土氯离子扩散系数(cm^2/s);R为气体常数(8.314J/(mol·K));f为与混凝土配合比有关的修正系数;T为绝对温度(K);t_{cl}为氯离子的迁移数(假定为1.0);L为试样厚度(cm);i为电流值(A);Z_{cl}为氯离子的电荷数(|−1|);F为Faraday常数($9.648×10^4$C/mol);C_{cl}为氯离子浓度(mol/cm^3);V为电压值(V);S为电极面积(cm^2)。

表Ⅵ-2　饱盐混凝土电导率法氯离子扩散系数与渗透性之间的关系

氯离子扩散系数 $D/(\times 10^{-14}\,\mathrm{m^2/s})$	混凝土渗透性评价	氯离子扩散系数 $D/(\times 10^{-14}\,\mathrm{m^2/s})$	混凝土渗透性评价
>1 000	很高	50~100	低
500~1 000	高	10~50	很低
100~500	中	<10	极低

Ⅵ.6　使用 ASTM C1202 方法和 NEL 方法评定混凝土的抗渗透性

Ⅵ.6.1　使用 ASTM C1202 方法评定混凝土的抗渗透性

1. 混凝土试样的制备

制备截面尺寸为 100mm×100mm，长度为 400mm 的棱柱体，一天后拆模并放入混凝土标准养护室养护至规定的龄期。

2. 混凝土试样的切割

将混凝土试样切割成截面尺寸为 100mm×100mm，厚度为 50mm 的薄片。

3. 混凝土试样的真空饱水

将混凝土试样放置于真空度可保持在 1mm 汞柱(即 133Pa)以下的真空泵中，此时，试样的两端面必须暴露，然后密闭、启动真空泵并运转 3h，此后，打开真空泵的注水开关，注入一定体积(以可淹没混凝土试样为准)的冷开水。注水完成后，再使真空泵运转 1h。停止真空泵并将试样保持于其淹没状态下 16~18h，之后，可将试样转移至密封的容器中直至进行实验。

4. 混凝土试样的氯离子抗渗透性测定

将真空饱水后的混凝土试样的侧面进行密封，然后放置并紧固于质量浓度为 3.0% 的 NaCl 溶液的盐池和摩尔浓度为 0.3mol/L 的 NaOH 溶液的盐池之间，并分别对上述盐池中的电极连接 60V 恒压直流电源的负极和正极。然后通过记录一定时间间隔的回路电流值，最后对该时间-电流值进行积分得出在实验的 6h 期间通过的总电量值，并依据该电量值来评定该混凝土的抗渗透性。

Ⅵ.6.2　使用 NEL 方法来评定混凝土的抗渗透性

1. 混凝土试样的制备

制备截面尺寸为 100mm×100mm，长度为 400mm 的棱柱体，一天后拆模并放入混凝土标准养护室养护至规定的龄期。

2. 混凝土试样的切割

将混凝土试样切割成截面尺寸为 100mm×100mm，厚度为 50mm 的薄片。

3. 混凝土试样的真空饱盐

将混凝土试样放置于真空度可保持在 1mm 汞柱（即 133Pa）以下的真空泵中，此时，试样的两端面必须暴露，然后密闭、启动真空泵并运转 3h，此后，打开真空泵的注水开关，注入一定体积（以淹没混凝土试样为准）的摩尔浓度为 4mol/L 的 NaCl 溶液。溶液的注入完成后，再使真空泵运转 1h。停止真空泵并将试样保持于其淹没状态下 16～18h 之后，可将试样转移至密封的容器中直至进行实验。

4. 混凝土试样的氯离子抗渗透性测定

将真空饱盐后的混凝土试件自溶液中取出后，放置于具有一定截面尺寸的紫铜电极之间，之后在电极间加载 2～8V 的直流电压，并通过测定回路中的电流来计算混凝土试样的氯离子扩散系数，并依据该扩散系数来评定混凝土的抗渗透性。

思 考 题

1. 叙述影响混凝土耐久性的因素和应对措施。
2. 混凝土的抗渗透性和混凝土的耐久性之间有什么关系？如何通过增强混凝土的抗渗透性来提高混凝土的耐久性。

实验Ⅶ 石油沥青实验

Ⅶ.1 试验目的

测定石油沥青的针入度、延度及软化点等主要技术性质,考察石油沥青品种、温度和矿粉等对这三种技术性质的影响。

Ⅶ.2 取样方法

同一批出厂,并且类别、牌号相同的沥青,从桶(或袋、箱)中取样,应在样品表面以下及距容器内壁至少5cm处取样。如果沥青为可敲碎的块体,则用干净的工具将其打碎后取样;如果沥青为半固体,则用干净的工具切割取样。取样数量为1~1.5kg。

Ⅶ.3 针入度测定

粘稠状态的固体、半固体沥青,其粘滞性用针入度指标来表示。采用针入度测定仪,将试件置于一定的温度条件下(通常25℃),待其温度恒定后,用重量100g的标准针,由试件表面自由下落5s,插入试件的深度叫做针入度,单位10^{-1}mm。针入度值越大,表明沥青在外力的作用下越容易变形,即沥青的粘滞性越低。

Ⅶ.3.1 主要仪器设备

(1) 针入度仪。
(2) 标准针:由经硬化回火处理的不锈钢制成。针与箍的组件重量为2.5±0.05g,连杆、针与砝码共重100±0.05g。
(3) 恒温水浴、试样皿、温度计、秒表等。

Ⅶ.3.2 实验步骤

(1) 试样制备。将沥青加热至120~180℃脱水,用筛过滤,注入试样皿内,注入深度应比预计针入度大10mm,置于15~30℃的空气中冷却1~2h,冷却时应防止灰尘落入。然后将盛样皿移入规定温度的恒温水浴中,恒温1~2h。浴中水面应高出试样表面25mm以上。

(2) 调节针入度仪使之水平,检查指针、连杆和轨道,以确认无水和其他杂物,无明显摩擦,装好标准针,放好砝码。

(3) 从恒温水浴中取出试样皿,放入水温为25±0.1℃的平底保温皿中,试样表面以上的水层高度应不小于10mm。将平底保温皿置于针入度仪的平台上。

(4) 慢慢放下针连杆,使针尖刚好与试样表面接触时固定。拉下活杆,使与针连杆顶端相接触,调节指针或刻度盘使指针指零。然后用手紧压按钮,同时启动秒表,使标准针自由下落插入沥青试样,经5s后,停止按钮,使标准针停止下沉。

(5) 再拉下活杆使之与标准针连杆顶端接触。这时刻度盘指针所指的读数与初始值之差即为试样的针入度,如图Ⅶ-1所示。

(6) 同一试样重复测定至少3次。每次测定前都应检查,并调节保温皿内水温使之保持在25±0.1℃。每次测定后都应取下标准针,用浸有溶剂(甲苯或松节油等)的布或棉花擦净,再用干布或棉花擦干。各测点之间及测点与试样皿内壁的距离不应小于10mm。

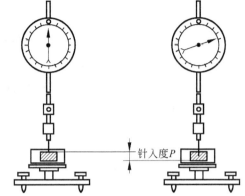

图Ⅶ-1 针入度的测定

Ⅶ.3.3 结果计算

取3次针入度测定值的平均值作为该试样的针入度,结果取整数值,3次针入度值相差不应大于表Ⅶ-1中规定的数值。

表Ⅶ-1 石油沥青针入度测定值的最大允许差值

针入度	0~49	50~149	150~249	250~350
最大差值/10^{-1}mm	2	4	6	10

实验结果的表示方法为 P(实验温度,标准针配重,下落时间)=针入度值(10^{-1}mm)。例如在25℃温度下,重100g的标准针从试样表面自由下落5s插入试样的深度为65(10^{-1}mm),则针入度实验结果表示为 $P(25℃,100g,5s)=65$。

Ⅶ.4 延度测定

延度是表征沥青在外力作用下产生变形但不破坏(即塑性大小)的指标,是在一定温度下,对沥青试件进行拉伸直至断裂时所伸长的长度。延度值越大,表明沥青的塑性越好。

Ⅶ.4.1 主要仪器设备

1) 延度仪

由长方形水槽和传动装置组成,由丝杆带动滑板以每分钟50±5mm的速度拉伸试样,滑板上的指针在标尺上显示移动距离。

2) "8"字形模

由两个端模和两个侧模组成。

3) 其他仪器同针入度实验。

Ⅶ.4.2 实验步骤

(1) 试样制备。将隔离剂(甘油:滑石粉=2:1)均匀地涂于金属(或玻璃)底板和两侧模的内侧面(端模勿涂),将模具组装在底板上。将加热熔化并脱水的沥青经过滤后,以细流状缓慢自试模一端至另一端注入,经往返几次注满,并略高出试模。然后在15~30℃环境中冷却30min后,放入25±0.1℃的水浴中保持30min再取出,用热刀将高出模具的沥青刮去,试样表面应平整光滑,最后移入25±0.1℃水浴中恒温1~1.5h。

(2) 检查延度仪滑板移动速度是否符合要求,调节水槽中水位(水面高于试样表面不小于25mm)及水温(25±0.5℃)。

(3) 从恒温水浴中取出试件,去掉底板与侧模,将其两端模孔分别套在水槽内滑板及横端板的金属小柱上,再检查水温,并保持在25±0.5℃。

(4) 将滑板指针对零,开动延度仪,观察沥青拉伸情况。测定时若发现沥青细丝漂浮在水面或沉入槽底时,则应分别向水中加乙醇或食盐水,以调整水的密度与试样密度相近为止,然后再继续进行测定。

(5) 当试件拉断时,立即读出指针所指标尺上的读数,即为试样的延度,以厘米为单位,如图Ⅶ-2所示。

图Ⅶ-2 沥青的延度测定

Ⅶ.4.3 实验结果

取平行测定的3个试件延度平均值作为该试样的延度值。若3个测定值与其平均值之差不都在其平均值的5%以内,但其中两个较高值在平均值的5%以内,则弃去最低值,取2个较高值的算术平均值作为测定结果。

Ⅶ.5 软化点测定

软化点反映沥青材料的温度稳定性。它表示沥青在某一固定重力作用下,随温度升高逐渐软化,最后流淌垂下至一定距离时的温度。沥青的软化点采用"环球法"测定,如图Ⅶ-3所示,在特制的环球仪上装好试件并放入水中,试件上部放一标准的钢球(直径 $D=9.5mm$,质量3.5g),以5℃/min的速度加热,随着温度上升,同时在重力作用下,试件软化、流淌下垂至1英寸(25.4mm)的距离时的温度,即为软化点。软化点值越高,沥青的温度稳定性越好。即表示沥青的性质随温度的波动性越小。

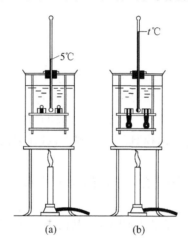

图Ⅶ-3 沥青软化点的测定装置

Ⅶ.5.1 主要仪器设备

(1)软化点测定仪(环球仪),包括800mL烧杯、测定架、试样环、套环、钢球、温度计等。
(2)电炉或其他可调温的加热器、金属板或玻璃板、筛等。

Ⅶ.5.2 实验步骤

(1)试样制备。将黄铜环置于涂有隔离剂的金属板或玻璃板上,将已加热熔化并脱水、过滤后的沥青试样注入黄铜环内至略高出环面为止(若估计软化点在100℃以上时,应将黄铜环与金属板预热至80~100℃)。将试样在15~30℃的空气中冷却30min后,用热刀刮去高出环面的沥青,使之与环面平齐。

(2)烧杯内注入新煮沸并冷却至约5℃的蒸馏水(估计软化点不高于80℃时)或注入预热至32℃的甘油(估计软化点高于80℃时),使液面略低于连接杆上的深度标记。

(3)将装有试样的铜环置于环架上层板的圆孔中,放上套环,把整个环架放入烧杯内,调整液面至深度标记,环架上任何部分均不得有气泡。将温度计由上层板中心孔垂直插入,使水银球与铜环下面平齐,恒温 15min。水温保持在 5±0.5℃(甘油温度保持在 32±1℃)。

(4) 将烧杯移至放有石棉网的电炉上,然后将钢球放在试样上(需使环的平面在全部加热时间内完全处于水平状态),立即加热,使烧杯内水或甘油温度在 3min 后保持每分钟上升 5±0.5℃,否则重做。

(5) 观察试样受热软化情况,如图Ⅶ-3 所示,当其软化下坠至与环架下层板面接触(即 25.4mm)时,记下此时的温度,即为试样的软化点(精确至 0.5℃)。

Ⅶ.5.3 实验结果

取平行测定的两个试样软化点的算术平均值作为测定结果。

Ⅶ.6 石油沥青品种、温度和矿粉等对石油沥青技术性质的影响

Ⅶ.6.1 石油沥青品种的影响

测试道路、建筑、水工防渗墙用石油沥青(各一种)的主要技术性质(针入度、延度、软化点),比较其异同,说明存在这些异同的原因。

Ⅶ.6.2 温度的影响

对给定的某种道路沥青,分别假设其用于我国西南和西北地区的高速公路。根据这两个地区的年温度变化和昼夜温差情况,设计一组实验,考察实际应用中温度对沥青主要技术性质的影响,并查阅有关资料,提出减小温度影响的措施。

Ⅶ.6.3 矿粉的影响

根据你的家乡所在地区(如我国东北、华北、华东、华南等)的气候特点和矿粉资源特点,选取 2~3 种矿粉,按照适当的比例,掺入道路石油沥青中,测试沥青主要技术性质的变化。分析实验结果,并针对实际应用的技术经济要求,给出在矿粉选用上的建议。

附:石油沥青的技术要求

我国分别制定了粘稠石油沥青和液体石油沥青标准。其中粘稠石油沥青按其牌号分为道路石油沥青、建筑石油沥青、防水防潮石油沥青和普通石油沥青。在同类沥青材料中,随着牌号增大,针入度值增加、延度增大、软化点降低,即沥青粘滞性下降、塑性和感温性增大。粘稠石油沥青的技术标准见表Ⅶ-2。石油沥青按针入度来划分其牌号,且每个牌号还应保证相应的延度和软化点。若后者某个指标不满足要求,应予以注明。

表Ⅶ-2 各品种石油沥青的技术标准

质量指标	道路石油沥青 (SH 0522—1992)							建筑石油沥青 (GB 494—1985)		防水防潮石油沥青 (SH 0002—1990)				普通石油沥青 (SY 1665—1977)		
	200	180	140	100甲	100乙	60甲	60乙	30	10	3号	4号	5号	6号	75	65	55
针入度/10⁻¹mm (25℃,100g,5s)	201~300	161~200	121~160	91~120	81~120	51~80	41~80	25~40	10~25	25~45	20~40	20~40	30~50	75	65	55
延度/cm (25℃),不小于	—	100	100	90	60	70	40	3	1.5	—	—	—	—	2	1.5	1
软化点(环球法)/℃	30~45	35~45	38~48	42~52	42~52	45~55	45~55	≮70	≮95	≮85	≮90	≮100	≮95	≮60	≮80	≮100
针入度指数,不小于										3	4	5	6			
溶解度(三氯乙烯、三氯甲烷或苯),不小于(%)	99	99	99	99	99	99	99	99.5	99.5	98	98	95	92	98	98	98
蒸发损失(163℃,5h),不大于(%)	1	1	1	1	1	1	1	1	1	1	1	1	1			
蒸发后针入度比,不小于(%)	50	60	60	65	65	70	70	65	65							
闪点(开口),不低于	180	200	230	230	230	230	230	230	230	250	270	270	270	230	230	230
脆点/℃,不高于								报告	报告	-5	-10	-15	-20			

参 考 文 献

1. 罗尔斯 K M,考特尼 T H,伍尔夫 J. 材料科学与材料工程导论. 范玉殿,夏宗宁,王英华译. 北京:科学出版社,1982
2. Illston J M. Construction Materials. E & FN SPON,1994
3. Mehta P K,et al. Concrete:Structure,Properties and Materials. 2nd ed. Prentice Hall,1993
4. Neville Adam. Concrete Technology——An Essential Element of Structural Design. Concrete International,1998,July
5. Haug Wolfgang,Schonian Erich. 水工结构沥青设计与施工. 傅元茂,盛德举,段杰辉译. 北京:水利电力出版社,1989
6. 李立寒,张南鹭. 道路建筑材料. 上海:同济大学出版社,1999
7. 严家伋. 道路建筑材料. 第三版. 北京:人民交通出版社,1996
8. 姚治邦. 水工建筑材料常用配方及工艺. 南京:河海大学出版社,1989
9. 汤林新,刘治军等. 高等级公路路面耐久性. 北京:人民交通出版社,1997
10. 何曼君,陈维孝,董西侠. 高分子物理. 上海:复旦大学出版社,2000
11. 潘祖仁. 高分子化学. 北京:化学工业出版社,1997
12. Siegfried Härig,Dietmar Klausen,Rudolf Hoscheid. Technologie der Baustoffe,C. F. Müller Verlag,Hüthig GmbH & Co. KG,Heidelberg,2003
13. Harald Knoblauch,Urich Schneider. Bauchemie,Werner Verlag GmbH & Co. KG,Düsseldorf,2001
14. Dieter Urban,Koichi Takamura. Polymer Dispersions and Their Industrial Applications,Wiley-VCH Verlag GmbH,Weinheim,2002
15. 周达飞,唐颂超. 高分子材料成型加工. 北京:中国轻工业出版社,2005